...OMÉTRIQUE DE NEUCHATEL (SUISSE)

...nomètres - bracelet

RELEVÉ DU REGISTRE

Année _1961_

N° de Dépôt : Bt _137_

Zweite und dritte Seite (innere Seiten) eines vierseitigen Gangscheins des Observatoriums Neuchâtel mit den Gangaufzeichnungen und den daraus ermittelten Gangfehlern. Die erste und letzte Seite dieses Gangscheins siehe Abb. 58 und Vorsatz II.

	Marches diurnes	Écarts avec la moyenne de la période	Temp.
Position verticale, 12 h. en bas			
10	(+0.ᵇ2)	——	(19.7)
-11	0.0	+0.ᵇ37	19.9
12	+0.5	-0.13	20.1
-13	+0.4	-0.03	20.2
-14	+0.6	-0.23	20.1
...ne	+0.37	±0.19	20.1

RÉSUMÉ

Pé-riodes	Marches moyennes	Écarts moyens	Sommes des écarts	Temp.	Écarts de position	Positions
1	+0.ᵇ82	±0.ᵇ07	0.ᵇ30	20.°0	-0.ᵇ08	vert., 12 h. en bas
2	+1.10	0.10	0.40	19.7	-0.36	vert., 9 h. en bas
3	+0.50	0.20	0.80	19.9	+0.24	vert., 3 h. en bas
4	+0.97	0.07	0.30	19.8	-0.23	horiz., cadran en bas
5	+0.32	0.16	0.66	20.0	+0.42	horiz., cadran en haut
6	-0.32	0.11	0.46	4.2		horiz., cadran en haut
7	+1.02	0.22	0.90	19.9		horiz., cadran en haut
8	+0.52	0.48	1.94	36.0		horiz., cadran en haut
9	-0.07	0.17	0.70	20.1		horiz., cadran en haut
10	+0.37	0.19	0.76	20.1		vert., 12 h. en bas

COMPENSATION

Périodes	t	m	$C = \dfrac{m_{36} - m_4}{t_{36} - t_4}$	$S = \frac{1}{2}\left[(m_{36} - m_{20}) + (m_4 - m_{20})\right]$
6	4.°2	$m_4 = -0.ᵇ32$	$m_{36} - m_4 = +0.ᵇ84$	$m_4 - m_{20} = -0.ᵇ74$
$\frac{1}{3}(5+7+9)$	20.0	$m_{20} = +0.42$	$t_{36} - t_4 = 31.°8$	$m_{36} - m_{20} = +0.10$
8	36.0	$m_{36} = +0.52$		Somme $= -0.64$
			$C = +0.ᵇ026$	$S = -0.32$

Écart moyen de la marche diurne . . . . $E = \pm 0.ᵇ18$

Coefficient thermique . . . . $C = +0.026$

Erreur secondaire de la compensation . . . . $S = -0.32$

Reprise de marche (période 10 — période 1) . . . . $R = -0.45$

Variation des marches moyennes du plat au pendu $\left(p : \dfrac{1+10}{2} - 5\right)$ . . . $+0.27$

Variation des marches moyennes du cadran en haut au cadran en bas . . . $+0.65$

Écart moyen correspondant à un changement de position . . . . . $P = \pm 0.27$

Fritz von Osterhausen

Armbanduhren
CHRONOMETER

Mechanische Präzisionsuhren und
ihre Prüfung

Callwey

Chronometer

Inhalt

OFFICIAL CONTROLMENT OFFICES
FOR THE
RATING OF WATCHES
INSTITUTED IN · THE TOWNS OF
BIENNE, LA CHAVX-DE-FONDS, LE LOCLE, ST. IMIER
(SWITZERLAND)

FIRST CLASS TRIALS. The Office of _Bienne-Biel_

hereby delivers the Time keeping Certificate N° _3701_ for the Movement N° _1000869_

„Prince Imperial" Diameter of Movement _37,3_ m/m Height _4,8_ m/m

Escapement _Lever_ Hairspring _Breguet Elinvar_ Balance _Rolex_

Rolex Watch Co. Ltd.
Bienne - Geneva - London - Paris

19.33	Days	Daily Rates	Variations of the Daily Rates	Positions			Temperatures	Observations
July	12–13	+ 3,7		Vertical, Pendant up			in the room	
,	13–14	+ 1,4	2,3	,	,	,	,	
,	14–15	– 0,3	1,7	,	,	,	,	
,	15–16	+ 0,8	1,1	,	,	,	,	
,	16–17	– 5,5		,	,	left	,	
,	17–18	– 5		,	,	right	,	
,	18–19	0,0		Horizontal, Dial down			,	
,	19–20	+ 7,5		,	,	up	,	
,	20–21	+ 7	0,5	,	,	,	,	
,	21–22	+ 6,7	0,3	,	,	,	2°	in the Refrigerator
,	22–23	+ 6,3		,	,	,	in the room	
,	23–24	+ 6		,	,	,	32°	in the Oven
,	24–25	+ 6,4		,	,	,	in the room	
,	25–26	– 0,4		Vertical, Pendant up			,	
,	26–27	– 1		,	,	,	,	

SUMMARY :

Mean daily rate in the positions pendant up and dial up	+ 3,8
Mean variation of the daily rates	± 1,18
Greatest variation	2,3
Difference between the mean rates in the horizontal positions	– 7,1
Difference between the mean rates in the vertical positions, pendant up and pendant left	– 6,9
Difference between the mean rates in vertical positions, pendant up and pendant right	– 6,4
Difference between flat and hanging positions	– 7
Variation per Centigrade degree of temperature	0,00
Secondary error	+ 0,8
Rate-resuming	– 2,4

See overleaf the Abstracts from the Regulations.
+ means : Fast ; — means : Slow.

Contrôle officiel de la marche des montres **Bienne-Biel** BIENNE (SUISSE)

The Observatory Timekeeping stated on this Official Certificate has been reexamined and found correct. **Rolex Watch Co. Ltd.** Geneva-Switzerland.

Dated : NOV 1934

DIRECTOR.

Einführung

Das mechanische Armbandchronometer ist von der normalen mechanischen Armbanduhr gleichen Kalibers, abgesehen von der Aufschrift, mit bloßem Auge nicht zu unterscheiden. Lediglich mit einer starken Lupe oder mit besonderen Meßgeräten sind die Unterschiede für den versierten Fachmann, und auch für ihn nur teilweise, zu erkennen.

Das Armbandchronometer bezieht also seine Andersartigkeit, die sich in hoher und gleichmäßiger Ganggenauigkeit in allen Lagen und über einen großen Temperaturbereich ausdrückt – hierin ist es allerdings deutlich von der normalen Armbanduhr zu unterscheiden –, im wesentlichen nicht aus seiner optisch ablesbaren Bauart oder Herstellungsqualität, sondern aus einem zusätzlichen Arbeitsgang, welcher an anderen Werken vom gleichen Kaliber und genau der gleichen Herstellungsqualität nicht vorgenommen wurde: der Reglage.

Was ist diese Reglage – Regulierung oder Feinstellung, wie sie auch bezeichnet wird –, die eine normale zu einer hochpräzisen Armbanduhr macht?

Der große Glashütter Chronometermacher und Lehrer Alfred Helwig hat es in vornehmer Untertreibung einmal so ausgedrückt: »Die eigentliche Arbeit des Feinstellers besteht in nichts anderem als dem, was jeder gute Uhrmacher ohnehin kann, nämlich an Schrauben stellen und drehen, Unruhen richten und abwiegen, Spiralfedern zurechtlegen und aus ähnlichen an sich einfachen Arbeiten.«

Wenn es so einfach nur wäre! Liest man einmal Helwigs Arbeitsanweisungen für die Feinstellung (Giebel-Helwig S. 191 ff.), so erhält man einen Eindruck von der enormen Kompliziertheit und nahezu unendlichen Vielfalt dieser Arbeit. Und wer praktisch erlebt hat, welch ungeahnten Folgen etwa eine winzige Bewegung an den Rückerstiften (zum Beispiel das einseitige Anlegen der Spiralfederklinge an einen der beiden Rückerstifte oder ein gelindes Öffnen der Stifte) für den allgemeinen Gang, den Gang in den verschiedenen Lagen und für das Isochronismusverhalten hat, der weiß, mit welcher

Vorsicht und Einfühlung das Regulieren vor sich gehen muß.

Schon die vor Beginn jeder Regulierung erforderliche Erarbeitung der Gangprotokolle mit anschließender Fehlerdiagnose (Helwig kurz und treffend: »Gangfehler, die man beseitigen will, muß man zuerst erkennen«) ist sehr komplex und vielfältig und erfordert ein hohes Maß an Erfahrung. Ansonsten »beseitigen viele Anfänger auf dem Gebiet der Feinstellung ... Fehler in der Uhr, die sie gar nicht hat, weil ihnen weder beigebracht wurde, Uhren zu beobachten, noch Gangniederschriften auf Gangfehler hin zu lesen.« (Giebel-Helwig)

Es kann auch Regulierung nicht gleich Regulierung sein, es muß verschiedene Regulierungsarten für Armbandchronometer gegeben haben. Denn ein Uhrenfabrikant, der jährlich für weit mehr als hunderttausend Armbanduhren Chronometerzertifikate erhält (wie z. B. Rolex oder Omega in den 60er und 70er Jahren), kann nicht innerhalb eines Jahres jede einzelne dieser über hunderttausend Uhren mit dem Zeitaufwand, der individuellen Zuwendung und der Sorgfalt regulieren lassen, die bei den zu Observatoriumswettbewerben eingereichten Uhren üblich und notwendig war. Es sei denn, er hätte Heerscharen von Regleuren beschäftigt, was nicht der Fall war (eine sehr gute Regleurleistung war zum Beispiel die 63 Armbanduhren, die der Regleur Joseph Ory von Omega im Jahre 1966 für die Observatorien Genf und Neuchâtel schaffte). Es muß also für die große Masse der für den Verkauf bestimmten Armbandchronometer eine vereinfachte, automatisierte Regulierung gegeben haben, die dennoch effektiv und individuell genug gewesen sein muß, um die Erfüllung der Prüfungsanforderungen zu ermöglichen.

Die klassische Regulierung, wie auch Helwig sie gemeint und beschrieben hat, gleichgültig ob an Marine-, Beobachtungs-, Taschen- oder Armbandchronometern, ist das geduldige, langwierige Wechselspiel zwischen Gangbeobachtung, Fehlerdiagnose und behutsamen, aber gezielten Korrekturen am Gangreglersystem,

und zwar hauptsächlich an Unruhreif und Spiralfeder.

Die Schlüsselfiguren der Uhrenregulierung für die Chronometerwettbewerbe an den Schweizer Observatorien waren die Regleure; angesehene Individualisten und »Einzelkämpfer« auch in den größten Uhrenfabriken. Von ihrem Können hing es ab, ob eine bis ins letzte Detail präzise hergestellte Uhr durch eine perfekte Reglage auch wirklich all ihre Möglichkeiten ausspielen und einen der begehrten ersten Plätze bei den Wettbewerben erreichen konnte, der ihnen eine Geldprämie und der Firma ein neues Werbeargument einbrachte.

Eine perfekte Reglage: das bedeutet einen absolut konstanten Gang. Dies ist nur möglich, wenn die Summe aller störenden Einflüsse gleich null ist. Die Kunst des Regleurs ist es, einen Ausgleich der verschiedenen störenden Einflüsse auf den Gangregler – wie Temperatur- und Luftdruckänderung, Schwerkraft, Magnetismus, Reibung – zu schaffen. Ein Ausgleich, der allerdings niemals vollkommen und auch nicht ebenso dauerhaft sein kann, wie ein präzise hergestelltes metallenes Werkteil dauerhaft ist. Die Chronometereigenschaft ist also etwas Flüchtiges: eine unachtsame Reinigung des nächsten Uhrmachers kann die ganze mühevolle Regulierungsarbeit des Vorgängers zunichte machen, wenn er sich z. B. beim Auseinandernehmen der Uhr die Stellung der Rückerstifte nicht gemerkt hat und sie um eine Winzigkeit verändert.

Es ist daher nicht verwunderlich, daß in einem Uhrenland wie der Schweiz den Regleuren, ihrer Leistung und Biografie Aufsätze und Bücher gewidmet wurden, wie die Sammelbiografie von Charles Thomann über die letzten großen Regleure in Neuchâtel. Und daß in den veröffentlichten Gangprotokollen der Chronometerwettbewerbe bei jeder Uhr der Name ihres Regleurs sorgfältig vermerkt wurde. Außerdem wurde bei den Wettbewerben jedes Jahr ein Preis für Regleure vergeben; diese traten also nicht nur indirekt über die Firma, für welche sie arbeiteten, sondern auch direkt in

Konkurrenz miteinander. Diese Konkurrenz, für den einzelnen Regleur sicher belastend – denn jeder Fabrikant erwartete von seinem Regleur jedes Jahr mindestens einen werbewirksamen Rekord, aber unmöglich konnten alle Regleure diese Wünsche erfüllen –, wurde allgemein aber als fruchtbar angesehen, als ein Grund für die in den 40er und 50er Jahren ganz auffällig zunehmende Ganggenauigkeit der zu den Observatoriumswettbewerben eingereichten Armbandchronometer. – Aber damit sind wir unserem Thema bereits vorausgeeilt.

Zunächst noch eine Bemerkung in eigener Sache.

Wenn man sich mit der geschichtlichen Aufarbeitung eines Themas wie diesem aus der jüngsten Vergangenheit beschäftigt, so ist es erschreckend, festzustellen, wie wenig schriftliche Unterlagen noch existieren. Die meisten Uhrenfabrikanten, aber auch staatliche Behörden, haben das Schriftgut aus einer nur 20 bis 30 Jahre zurückliegenden Zeit längst vernichtet. Von einer deutschen Bundesbehörde erhielt der Autor auf die Frage nach Unterlagen aus den 60er Jahren wörtlich diese Antwort: »Wir haben mit unserer Vergangenheit aufgeräumt, so daß Unterlagen nicht mehr vorhanden sind.« Von den angeschriebenen zahlreichen Schweizer Uhrenfabrikanten antwortete die große Mehrheit auf ähnliche Weise. Nur eine ganz kleine Zahl von Firmen ist an der eigenen Geschichte interessiert, investiert Zeit und Personal für deren Erforschung und für die systematische Archivierung der Firmenunterlagen. Zum Glück sind es die bedeutendsten Firmen; an erster Stelle sind hier zu nennen Omega, Rolex und Patek Philippe. So stellt sich jedenfalls die Situation aufgrund der Antworten auf diesbezügliche Anfragen dar. Es ist also heute schon schwer, für ein horologisches Thema aus der jüngsten Vergangenheit die wichtigsten Originalunterlagen, das Primärschriftgut, zu bekommen. Dafür gibt es zwei Gründe:

1.) das gering entwickelte Geschichtsbewußtsein unserer Zeit, besonders bei der Industrie, und

2.) die Schwierigkeit, bei dem ungeheuren Anfall von auch völlig unwichtigem beschriebenen Papier in unserem »schriftlichen« Zeitalter die Aufbewahrung des Altschriftgutes über einen gewissen Zeitraum hinaus physisch zu bewältigen. Wäre das Geschichtsbewußtsein vorhanden, so ließe sich dieses Problem aber lösen, etwa durch Mikroverfilmung.

Besonders diesen geschichtsbewußten Firmen gilt mein Dank für ihre wichtige Mithilfe. Danken möchte ich auch Herrn Gilbert Jornod vom Observatorium Neuchâtel für seine wirklich ungewöhnlich intensive Mitarbeit und Hilfe sowie schließlich der Redaktion der Zeitschrift »Alte Uhren und moderne Zeitmessung«, ohne deren Arbeit dieser Text erheblich schmaler ausgefallen wäre.

Für seine wertvollen Informationen über Prüfung und Produktion von Armbandchronometern in der DDR bin ich vor allem Herrn Dr. Vilkner aus Greifswald sehr verbunden.

Begriffsbestimmung

Wir wollen uns etwas ausführlicher mit dem Wort und dem Begriff »Chronometer« beschäftigen. Die bisher nur aus der Reglage, der Ganggenauigkeit, bezogene Chronometerdefinition – das ist bereits eine spezialisierte, gegenüber dem ursprünglichen Gebrauch des Wortes eingeschränkte Definition des Chronometerbegriffs. Eigentlich bedeutet das Wort Chronometer, aus dem Griechischen übersetzt, nichts anderes als »Zeitmesser«. Ebenso allgemein ist Chronometrie die Wissenschaft von der Zeitmessung, ist Chronometrierung die genaue Bestimmung derjenigen Zeit, während welcher sich eine Tätigkeit vollzieht.

Schon frühzeitig war aber ein Chronometer nicht jedwede Uhr, sondern man verwendete dieses Wort für genau gehende Uhren. Der erste, der dies tat, scheint ein englischer Uhrmacher namens Jeremy Thacker gewesen zu sein, der in einer 1714 erschienenen theoretischen Schrift über das Longitudinalproblem eine Seeuhr mit diesem Wort bezeichnete, das er offenbar erfunden hatte, um dieser Spezies von Uhren – die zu jener Zeit noch mit Spindelhemmungen bestückt waren und nicht entfernt die Gangleistungen der späteren Marinechronometer aufwiesen (John Harrisons H 1 entstand erst 1735) – einen respektheischenden und wissenschaftlich klingenden Anschein zu geben. Was ihm auch voll gelungen ist: bis heute ist die Bezeichnung »Chronometer« eine Art von Adelsprädikat für eine Uhr.

John Arnold war es, der 1782 Thackers Worterfindung zum ersten Mal mit einer Taschenuhr mit Chronometerhemmung in Verbindung brachte: pocket chronometer. Seit Thacker und Arnold werden in England bis heute nur solche genau gehenden See- und Taschenuhren Chronometer genannt, die mit einer Chronometerhemmung mit Feder (spring detent escapement) oder Wippe (pivoted detent escapement) ausgestattet sind. Auch in Deutschland war es lange Zeit selbstverständlich, die Bezeichnung Chronometer nur für eine Uhr mit Feder- oder Wippenhemmung zu verwenden. Hier ging man sogar noch weiter als in England und be-

zeichnete auch die Hemmungsart als »Chronometerhemmung«. Das war in den englisch und französisch sprechenden Ländern nicht der Fall: dort wurde und wird diese Hemmung als detent escapement bzw. échappement à détente bezeichnet, was soviel wie Hemmung mit – separatem – Ruhestück bedeutet. Eine Hemmung, die ihren ursprünglichen Ruf, nämlich mit weitem Abstand der zu größter Ganggenauigkeit führende Antrieb zu sein, auch seit dem Ende des 19. Jahrhunderts beibehielt, als die fortentwickelte Ankerhemmung längst ebenbürtige Leistungen erbrachte.

Die Haupteigenschaft des Chronometers war und ist die Ganggenauigkeit. Diese und das Vorhandensein einer Chronometerhemmung waren lange Zeit untrennbar miteinander verbunden.

Eine Trennung dieser beiden Dinge geschah zuerst in der Schweiz, wo auch die Ankerhemmung zu einem der Chronometerhemmung gleichwertigen Gangregler entwickelt wurde.

Zunächst aber entstand gegen Ende des 19. Jahrhunderts für sehr genau gehende Uhren mit Ankerhemmung der etwas unglückliche Begriff »Halb-Chronometer«, nachdem die Ebenbürtigkeit von Anker- und Chronometerhemmung auch in Observatoriumswettbewerben erwiesen war. Dieser Begriff wurde besonders in England gebraucht; der wohl in Glashütte geprägte Begriff »Ankerchronometer« für Ankerhemmungs-Taschenuhren mit besonders großer Kompensationsunruh ist nicht glücklicher. Beide Begriffe sind unnötig, da eigentlich unlogisch: Wenn die Haupteigenschaft des Chronometers seine hohe Ganggenauigkeit ist und die Feder- oder Wippenhemmung ihren besonderen Wert nur dann hat, wenn sie verantwortlich ist für diese hohe Ganggenauigkeit, dann sind auch Uhren mit Ankerhemmung vollwertige und nicht nur halbe Chronometer, sofern sie nur die gleiche Genauigkeit erreichen. Diese Folgerung mußte allerdings gezogen werden, und man zog sie zuerst in der Schweiz. Im Jahre 1925 definierte die Schweizer Gesellschaft für Chronometrie das Chronometer folgendermaßen: »Ein Chronometer ist eine Uhr,

welche einen Gangschein eines astronomischen Observatoriums erhalten hat.« Damit war allein die Ganggenauigkeit ausschlaggebend für die Chronometerbezeichnung, nicht irgendwelche Werkdetails wie das Hemmungssystem. Da die Schweiz längst das führende Uhrenproduktions- und Uhrenexportland war, konnte sie ihren Chronometerbegriff erfolgreich in die europäischen Nachbarländer exportieren.

Diese geschichtliche Entwicklung des Chronometerbegriffes gilt für Marine- und Taschenuhren. Die Armbanduhr, erst in unserem Jahrhundert entstanden und zur Zeit des Ersten Weltkrieges zum Durchbruch gekommen, hat sie nicht mitgemacht; sie war dazu zu jung, und Armbanduhren mit Chronometerhemmung hat es nie gegeben – mit Ausnahme des einen einzigen Exemplares, das der Glashütter Meister Jürgen Heuer im Jahre 1938 als Meisterstück an der Deutschen Uhrmacherschule in Glashütte angefertigt haben soll.

Gleichzeitig mit der eben zitierten allgemeinen Chronometerdefinition war um 1925 plötzlich das Armbandchronometer als Wort und als Begriff in der Welt, oder präziser in der Schweiz, als zur selben Zeit von den offiziellen Schweizer Prüfungsbüros Prüfungsrichtlinien und Grenz-

1 Rolex, Armbanduhr Nr. 492 282 (ohne Sekundenzeiger), die erste Armbanduhr, die im Jahre 1914 am NPL in Teddington ein Kew Class A Certificate erreichte.

2 Das Kew Class A Certificate der Rolex-Armbanduhr Nr. 492 282.

3 Werbung der Firma Rolex mit ihrem Erfolg am Observatorium Kew 1936. ▶

4 Werbung der Firma Rolex mit einem Erfolg einer Prince 1944 am Observatorium Neuchâtel. Die zweite Rolex des Jahres 1944 in Neuchâtel wurde mit 26 Punkten Letzte. Sie hatte ein rundes 28,50-mm-Werk.

werte für Armbanduhren eingeführt wurden. Ein Vorreiter dieser Entwicklung war die Firma Rolex, die schon vor und während des Ersten Weltkrieges an einzelnen Armbanduhren Prüfungen durch Observatorien durchführen ließ: Im englischen National Physical Laboratory in Teddington bestanden 1913 und 1914 je zwei Rolex die schweren Prüfungen. Eine von ihnen, mit einem runden 11¼linigen Anker-

werk, erhielt sogar ein Kew Certificate der Klasse A (Abb. 1–2). Eine andere Rolex-Armbanduhr mit nur 25 mm Werkdurchmesser erzielte schon 1910 am offiziellen Prüfbüro in Bienne Gangleistungen, die nicht nur den 15 Jahre später eingeführten ersten Grenzwerten mühelos standgehalten hätten, sondern auch den heute noch gültigen (mittlerer täglicher Gang +1,30 sec; mittlere tägliche Gangabweichung 1,42 sec; Differenz zwischen horizontal und vertikal +7,30 sec; primärer Kompensationsfehler – 0,21 sec).

Diese ersten Rolex-Armbanduhren mit Chronometerzertifikat waren seltene Einzelstücke – nicht allein für Rolex, sondern für die gesamte Schweizer Uhrenszene. Eine regelmäßige Produktion mit kleinen Serien von anfangs einigen hundert Stück pro Jahr begann bei Rolex um 1925/26 (Tab. 46), einige andere Firmen began-

nen zu dieser Zeit vorsichtig mit ein paar Uhren jährlich.

Es ist aber wahrscheinlich, daß diese frühen Einzelstücke von Rolex – zu einer Zeit, als noch kaum jemand solche Genauigkeit bei einer Armbanduhr für möglich hielt – gerade wegen ihrer Einzigartigkeit die Entstehung und Entwicklung des mechanischen Armbandchronometers in Gang gesetzt haben.

Nach diesem Überblick wollen wir im folgenden die Entwicklung und Praxis der unterschiedlichen Arten von Chronometerprüfungen in den verschiedenen Ländern darstellen. Dabei steht die Schweiz naturgemäß im Zentrum der Darstellung, da hier die Entwicklung der Prüfungen und ihrer Richtlinien stattfand und hier auch die übergroße Mehrzahl aller Armbandchronometer hergestellt und geprüft wurde.

Die Chronometerprüfungen

Die Schweiz

Die Prüfungen durch die Schweizer Observatorien

In der Schweiz gibt es zwei Observatorien, an denen Ganggenauigkeitsprüfungen und -wettbewerbe für Uhren, unter anderem auch Armbanduhren, durchgeführt wurden: in Genf und in Neuchâtel.

Regelmäßige jährliche Chronometer- bzw. Präzisionswettbewerbe begannen in Neuchâtel 1866, in Genf 1873. Sie endeten (für mechanische Uhren) in Neuchâtel 1975, in Genf schon 1967 gleichzeitig mit der Einführung elektronischer Uhren. Wettbewerbe für mechanische Armbanduhren fanden, an beiden Observatorien gleich, nur in der relativ kurzen Zeitspanne von 1945 bis 1967 statt. Trotz mehrfacher Angleichungen wurden die Prüfungsbedingungen beider Observatorien niemals vereinheitlicht, so daß ein direkter Vergleich ihrer Prüfungsbedingungen und -ergebnisse schwierig und nur teilweise möglich ist.

Es war möglich, dieselbe Uhr mehrmals im Jahr zu den Präzisionswettbewerben einzureichen, es zählte dann das jeweils beste Ergebnis. Eine Uhr, welche die Prüfungen nicht bestanden hatte, konnte überarbeitet und im selben Jahr nochmals eingereicht werden. Üblich war es auch, Uhren in den darauffolgenden Jahren mehrmals einzureichen; besonders dann, wenn es gute und erfolgreiche Stücke waren.

Wir haben zum Beispiel eine Armbanduhr von Patek Philippe, die Nr. 861119, einmal in den Jahresberichten des Observatoriums Genf verfolgt und festgestellt, daß sie zehn Jahre hintereinander, von 1948 bis 1957, immer wieder eingereicht wurde und meistens beachtlich gute Plazierungen erreichte. Dreimal (1948, 1954 und 1956) kam sie auf den ersten Platz und war damit die einzige Armbanduhr, die mehr als einmal den ersten Platz erreichte. Regleur dieser bemerkenswerten Armbanduhr, die heute im Patek Philippe-Museum zu sehen ist, war in all den Jahren ausschließlich André Zibach.

Ähnlich war es bei den anderen Firmen: die Rolex Nr. 44 wurde in Genf 1950 bis 1952, 1955 und 1957 eingereicht, die Rolex Nr. 195681 erschien 1945 sogar an beiden Observatorien. Beispiele von Uhren, die bei beiden Observatorien eingeliefert wurden, gibt es mehrere. Die Omega Nr. 9378508 wurde zehn Jahre lang in Genf eingereicht, nämlich 1946 bis 1949, 1959 bis 1963 und 1967. An mehreren Beispielen verfolgt, scheinen zehn Jahre die Höchstgrenze gewesen zu sein.

So hatte jede der an den Wettbewerben teilnehmenden Firmen ihre sorgfältig regulierten Wettbewerbsuhren, die zum Teil immer wieder überarbeitet, verbessert und erneut eingereicht wurden.

Es wird damit deutlich, daß diese Wettbewerbs-Armbanduhren keine normalen Serienuhren und nicht für den Verkauf bestimmt waren, sondern unter besonderen Bedingungen gefertigte und regulierte Einzelstücke – hochgezüchtete Formel-I-Renner, wie Patek Philippes Direktor Max Studer es formuliert hat –, die stellvertretend für alle anderen Uhren der Einlieferfirma standen und dem Publikum suggerieren sollten, daß auch die anderen – die Serienuhren dieser Firma – ähnlich präzise gingen. Der Werbeaspekt der Wettbewerbe wird auch dadurch deutlich, daß die Firmen ihre Erfolge als Werbeargumente benutzten.

Der Sinn und Zweck dieser mit hohem Aufwand, wissenschaftlichem Anspruch und einer erheblichen Breitenwirkung (da die Ergebnisse jedes Jahr ausführlich im Journal Suisse d'Horlogerie veröffentlicht wurden) betriebenen Präzisionswettbewerbe ist gelegentlich angezweifelt worden. Einige Kritiker hielten die Werbeabsicht, soweit sie bei den Einlieferfirmen im Vordergrund stand, nicht für eine ausreichend seriöse Motivation. Andere hielten die Ergebnisse wegen der Möglichkeit, durchgefallene Uhren unbegrenzt oft erneut einreichen zu können, für manipulierbar und manipuliert. Und es wurde immer wieder kritisiert, daß die Prüfungsbedingungen, die wir noch ausführlich schildern werden, nicht praxisnah genug seien,

da – abgesehen von den Temperaturänderungen – äußere Einflüsse wie Stöße, Beschleunigungen, Vibrationen, Magnetfelder, Luftdruckänderungen und Feuchtigkeit nicht berücksichtigt wurden, obwohl sie einer am Arm getragenen Uhr tagtäglich passieren. Diese Kritik hatte mehr noch als für die Observatorien ihre Berechtigung für die Prüflinge der offiziellen Prüfbüros, die ja für den Alltag bestimmt waren. In den 40er Jahren wurde daher diskutiert, ob man einen Prüfungstag einführen sollte, an dem die Armbanduhren, auf eine Maschine namens »Seimos« montiert, mehreren tausend Lagenwechseln und Stößen ausgesetzt werden sollten.

Dieser Kritik setzte der Direktor des Observatoriums Neuchâtel, Edmond Guyot, schon 1938 folgende vier Vorteile der Präzisionswettbewerbe entgegen:

1.) sie belebten die Konkurrenz unter den Fabrikanten;

2.) sie spielten eine wichtige Rolle in der Werbung. Indem sie den Umsatz und den Gewinn erhöhten, erlaubten sie zusätzliche Investitionen für die chronometrische Forschung;

3.) sie lieferten wichtige technische Informationen und Erkenntnisse für die verschiedenen Systeme wie Hemmung, Unruh, Spirale etc. und ermöglichten deren Verbesserung;

4.) sie trügen dazu bei, den Arbeitsplatz eines sehr qualifizierten Fachmannes (nämlich den des Regleurs) zu sichern.

Und Léopold Defossez hatte im Jahre 1950 die These aufgestellt, daß der schnelle Fortschritt bei der Ganggenauigkeit der Armbanduhren zumindest zum Teil den Wettbewerben zu verdanken sei. Denn die Wettbewerbe hätten die Teilnehmerfirmen und ihre Regleure durch den hohen Konkurrenzdruck in einen durchaus fruchtbaren Leistungszwang versetzt – hierauf wurde bereits hingewiesen. Zum Beweis dieser These legte Defossez in einer Statistik die tatsächlich von Jahr zu Jahr erstaunlich zunehmenden Gangverbesserungen dar, indem er die Mittel- und Bestwerte für die mittlere tägliche Gangabweichung und für den Lagenfehler aufführt. Werte, die den Rapporten der Observatorien zu entnehmen sind. Wir wollen diese interessante Statistik hier vorstellen (Tab. 7) und haben sie zur Verdeutlichung und Überprüfung bis 1953 fortgeführt – bei Defossez endete sie, da sein Artikel 1950 erschienen ist, mit dem Jahr 1949. Leider sind die Gangwerte des Observatoriums Neuchâtel für die Jahre 1951 und 1953 nicht greifbar, hier bestehen daher Lücken.

Um zu sehen, ob dieser Fortschritt in der Verbesserung der Gangleistungen auch weiterhin anhielt, haben wir die Ergebnisse des vorletzten Wettbewerbsjahres 1966 mit hinzugenommen und feststellen müssen, daß er tatsächlich anhielt, das heißt, sich sehr wahrscheinlich über die dazwischen liegenden 13 Jahre kontinuierlich weiter entwickelte bis zu den kaum glaubhaften Ergebnissen des Jahres 1966: die geringste mittlere Gangabweichung 0,04 sec und desgleichen bei Lagenwechsel 0,07 sec! Man fragt sich angesichts solcher nur noch mit feinsten Meßgeräten feststellbarer Gangschwankungen von hundertstel Sekunden, ob die mechanische Präzisionsarmbanduhr in der Mitte der 60er Jahre nicht an der Grenze ihrer Leistungsfähigkeit angekommen war. Dies hätte, wenn man diese Frage bejahen müßte, ihre Ablösung durch elektronische Gangregler zu einem natürlichen Vorgang gemacht.

Überraschend an dieser Tabelle und heute nicht mehr erklärbar sind die fast überall besseren Werte des Observatoriums Neuchâtel. Defossez fiel dies ebenfalls auf, und er hat es damit zu erklären versucht, daß in Neuchâtel bis 1948 noch Werke bis 34 mm Werkdurchmesser zugelassen waren, während in Genf eine Höchstgrenze von 30 mm galt. Die Größe eines Werkes war aber entscheidend für die Gangleistungen, da größere Werkteile präziser hergestellt werden können als kleine. Diese Differenz der Werkgrößen kann aber nicht der Grund für die besseren Ergebnisse in Neuchâtel gewesen sein, denn diese halten auch in den Jahren nach 1948 an, wie die Tabelle zeigt.

Es bleibt also der Eindruck ständig genauer werdender Wettbewerbs-Armbanduhren und besserer Gangleistungen der am Observatorium Neuchâtel geprüften Armbanduhren.

Wie die Observatoriumsprüfungen und -wettbewerbe im einzelnen abliefen und wie sie organisiert waren, werden wir anschließend sehen.

Concours de précision ouverts aux montres-bracelet 1946 - 1960

Année	OBSERVATOIRE DE GENÈVE				OBSERVATOIRE DE NEUCHÂTEL			
	Pièce isolée		Série de 5 pièces		Pièce isolée		Série de 4 pièces	
	3 premières pièces classées	Records absolus	Meilleur résultat de l'année	Records absolus	3 premières pièces classées	Records absolus	Meilleur résultat de l'année	Records absolus
1946	Omega Patek Phil. Omega	OMEGA			Longines Longines Zénith		Longines	
1947	Omega Omega Patek Phil.	OMEGA	Omega	OMEGA	Longines Omega Longines	Longines	Longines	
1948	Patek Phil. Omega Patek Phil.	Patek Phil.	Patek Phil.	Patek Phil.	Zénith Zénith Zénith		Zénith	
1949	Rolex Omega Patek Phil.	Rolex	Patek Phil.	«	Omega Omega Omega		Omega	
1950	Omega Omega Patek Phil.	OMEGA	Omega	OMEGA	Zénith Zénith Zénith	Zénith	Zénith	Zénith
1951	Omega Omega Rolex	OMEGA	Omega	«	Zénith Zénith Omega		Zénith	«
1952	Omega Omega Omega	«	Omega	«	Zénith Omega Zénith	Zénith	Zénith	Zénith
1953	Patek Phil. Omega Omega	«	Patek Phil.	«	Zénith Omega Omega	«	Zénith	«
1954	Patek Phil. Omega Zénith	Patek Phil.	Omega	OMEGA	Zénith Zénith Zénith	Zénith	Zénith	«
1955	Omega Omega Patek Phil.	«	Omega	«	Omega Omega U. Nardin	OMEGA	Omega	OMEGA
1956	Patek Phil. Omega Patek Phil.	«	Patek Phil.	«	Movado Omega Zénith	«	Omega	«
1957	Patek Phil. Patek Phil. Zénith	Patek Phil.	Patek Phil.	«	Movado Movado Movado	«	Movado	Movado
1958	Patek Phil. Omega Patek Phil.	Patek Phil.	Omega	OMEGA	Movado U. Nardin Movado	«	Movado	Movado
1959	Patek Phil. Patek Phil. Omega	«	Omega	OMEGA	Omega Movado Omega	OMEGA	Omega	OMEGA
1960	Patek Phil. Omega Omega	Patek Phil.	Omega	«	Omega Omega Omega	«	Omega	OMEGA

Ainsi, au cours de ces 15 dernières années, Omega s'est classée 24 fois première et a amélioré 15 fois un des records de précision.

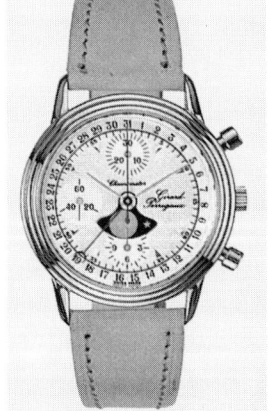

6 Mechanisches Armbandchronometer von Girard-Perregaux aus derzeitiger Fertigung. Mit Automatik, Chronograph und Kalender.

5 Werbung der Firma Omega mit Wettbewerbserfolgen an den Observatorien Genf und Neuchâtel.

Jahr	n	e	p	em	pm
1945	8 (45)	0,343 (0,232)	0,97 (0,66)	0,25 (0,09)	0,41 (0,17)
1946	11 (48)	0,341 (0,259)	1,19 (0,71)	0,08 (0,09)	0,61 (0,18)
1947	15 (37)	0,352 (0,241)	0,96 (0,66)	0,23 (0,11)	0,37 (0,26)
1948	18 (52)	0,291 (0,263)	0,84 (0,83)	0,17 (0,13)	0,35 (0,24)
1949	16 (35)	0,294 (0,287)	0,85 (0,69)	0,19 (0,13)	0,29 (0,18)
1950	37 (55)	0,290 (0,308)	0,85 (0,89)	0,14 (0,12)	0,18 (0,09)
1951	39 (79)	0,340	0,85	0,17	0,34
1952	43 (59)	0,306 (0,232)	0,76 (0,66)	0,17 (0,13)	0,30 (0,28)
1953	53 (43)	0,299	0,57	0,17	0,18
1966	126 (260)	0,124 (0,087)	0,30 (0,50)	0,05 (0,04)	0,08 (0,07)

Die Buchstaben bedeuten:
n = Anzahl der prämierten Armbandchronometer
e = Mittelwert der mittleren Gangabweichungen aller prämierten Armbandchronometer
p = Mittelwert der mittleren Gangabweichungen entsprechend dem Lagenwechsel aller prämierten Armbandchronometer
em = die niedrigste mittlere Gangabweichung
pm = die niedrigste mittlere Gangabweichung entsprechend dem Lagenwechsel
( ) = Observatorium Neuchâtel, ohne Klammer = Observatorium Genf
Angaben in Sekunden

Das Observatorium in Genf

Am Observatorium Genf gab es bis 1943 vier Prüfungskategorien: eine Kategorie für Marinechronometer sowie drei für Taschenchronometer:

Kategorie A für Bordchronometer mit 43–70 mm Werkdurchmesser,

Kategorie B für Taschenchronometer mit 38–43 mm Werkdurchmesser,

Kategorie C für Taschenchronometer mit weniger als 38 mm Werkdurchmesser.

Die Kategorie der Marinechronometer war in dem Zeitraum von 1941 bis 1968 nicht besetzt, das heißt, in diesem Zeitraum wurden keine Marinechronometer zur Prüfung eingereicht. Das ist erklärbar, weil die großen Schweizer Hersteller von Marinechronometern, Ulysse Nardin und Zenith in Le Locle und Paul Ditisheim in La Chaux-de-Fonds, im Jura ansässig waren und ihre Uhren im Observatorium des Jura, in Neuchâtel, einlieferten. Ein Grund war auch, daß die immer etwas auf Abgrenzung bedachten Genfer allen außerhalb des Kantons Genf ansässigen Einlieferern dreimal so hohe Prüfungsgebühren abverlangten wie Genfer Fabrikanten. Im Jahre 1952 waren dies für Genfer 40 Franken, für Auswärtige 120 Franken.

Im Jahre 1944 wurde eine vierte Kategorie D eingeführt für Chronometer mit kleinem Kaliber, das heißt einem Werkdurchmesser bis 30 mm bei runden Werken und bei Formwerken einer Fläche von bis zu 707 qmm. Diese war deutlich für Armbanduhren bestimmt, für welche die Wettbewerbe im Jahr darauf begannen, obwohl das Wort Armbanduhr bis 1958 nicht vorkam. Erst in diesem Jahr wurde die Großbuchstabenbezeichnung der Kategorien ersetzt durch Benennung der Uhrentypen. Die ehemalige Kategorie D hieß nun »chronomètres bracelet«, also Armbandchronometer.

Neben der Bewertung und Prämierung einzelner Uhren innerhalb der Kategorien gab es noch einen Serienpreis für die jeweils fünf besten Uhren eines Herstellers, die zusammen bewertet wurden, sowie einen von einer Gruppe von Fabrikanten gestifteten Preis für Regleure, den »Prix Guillaume«, benannt nach dem Erfinder der den sekundären Temperaturfehler beseitigenden sog. Integraluhr, Charles-Edouard Guillaume.

Die Prüfung der Armbanduhren dauerte 44 Tage, geprüft wurde in fünf Lagen und bei drei verschiedenen Temperaturen und zwar in neun mehrtägigen Perioden, wie Tabelle 8 zeigt.

Man wird bemerken, daß bei den senkrechten Lagen die häufigste Lage der Taschenuhren, nämlich Bügel oder Krone oben (die 9 links) nicht vorkommt, obwohl Fachleute immer wieder darauf hingewiesen haben, daß diese Lage auch bei Armbanduhren sehr häufig eingenommen wird. Dafür wurde bei den Taschenuhren die Hauptlage der Armbanduhren (9 rechts), also entweder Bügel oder Krone unten, wegen ihres seltenen Vorkommens nicht geprüft.

Aus den täglichen Gängen der vier bzw. fünf Prüftage pro Periode wurde der Mittelwert (= mittlerer täglicher Gang der Periode) errechnet sowie die Abweichungen der einzelnen Tagesgänge von diesem Mittelwert. Zwischen den Temperaturprüfungen wurde ein Zwischentag eingelegt, dessen Ergebnis nicht gewertet wurde, damit die Uhr ausreichend Zeit hatte, sich auf die neue Temperatur einzustellen und ihre Meßwerte nicht verfälscht wurden durch Verformungen während der Temperaturübergänge, die immerhin in relativ kurzer Zeit 16 °C betrugen.

Aus den mittleren täglichen Gängen der einzelnen Perioden, den Abweichungen der Tages-

Periode	Tage	Position	Temperatur (°C)
1	4	vertikal normal (die 9 rechts)	20°
2	4	vertikal, die 9 unten	20°
3	4	vertikal, die 9 oben	20°
4	4	horizontal, Zifferblatt unten	20°
5	4	horizontal, Zifferblatt oben	20°
6	1 + 5	horizontal, Zifferblatt oben	4°
7	1 + 5	horizontal, Zifferblatt oben	20°
8	1 + 5	horizontal, Zifferblatt oben	36°
9	2 + 4	vertikal normal (die 9 rechts)	20°

Art des Fehlers	zul. Grenzwert (in sec) des Observatoriums	
	Genf	Neuchâtel
1.) mittlerer Gang in jeder der Perioden	8,00	8,00
2.) mittlere Gangabweichung in einer Periode	1,50	1,50
3.) mittlere Abweichung des täglichen Ganges	0,75	0,75
4.) Unterschied zwischen den mittleren Gängen der Perioden bei +20 °C	9,00	—
5.) Differenz der mittleren täglichen Gänge in den Lagen horizontal (Zo) und vertikal (9 re)	5,00	5,00
6.) Differenz der mittleren täglichen Gänge zwischen den beiden horizontalen Lagen (Zo und Zu)	5,00	5,00
7.) Wiederaufnahme des Ganges	3,60	3,50
8.) mittlere Gangabweichung entsprechend dem Lagenwechsel	3,00	3,00
9.) primärer Kompensationsfehler pro °C	0,20	0,20
10.) sekundärer Kompensationsfehler	4,50	4,50
11.) Differenz der mittleren Gänge in den Lagen horizontal und vertikal *bei laufendem Chronographen*	—	6,00

gänge vom Mittelwert der Periode sowie der Summe dieser Abweichungen wurden die Gangfehler entsprechend dem folgenden Fehlerarten-Katalog (Tab. 9) errechnet – und zwar nach bestimmten Formeln, deren Aufführung hier zu weit führen würde – und schließlich mit den zulässigen Grenzwerten verglichen.

Für den direkten Vergleich sind die Grenzwerte des Observatoriums Neuchâtel hier mit aufgeführt. Als die vier wichtigsten Fehlerarten wurden 3.) und 7.) bis 9.) gewertet.

Die Grenzwerte waren in den verschiedenen Kategorien unterschiedlich. Für Marinechronometer waren sie am niedrigsten und wurden größer (das heißt leichter), je kleiner die Uhren waren. So betrug zum Beispiel bei der Fehlerart mittlere Abweichung des täglichen Ganges der Grenzwert für Marinechronometer 0,17 sec, für Bordchronometer 0,30 sec, für Taschenchronometer 0,40 sec und für Armbandchronometer 0,75 sec.

Eine Armbanduhr, deren Gangergebnisse in allen Fehlerarten unterhalb der Grenzwerte lagen, konnte einen Gangschein (bulletin de marche) erhalten, durfte als »Chronomètre d'Observatoire« bezeichnet werden und an den Chronometerwettbewerben teilnehmen.

Armbandchronometer mit Observatoriums-Gangschein gab es in nur geringer Zahl (siehe Tab. 13, 23), von diesen scheinen nur ganz wenige Exemplare erhalten zu sein, und noch geringer ist die Zahl derer, die in den Handel kamen. Von der inzwischen gut dokumentierten Firma Patek Philippe wissen wir, daß von

den insgesamt 480 Armbanduhren mit Gangschein des Observatoriums Genf nur etwa 10 bis 15 verkauft wurden. Sieht man einmal von den Tourbillons ab, so sind derzeit nur vier derartige Patek Philippes bekannt: zwei von ihnen – die Nr. 861 126 mit rundem 30-mm-Werk und die rechteckige Nr. 861 278 – liegen im Firmenmuseum. Die Nr. 861 121 ist dokumentiert (Huber/Banbery, 1988, Abbildung 325–328), und in letzter Zeit bekannt geworden ist die Nr. 861 137 (siehe Auktion Antiquorum vom 25. Februar 1990, Lot Nr. 259), die wahrscheinlich auf Wunsch eines Käufers im Jahre 1954 am Observatorium Genf geprüft wurde und im Wettbewerb mit 43,77 Punkten (bei 60 möglichen) den 45. Rang bei 58 Teilnehmern belegte. Der Hinweis auf die Observatoriumsprüfung ist deutlich auf dem Zifferblatt angebracht worden, indem man es wie ein Chronographen- oder Zeitzonenblatt mit zwei seitlichen kleinen Hilfszifferblättern versah: das eine bei der Neun ist die kleine Sekunde, und als zweites bei der Drei erscheint der ringförmig angebrachte Schriftzug »Bulletin Observatoire«. Ebenso aufgeteilt ist das Zifferblatt der Nr. 861 121 (siehe oben), die auch in den Handel kam (Abb. 224, 227, 228 und 232).

Jede an den Wettbewerben teilnehmende Armbanduhr erhielt eine aufgrund ihrer errechneten Gangfehler nach einer komplizierten Formel (siehe Tab. 10 a, b) ermittelte Punktzahl, die die Vergleichsbasis zu den Konkurrenten bildete. Maximal erreichbar waren (seit einer Reglementsänderung von 1909) 1000 Punkte. Die

erste 1944 in der neuen Kategorie D aufgeführte Armbanduhr, eine Patek Philippe und noch ohne Konkurrenz, erreichte 626 Punkte. Im Vergleich dazu erhielt das beste Bordchronometer des Jahrgangs 1944, ebenfalls von Patek Philippe, 857 Punkte. Es ist interessant zu beobachten, daß die Punktunterschiede zwischen Bord- und Armbandchronometern im Lauf der folgenden Jahre immer geringer wurden: Die Punktzahlen der Armbandchronometer stiegen ständig an, während die der Bordchronometer etwa gleich blieben. Die Leistungen der Armbandchronometer wurden also ständig besser – was, wie wir schon bemerkt haben, auf ihre ständig verbesserte Reglage zurückzuführen ist –, während die der Bordchronometer stagnierten: 1946 erhielt das beste Bordchronometer 871 Punkte, das beste Armbandchronometer 797 Punkte, 1950 waren es 880 zu 867 Punkte, und 1952, im letzten Jahr der alten Punktregelung, war der Unterschied bei 871 zu 864 auf nur noch sieben Punkte geschrumpft.

Im Jahre 1952 wurde ein neues Reglement mit einer neuen Berechnungsformel für die Punktzahl und das jetzt zweistellige Punktsystem eingeführt, das 1953 erstmals angewendet wurde. Maximal erreichbar waren jetzt für fehlerlose Uhren 60 Punkte. Dieses neue System war gedacht als Vorbereitung für ein international gleiches Bewertungssystem, das sich aber nicht durchsetzte.

Zu dem ersten Armbanduhrenwettbewerb im Jahre 1945 waren zehn Uhren eingereicht wor-

den. Acht von ihnen erhielten einen Gangschein: eine Rolex, fünf Patek Philippe und
zwei Omega (Tab. 10a, b und 12). Die Beste
war mit 770 Punkten eine Omega. Die prämierten Uhren wurden in den veröffentlichten
Rechenschaftsberichten sehr ausführlich dargestellt mit Werknummer, dem Namen des Regleurs, Angaben zum Werk wie Größe, Art der
Hemmung, Spirale und Unruh sowie den
wichtigsten Gangergebnissen und der erreichten Punktzahl.

Die folgende Zusammenstellung (Tab. 12) ent-
hält die Verteilung der Wettbewerbsteilnehmer
nach Firmen, wobei eine Beschränkung auf die
sechs häufigsten erfolgte.

Hinter den »diversen« verbergen sich: 1960 drei
Favre-Leuba, 1962 sechs Movado, 1963 drei
Favre-Leuba, 1964 eine Favre-Leuba, 1966 zwei
Movado und eine Fabr. de spiraux réunis und
1967 zwei elektronische Armbanduhren des
C. E. H. (Schweizer Forschungszentrum Cen-
tre Electronique Horloger).

Diese Zusammenstellung, noch deutlicher aber
die Grafik (Abb. 11), zeigt, daß die Zahl der
prämierten Uhren von Jahr zu Jahr stetig stieg
und 1964 mit 152 Stück ihren Höchststand erreichte, um dann bis zur Einstellung der Wettbewerbe im Jahre 1967 rapide abzufallen auf nur
noch etwas mehr als die Hälfte (88) – damit den
Siegeszug der elektronischen Uhr anzeigend.

Es waren wenige Firmen, die regelmäßig an
den Wettbewerben teilnahmen, und noch weniger Firmen waren die ganze Zeit von 1945 bis
1967 dabei, nämlich nur Patek Philippe und
Omega. Zeitweise Teilnehmer waren Rolex,
Zenith, Longines, Movado, Vacheron & Constantin und Favre-Leuba, insgesamt also nur
acht Firmen aus der großen Zahl der Schweizer
Armbanduhrenhersteller. Auch bei Berücksichtigung des Observatoriums Neuchâtel wird die
Zahl der Teilnehmerfirmen nicht wesentlich erhöht: Neben den dort gleichzeitig teilnehmenden Firmen Longines, Omega, Zenith und
Movado kommt als häufigerer Teilnehmer ab
1948 nur Ulysse Nardin hinzu und gelegentlich
Cyma und Ernest Borel. Und nur eine einzige
Firma, nämlich Omega, nahm bei beiden Observatorien von Anfang bis Ende teil, und das
jedes Jahr mit einer großen Zahl von prämier-
ten Uhren: maximal 70 waren es im Jahre 1964
(in Neuchâtel war Omega im selben Jahr mit 31
Uhren dabei). Nebenbei auch eine beachtliche
Leistung des nach Gottlob Ith erfolgreichsten
Regleurs von Omega, Joseph Ory, der allein 68
Uhren des Jahres 1964 feingestellt hat.

10 a, b Observatorium Genf,
jährlicher Rechenschaftsbericht für 1945 mit den Gangergebnissen aller Kategorien, veröffentlicht im Journal d'Horlogerie
Suisse von 1946.

OBSERVATOIRE DE GENÈVE

Résultats des observations de chronomètres en 1945

par G. TIERCY

Le nombre des pièces déposées en 1945 pour subir
les épreuves prévues par le règlement de l'Observatoire.
ainsi que les nombres des bulletins délivrés et des échecs
sont donnés dans le tableau I.

Tableau I. Chronomètres déposés en 1945

Première classe	Type de chronomètre	Nombre de dépôts	Bulletins	Echecs	Arrêts
Catégorie A	Bord	49	45	4	—
Catégorie B	Poche, gr. format	19	17	2	—
Catégorie C	Poche, pt. format	7	6	1	—
Catégorie D	Petit calibre	10	9	—	1
	Totaux	85	77	7	1

Le tableau II contient le détail des performances réa-
lisées par les chronomètres qui ont obtenu un bulletin
de marche de 1re classe, pour les catégories A, B, C, D,
ainsi que les caractéristiques de ces chronomètres.
Le classement a été établi par le jeu des formules
donnant les nombres de points :

Catégories A et B

$$N = 15 (20s \cdot S) + 25 (12s - S') + 2000 (0s,150 - c) + 40 (2s,50 - r)$$

Catégorie C

$$P = 10 (30s - S) + 20 (5s - S') + 1500 (0s,200 - c) + 25 (4s,00 - r) :$$

Catégorie D

$$R = \frac{7.5 (40s \cdot S) + 100 (18s - S') + 1200 (0s,250 - c) + 20 (5s,00 - r) :}{6}$$

dans ces formules, les lettres ont les significations suivantes :

S = 40 m = somme des 40 écarts de la marche diurne ;
S' = 6 p = somme des 6 écarts moyens de position ;
m = écart moyen de la marche diurne ;
p = écart moyen correspondant à un changement de position ;
c = erreur de compensation pour un degré centigrade ;
r = reprise de marche.

Nous rappelons d'autre part, ci-après, la définition
des catégories :
Catégorie A. — Chronomètres de diamètre d'encageage supérieur à 43 mm., jusqu'à 70 mm. inclusivement
(chronomètres de bord).

Tableau II. Résultats (Catégorie A)

No de dépôt	No du fabricant	Nom du fabricant	Régleur	Dimension en mm.	Echappement (1)	Spiral (2)	Balancier (3)	S	S'	c	r (4)	Formule	Points
		Catégorie A						sec.	sec.	sec.	sec.		
44	5 783 248 ‡	Oméga, usine de Genève	A.J.	48	A	AB	Gu	2.56	1.08	0.005	+0.28	N	913
19	198 425	Patek, Philippe & Cie	M	50	AT	AC	Gu	3.72	0.74	0.013	+0.16	N	893
18	198 423	" "	M	50	AT	AC	Gu	3.28	1.70	0 015	0.00	N	878
17	198 400	" "	M	54	AT	AC	Gu	4.72	0.68	0.017	— 02	N	877
46	197 914	" "	M	50	AT	AC	Gu	5.28	0.64	0.012	+0.22	N	872
29	198 285 ‡	" "	M	50	AT	AC	Gu	4.28	1.36	0.013	+0.14	N	870
40	198 295 ‡	" "	M	50	AT	AC	Gu	4.00	1.24	0 014	— 0 46	N	863
35	181 118 ‡	Jan Wanké	J.W.	50	AT	AC	Gu	5.40	1.96	0.002	— 0.32	N	853
16	198 296	Patek, Philippe & Cie	M	50	AT	AC	Gu	3.24	1.68	0.023	+0.64	N	838
51	198 424	" "	M	50	AT	AC	Gu	3 96	1.98	0 021	— 0.34	N	836
2	198 286	" "	M	50	AT	AC	Gu	6.52	1.62	0.013	+0.14	N	830
30	198 349	" "	M	50	AT	AC	Gu	5.76	1.50	0 015	+0.58	N	823
33	5 783 342	Oméga, usine de Genève	A.J.	48	A	AB	Gu	7.16	1.88	0 009	+0.22	N	819
76	26 723 ‡	Patek, Philippe & Cie	M	50	AT	AC	Gu	3.92	1.48	0 039	— 0.26	N	816
69	5 783 148 ‡	Oméga, usine de Genève	A.J.	48	A	AB	Gu	7.36	2.80	0.005	+0.08	N	806
3	198 336	Patek, Philippe & Cie	M	50	AT	AC	Gu	5.84	2.36	0.022	— 0.16	N	799
79	197 915	" "	M	50	AT	AC	Gu	5.00	0.88	0.047	+0.26	N	799
47	198 287	" "	M	50	AT	AC	Gu	6.44	2.48	0.020	— 012	N	797
13	5 783 348	Oméga, usine de Genève	A.J.	48	A	AB	Gu	6.00	2.24	0.022	+0.34	N	796
68	5 337 854 ‡	" "	A.J.	48	A	AB	Gu	5.96	1.84	0.029	+0.30	N	795
70	5 783 153 ‡	Patek, Philippe & Cie	A.J.	48	A	AB	Gu	6 12	1.22	0.045	+0.12	N	783
77	197 672	" "	M	50	AT	AC	Gu	5 92	2.28	0.033	— 0.14	N	783
71	5 783 346	Oméga, usine de Genève	A.J.	48	A	AB	Gu	5.96	3 40	0.017	— 0.28	N	780
80	198 337 ‡	Patek, Philippe & Cie	M	50	AT	AC	Gu	5.56	2.48	0.034	+0.32	N	774
60	198 199	" "	M	54	AT	AC	Gu	6.28	1.84	0.044	— 0.14	N	758
38	367 641	Vacheron et Constantin	O	50	A	AC		9.28	1.32	0.032	+0.28	N	753
66	1923	Technicum Neuchâtelois, Le Locle	J		AT	A	Gu	4.56	2.28	0.058	— 0.40	N	743
57	5 783 344 ‡	Oméga, usine de Genève	A.J.	48	A	AB	Gu	6.76	3.28	0.029	— 1.34	N	705
11	5 783 246	" "	A.J.	48	A	AB	Gu	7.24	2.20	0.069	+0.38	N	683
62	4 000 056	" "	A.J.	48	A	AB	Gu	5.84	3.00	0.089	— 1.06	N	617
85	452 028	Vacheron et Constantin	J.W.	47	A	AC	Gu	10.52	3.14	0.096	— 0.22	N	563
55	444 913	" "	O	50	A	AC	Gu	13.40	4.04	0.105	— 0.14	N	482

Pour l'explication des signes voir tableau II (suite)

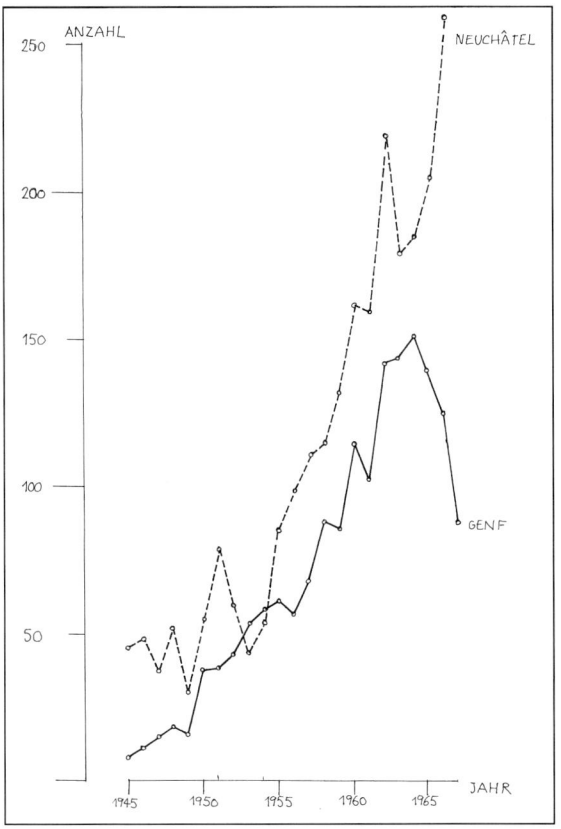

11 Observatorien Genf und Neuchâtel, Anzahl der jährlich bestandenen Armbandchronometer.

Tableau II (suite) Résultats (Catégories B, C, D)

No de dépôt	No du fabricant	Nom du fabricant	Régleur ‡	Dimension en mm.	Echappement (1)	Spiral (2)	Balancier (3)	S sec.	S' sec.	c sec.	r (4) sec.	Formule	Points
		Catégorie B											
20	198 427	Patek, Philippe & Cie	M	43	AT	AC	Gu	6·20	1·24	0·005	+ 0·38	N	851
4	198 426	»	M	43	AT	AC	Gu	5·32	1·26	0·016	— 0·18	N	850
8	418 214	Vacheron et Constantin	O	43	AT	AC	Gu	4·32	2·44	0·023	— 0·10	N	824
41	198 433	Patek, Philippe & Cie	M	43	AT	AC	Gu	3·36	1·44	0·043	— 0·26	N	817
83	417 300	Vacheron et Constantin	O	43	AT	AC	Gu	6·52	1·06	0·022	— 0·38	N	817
7	439 633	»	O	43	AT	AC	Gu	5·44	1·44	0·030	— 0·18	N	815
54	418 220	»	O	43	AT	AC	Gu	5·16	1·08	0·043	— 0·26	N	799
78	197 895 †	Patek, Philippe & Cie	M	43	AT	AC	Gu	3·88	1·60	0·045	— 0·44	N	794
23	5 983 841	Oméga, usine de Genève	A.J.	43	A	AB	Gu	5·52	1·56	0·042	+ 0·42	N	777
65	198 494 †	Patek, Philippe & Cie	M	43	AT	AC	Gu	9·20	1·80	0·021	+ 0·78	N	744
24	5 983 849	Oméga, usine de Genève	A.J.	43	A	AB	Gu	6·40	2·38	0·054	+ 0·32	N	724
36	439 632	Vacheron et Constantin	O	43	AT	AC	Gu	8·04	1·52	0·060	+ 0·34	N	708
82	393 615	»	O	43	A	AC	Gu	16 04	3·04	0·006	+ 0·04	N	670
27	439 376	»	O	43	AT	AC	Gu	12·20	1·92	0·046	+ 0 70	N	649
37	439 634	»	O	43	AT	AC	Gu	5·68	2 02	0·101	+ 0·58	N	639
		Catégorie C											
72	8 957 251 †	Oméga, usine de Genève	A.J.	38	A	AB	Gu	8·80	3·42	0·023	+ 0·58	P	795
49	198 408	Patek, Philippe & Cie	M	38	AT	AC	Gu	10 08	6·24	0·042	— 0 30	P	704
14	986 752	Rolex Watch Co	J.M.	22×38	A	A2courb	Gu	9·20	4·30	0·093	— 1 02	P	657
58	8 957 240	Oméga, usine de Genève	A.J.	38	A	AB	Gu	12 20	7·16	0·146	— 2 90	P	443
		Catégorie D											
59	9 378 500	Oméga, usine de Genève	A.J.	30	A	AB	Gu	9·36	2·46	0·091	+ 0·46	R	770
5	863 365	Patek, Philippe & Cie	M	29	A	AC	Gu	10 84	3·34	0·118	+ 0·08	R	720
73	863 355	»	Z	30	A	AC	Gu	13 08	6 96	0·074	— 0·44	R	688
53	863 363	»	M	29	A	AC	Gu	19 84	5·14	0·053	+ 1·78	R	666
26	195 681	Rolex Watch Co	J.M.	29	A	A	Gu	15·12	6·68	0·104	— 0·60	R	639
75	863 362 †	Patek, Philippe & Cie	M	29	A	AC	Gu	17·80	5 94	0·140	— 0·04	R	599
34	9 378 513	Oméga, usine de Genève	A.J.	30	A	AB	Gu	9·96	6·32	0·167	+ 2·52	R	569
21	863 361	Patek, Philippe & Cie	M	29	A	AC	Gu	13·64	9·52	0·164	+ 1 32	R	516

(1) A = ancre : AT = ancre tourbillon.
(3) Gu = Guillaume.
‡ A.J. = A. Jaccard ; M = Modoux ; J.W. = J. Wanké :
  O = Olivier : J = A. Jeanmairet : J.M. = J. Matile :
  Z = Zibach.

† Chronomètres déposés plusieurs fois durant l'année.
(2) A = acier ; AC = acier, coudé ; AB = acier Bréguet.
(4) Le signe + indique une avance, le signe — indique un retard.
* Position verticale normale : pendant à gauche.

Catégorie B. — Chronomètres de diamètre d'encageage supérieur à 38 mm., jusqu'à 43 mm. inclusivement (chronomètres de poche, grand format).

Catégorie C. — Chronomètres de diamètre d'encageage supérieur à 30 mm., jusqu'à 38 mm., inclusivement, ou de surface supérieure à 707 mm² jusqu'à 1134 mm² inclusivement (chronomètres de poche, petit format).

Catégorie D. — Chronomètres de diamètre d'encageage au plus égal à 30 mm. ou de surface au plus égale à 707 mm² (chronomètres de petit calibre).

Le signe (†) indique que le chronomètre a été déposé deux ou plusieurs fois durant l'année ; dans ce cas, selon l'article 11 du règlement, le dernier résultat entre seul en considération, les bulletins précédents ayant été restitués à l'Observatoire et détruits.

Les catégories A et B ensemble constituent la catégorie b du Règlement relatif au dépôt et à la comparaison des chronomètres ; les catégories C et D sont identiques aux catégories c et d du Règlement.

Les anciens concours institués entre les fabricants genevois par la Classe d'industrie et de commerce de la Société des Arts, basés sur les formules de calcul des points indiquées plus haut, et abandonnés dès 1935, prévoyaient l'attribution de prix spéciaux, notamment le **Prix du record de pièce** et le **Prix du record de «série»**; et cela pour chaque catégorie.

S'il n'est plus question de « prix » dans l'organisation actuelle, où l'Observatoire se borne à publier les résul-tats obtenus par tous les chronomètres déposés, quelle que soit leur provenance, la notion de record n'a cependant pas perdu son intérêt.

Deux records ont été battus en 1945 en catégorie A, le record de pièce isolée (un seul chronomètre), et le record de série (cinq chronomètres ensemble) :

Le record de pièce isolée, réalisé en 1932 avec 902 points, a été porté en 1945 à 913,4 points par un chronomètre de la maison Omega, Usine de Genève, portant le numéro de fabrication 5 783 248 et réglé par M. A. Jaccard.

Le record de série, réalisé en 1944 avec 865,2 points, a été porté en 1945 à 878 points par une série de cinq chronomètres de la Maison Patek, Philippe et Cie, réglés par M. F. Modoux ; voici le détail :

No de dépôt	No de fabrication	Points
19	198 425	893
18	198 423	878
17	198 400	877
46	197 914	872
29	198 285	870
	Total :	4390
	Moyenne :	878
		nouveau record

Il convient de relever la remarquable homogénéité de ces cinq résultats.

Es war also eine sehr kleine, »erlauchte« Gruppe von Uhrenfirmen, welche die Zeit und die Mühe aufwandte, einige Armbanduhren so sorgfältig und genau feinzustellen, daß der Gang zum Observatorium gewagt werden konnte. Und ein Wagnis war schon dabei, denn längst nicht jede eingelieferte Uhr erreichte einen Gangschein und damit die begehrte Teilnahme am Wettbewerb. In den jährlichen Rechenschaftsberichten des Observatoriums Neuchâtel wurde differenziert zwischen den mit einem Preis ausgezeichneten Uhren und denen, die »nur« die Prüfung bestanden, also die Grenzwerte unterschritten hatten. Für jeden Insider war also deutlich, wieviele gute und weniger gute Uhren eine Firma eingesandt hatte.
Die folgende Tabelle 13 soll die Anzahl sowie den Anteil der bestandenen und der nicht bestandenen Armbanduhren an den Teilnehmerzahlen deutlich machen.

Wir haben in Tabelle 13 neben den durchgefallenen Uhren eine neue Rubrik eingeführt: die der zurückgezogenen Uhren. Denn wenn sich während der Prüfung herausstellte, daß eine Uhr die Grenzwerte überschritt, wurde der Einlieferer benachrichtigt und aufgefordert, sie zurückzuziehen. Dieser konnte auch jederzeit selbst eine Uhr zurückziehen, wenn ihm die bis dahin erzielten Resultate unbefriedigend erschienen. Damit wurde ein blamables Versagen vermieden, der Gang der Uhr konnte überarbeitet werden, um dann die Uhr neu einzureichen.

Diese zurückgezogenen Uhren waren zwar nicht durchgefallen, sie wären es aber in den meisten Fällen. Ihre Zahl war erheblich und überstieg die der echten Versager bei weitem, welche über die Jahre konstant niedrig blieb, trotz der sich mehr als verzehnfachenden Teilnehmerzahlen. Prozentual betrug die Zahl der echten Versager maximal 26% im Jahre 1947, im Mittel jedoch nur – läßt man diese 26% einmal außer acht – um 4% der jährlichen Teilnehmerzahlen. Das Zahlenverhältnis zwischen den echten Versagern und den zurückgezogenen Uhren macht auch deutlich, daß die Aufforderung des Observatoriums, eine Uhr zurückzuziehen, meist befolgt und damit einem Versagen, selbst wenn es hier in Genf anonym blieb, vorgezogen wurde.

Wir wollen an dieser Stelle einen Vergleich mit der gleichen Tabelle des Observatoriums Neuchâtel (Tab. 23) anschließen. Es ist nämlich ganz auffällig, daß dort sowohl die Zahl der echten Versager als auch der zurückgezogenen Uhren erheblich höher war als in Genf. Zusammen erreichten sie fünfmal über 50% der Teilnehmer, am meisten 1952 mit 58,5%, und im Durchschnitt lag der Anteil der echten Versager zusammen mit den zurückgezogenen um 18% höher als in Genf: War der Mittelwert dort 26% jährlich, so hier in Neuchâtel 44%. Was war der Grund für diese hohe Versagerquote am Observatorium Neuchâtel? Waren hier die Prüfungen strenger als in Genf? Oder waren die in Neuchâtel eingelieferten Uhren schlechter als die in Genf eingelieferten? Aber es waren überwiegend dieselben Firmen, die das Gros der Teilnehmer an beiden Observatorien stellten. Und geprüft wurde nach Richtlinien und mit Grenzwerten, die nur geringfügig voneinander abwichen. Und wie paßt diese Erkenntnis zusammen mit der Beobachtung von Tabelle 7, daß in Neuchâtel generell bessere Gangwerte erreicht wurden als in Genf? – Wir können nur eine

12 Observatorium Genf,
Anzahl und Firmen der jährlich prämierten Armbandchronometer

Jahr	Longines	Omega	Patek Philippe	Rolex	Vacheron	Zenith	div.
1945		2	5	1			
1946		7	3	1			
1947		7	7	1			
1948		8	10				
1949		5	8	3			
1950	4	13	14	6			
1951	3	14	16	4			
1952		17	17	8	1		
1953	2	14	25	3		8	
1954	1	20	27	4		6	
1955	5	21	30	2		3	
1956	4	18	32	1		2	
1957	11	29	23	2		3	
1958	15	32	33		3	4	
1959	17	36	26		5		
1960	28	57	26				3
1961	29	40	32				
1962	39	53	40			2	6
1963	42	56	41				3
1964	46	70	35				1
1965	46	58	36				
1966	30	57	34				3
1967	27	57					2

13 Observatorium Genf,
Anzahl und Prozentsatz der durchgefallenen und der zurückgezogenen Armbanduhren

Jahr	Teilnehmer (= 100%)	bestanden	nicht bestanden	zurückgezogen, erneut eingeliefert
1945	10	8	0	2 (20%)
1946	15	11	2 (13%)	2 (13%)
1947	27	15	7 (26%)	5 (18%)
1950	53	37	7 (13%)	9 (17%)
1952	53	43	0	10 (19%)
1954	74	58	5 (6,7%)	11 (15%)
1955	84	61	5 (6%)	18 (21%)
1957	97	68	10 (10%)	21 (22%)
1958	120	87	4 (3,3%)	29 (24%)
1959	112	84	2 (1,8%)	26 (23%)
1960	167	114	8 (5%)	45 (27%)
1962	182	140	4 (2%)	38 (21%)
1963	201	142	5 (2,5%)	54 (27%)
1964	189	152	1 (0,5%)	36 (19%)
1965	176	140	3 (1,7%)	33 (19%)
1966	156	124	2 (1,3%)	30 (19%)
1967	106	86	1 (0,9%)	19 (18%)

mögliche Erklärung für die hohe Versagerquote in Neuchâtel anbieten: Im Neuchâteler Reglement gibt es nicht den Passus, daß das Observatorium von sich aus die Einlieferer von Uhren, die die Grenzwerte überschreiten, benachrichtigt und zum Zurückziehen dieser Uhren auffordert. In Neuchâtel wurden diese Uhren offenbar zu echten Versagern. Damit ließe sich allerdings nur die höhere Zahl der echten Versager erklären, nicht aber die ebenfalls, wenn auch nicht so deutlich, höhere Zahl der zurückgezogenen Uhren.

Das Observatorium in Neuchâtel

Neuchâtel mit seinem Observatorium liegt im Schweizer Jura, dem Zentrum der Schweizer Uhrmacherei. Es war 1858 gegründet worden und damit jünger als das im 18. Jahrhundert entstandene Observatorium in Genf. Der Chronometerservice begann schon im Gründungsjahr, und jährliche Chronometerwettbewerbe wurden früher als in Genf, im Jahre 1866, eingeführt.

In Neuchâtel gab es vier Prüfkategorien, jedoch mit etwas anderer Definition als in Genf:

1.) Marinechronometer ohne Größenbeschränkung,

2.) Bordchronometer mit bis zu 70 mm Werkdurchmesser,

3.) Taschenchronometer mit bis zu 50 mm Werkdurchmesser (bis zu 56 mm bei Taschenchronometern mit Chronograph).

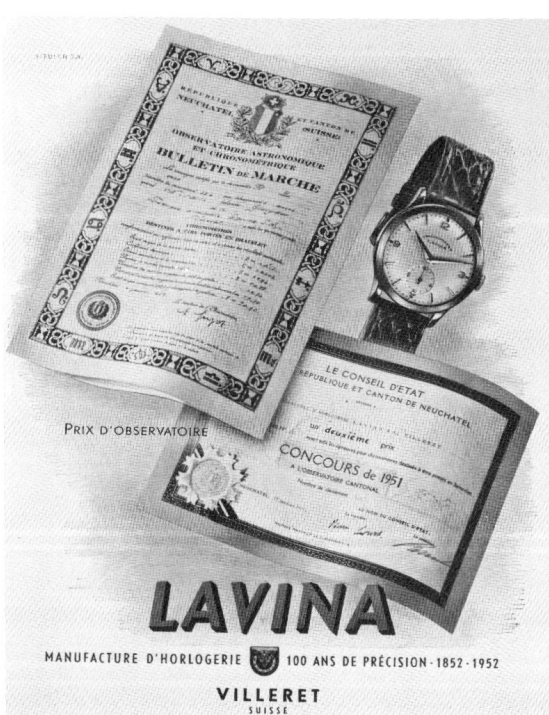

14 Werbung der Firma Lavina mit einem Wettbewerbserfolg am Observatorium Neuchâtel, 1953.

1941 wurde, auch hierin früher als Genf, auf Beschluß des Staatsrates des Kantons Neuchâtel, dem Aufsichtsorgan des Observatoriums, eine weitere Kategorie eingeführt mit der vorsichtigen und etwas umständlichen, aber doch deutlicheren Bezeichnung als in Genf: »Chronometer, die bestimmt sind, am Armband getragen zu werden (chronomètres destinés à être portés en bracelet).« Sie durften zunächst einen Werkdurchmesser bis zu 34 mm haben. 1948 wurde er reduziert auf maximal 30 mm in Angleichung an die Regelung von Genf. 1951 wurde diese Regelung ergänzt durch eine Größenangabe für nicht runde Formwerke: diese durften einen maximalen Flächeninhalt von 707 qmm haben.

Von 1941 bis 1945 konnten Armbanduhren zwar schon geprüft werden und bei Bestehen der Prüfung einen Gangschein erhalten, Wettbewerbe für Armbanduhren begannen jedoch zugleich mit Genf erst 1945. Wegen dieses längeren Vorlaufes begannen die Wettbewerbe in Neuchâtel im Jahre 1945 schon mit der beachtlichen Anzahl von 82 Prüflingen, von denen 45 die Prüfung bestanden. Genf begann mit nur zehn Teilnehmern. Die letzten Gangzeugnisse für mechanische Armbandchronometer wurden 1967 ausgestellt. Wie in Genf gab es in Neuchâtel neben den Preisen für die besten einzelnen Uhren jedes Jahr einen Serienpreis für jeden Uhrenfabrikanten, dessen vier beste Armbanduhren zusammen bewertet wurden und jeweils im Mittel 16 Punkte nicht überschreiten durften, sowie den Prix Guillaume für Regleure.

Die einzelnen Prüfperioden glichen weitgehend denen von Genf (siehe Tab. 8), es entfielen aber die Zwischentage zwischen den Temperaturprüfungen. Dafür gab es nach diesen eine zusätzliche fünftägige Periode in der Lage horizontal, Zifferblatt oben bei 20 °C. Insgesamt dauerte die Prüfung also 45 Tage, einen Tag länger als in Genf.

Auch die Fehlerarten und Grenzwerte glichen weitgehend denen von Genf (siehe Tab. 9); in Neuchâtel gab es einen zusätzlichen Grenzwert für Chronographen: »Differenz der mittleren Gänge in den Lagen horizontal und vertikal *bei laufendem Chronographen*.« Er war mit 6,00 sec größer als derjenige für einfache Armbanduhren (5,00 sec) und trug damit der Tatsache Rechnung, daß ein laufender Chronographenmechanismus das Gehwerk beeinflußt, dessen Gangstetigkeit stört.

Bei der Bewertung der Gangleistungen gab es Unterschiede zwischen Genf und Neuchâtel. Für die an den Wettbewerben teilnehmenden Uhren, die also alle Grenzwerte unterschritten hatten und einen Gangschein erhielten, wurde ebenfalls eine Punktzahl als Vergleichsbasis mit den Konkurrenten ermittelt. Die beste Punktzahl für fehlerlose Uhren war hier aber 0; je niedriger die Punktzahl, um so besser die Uhr. Unter den besten Wettbewerbsteilnehmern wurden drei Preisgruppen gebildet: Einen ersten Preis erhielten Chronometer, die zwischen 0 und 8,5 Punkte erreicht hatten. Zweite Preise gab es bei 8,5 bis 10 Punkten und dritte Preise für 10 bis 12 Punkte. Die Uhren der drei Preisgruppen sowie diejenigen, welche zwar die Prüfung bestanden hatten, mit mehr als 12

15 Observatorium Neuchâtel, die jahresbesten Armbandchronometer (Einzelwertung)

Jahr	Punktzahl	Hersteller
1941	15,4	Zenith
1942	9,0	Longines
1943	7,9	Zenith
1944	6,0	Zenith
1945	5,0	Longines
1946	6,6	Longines
1947	5,9	Longines
1948	7,3	Zenith
1949	7,2	Omega
1950	5,3	Zenith
1951	5,3	Zenith
1952	5,1	Zenith
1953	5,9	Zenith
1954	5,9	Zenith
1955	4,4	Omega
1956	6,6	Movado
1957	5,3	Movado
1958	4,6	Movado
1959	3,7	Omega
1960	4,4	Omega
1961	3,7	Longines
1962	3,0	Longines
1963	2,82	Omega
1964	2,62	Zenith
1965	2,33	Zenith
1966	1,97	Omega

	1941	1966
Firma, Regleur	Zenith, Charles Fleck	Omega, Joseph Ory
mittlere tägliche Gangabweichung	0,36	0,04
primärer Kompensationsfehler	0,056	0,001
sekundärer Kompensationsfehler	0,97	0,09
Differenz der mittleren täglichen Gänge zwischen den beiden horizontalen Lagen	0,75	0,14
Differenz der mittleren täglichen Gänge in den Lagen horizontal und vertikal	0,96	0,35
Wiederaufnahme des Gangs	1,67	0,37

16 Observatorium Neuchâtel, Gangleistungen der jahresbesten Armbandchronometer von 1941 und 1966 (in sec)

Punkten aber keinen Preis erhielten, sind in den jährlich veröffentlichten Berichten des Observatoriums wie in Genf (vgl. Tab. 10a, b) mit einer Reihe von Daten einzeln aufgeführt. Aus den Genfer Prüfberichten sowie aus dem Reglement ist nicht ersichtlich, ob dort auch unterschiedliche Preisgruppen gebildet wurden. Da die Prüfung in Neuchâtel noch bei rund 30 Punkten bestanden werden konnte, sieht man, daß an die Erlangung eines Preises ein viel schärferer Maßstab angelegt wurde als an die Erlangung eines Gangscheines.

Dieses Reglement mit drei Preisgruppen wurde 1963 geändert. Jetzt gab es nur noch eine Gruppe der prämierten Armbanduhren. Ihr Grenzwert lag bei 7,5 Punkten, also noch niedriger als vordem für einen ersten Preis. Mit dieser Verschärfung der Bedingungen für eine Prämierung wurde wohl der Tatsache Rechnung getragen, daß die Gangleistungen, wie schon in Genf beobachtet, von Jahr zu Jahr besser wurden, also die Punktzahlen der jahresbesten Chronometer immer niedriger wurden, wie Tabelle 15 sowie Tabelle 7 es zeigen.

Seit 1963 wurden die Uhren unter konstantem Luftdruck gelagert und die Ablesemethoden verfeinert und automatisiert, um jeden persönlichen Ablesefehler auszuschalten. Damit ergaben sich genauere Meßergebnisse, die vielleicht auch zu den genaueren Punktzahlen ab 1963 mit zwei Dezimalstellen hinter dem Komma führten.

Aus Tabelle 15 können wir entnehmen, daß die besten Chronometer der Jahre 1941 bis 1943 ab 1963 überhaupt keinen Preis mehr erhalten hätten! Es ist schwierig zu ermessen, welche Welten – und welche Regleurleistungen – zwischen der Punktzahl des besten Chronometers von 1941 (15,4) und der des besten von 1966 (1,97) lagen. Die Ergebnisse von 1967 waren leider nicht greifbar. Um diese Unterschiede deutlich zu machen, haben wir die wichtigsten Gang-

ergebnisse dieser beiden Armbanduhren in der Tabelle 16 aufgeführt.

Die Omega des Jahres 1966 mit der Werknummer 13 648 883 hatte auch das beste Einzelergebnis, das jemals eine Armbanduhr in Neuchâtel erreichte. Sie hatte übrigens schon im Jahr zuvor am Wettbewerb teilgenommen, mit 3,92 Punkten aber nur den 46. Platz erreicht.

Der Fortschritt in der Reglage zeigt sich am deutlichsten im Vergleich der Werte für die mittlere tägliche Gangabweichung, wobei der Wert der Omega von 1966 mit 0,04 sec auch von modernen Marinechronometern nur selten erreicht und unterschritten wird (die vergleichbaren Werte der vier ausgezeichneten Marinechronometer des Jahres 1966 waren: 0,02; 0,03; 0,04 und 0,06 sec). Der Fortschritt im Material

18 Werbung der Firma Longines mit den Erfolgen ihres 33-mm-Werkes, 1949.

17 Werbung der Firma Longines mit einem Präzisionsrekord am Observatorium Neuchâtel. Longines erreichte 1945 mit 5,0 Punkten den 1. Platz.

19 Armbandchronometer von Corum mit originalem Goldband. Von dieser Uhr wurden in den Jahren 1960–1964 ca. 70 Stück gebaut und nach Deutschland und die USA verkauft.

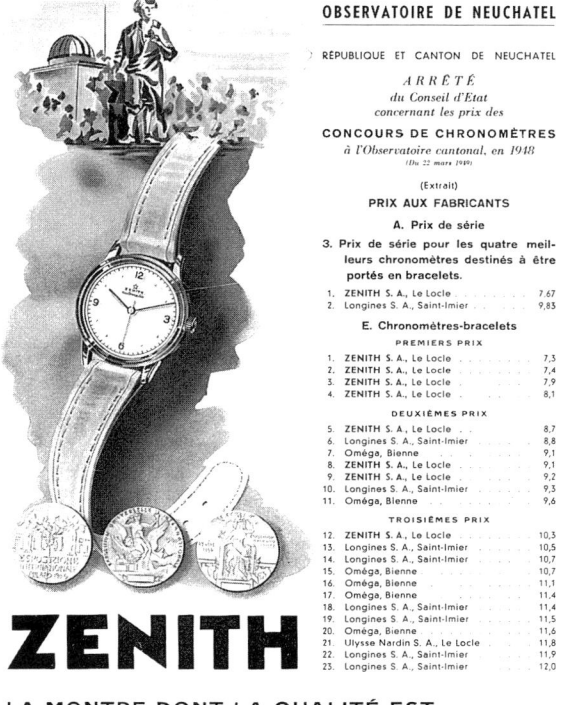

wird am besten sichtbar bei den Werten für den primären und den sekundären Temperaturfehler, hier besonders deutlich bei den Werten für den primären Fehler: Die Leistung der Omega von 1966 – eine tausendstel Sekunde Gangänderung pro 1 °C Temperaturänderung – ist nicht mehr vorstellbar und nur noch mit ganz speziellen Methoden meßbar. Dieser Wert bedeutet, daß die Uhr auf die in Mitteleuropa üblichen Extremtemperaturen zwischen Sommer und Winter mit ca. 50 °C (sofern diese, was in der Praxis niemals der Fall ist, plötzlich einträten) mit einer Gangänderung von 0,05 sec reagieren würde.

Das bedeutet, daß zumindest bei dieser Uhr die Temperaturänderung aufgehört hat, als spürbare Fehlerquelle zu existieren. Zu verdanken war dieses Ergebnis der Integralunruh nach Guillaume, mit der diese Uhr ausgestattet war.

Bei dem Lagenfehler, dieser gerade bei Armbanduhren so schwer zu beherrschenden Fehlerart, ist die Differenz zwischen 1941 und 1966 am geringsten. Angesichts des zulässigen Grenzwertes von 5,00 sec sind aber beide Werte – für 1941 0,96 sec und 0,35 sec für 1966 – ausgezeichnet.

Wie für Genf haben wir auch für das Observatorium Neuchâtel zum Vergleich die jährliche Anzahl der mit einem Gangschein ausgezeichneten Armbandchronometer, nach Firmen geordnet, zusammengestellt (Tab. 22), soweit die Rapporte dort erreichbar waren.

Die Anzahl und die Vielfalt der »Diversen« ist viel größer als in Genf, da hier im Jura, dem Zentrum der Schweizer Uhrenindustrie, eine große Zahl von kleinen und unbekannten Manufakturen, häufig Einmannbetriebe, an den Wettbewerben teilnahm und meistens nur ein- oder zweimal eine Uhr einreichte. Auch von den vielen Uhrmacherschulen des Jura waren bis in die 50er Jahre zwei bei den Wettbewerben gelegentlich vertreten: das Technikum von Neuchâtel mit den Zweigstellen in Le Locle und La Chaux-de-Fonds. Ebenfalls unter den Diversen befinden sich die Japaner mit den Firmen Daini Seikosha und Suwa Seikosha, die erstmals 1964 mit 13 Uhren einen Gangschein erreichten, aber noch keinen Preis erhielten. Ihre Erfolge stiegen allerdings sprunghaft: 1965 drei Einzel- und einen Serienpreis, einen Preis für Regleure und 24 Gangscheine. 1966 bereits 31 Einzelpreise und je zwei Serienpreise und Preise für Regleure sowie fünf Gangscheine.

1966 nahm die vorher nur selten vertretene Firma Girard-Perregaux (GP) aus La Chaux-de-Fonds mit einer großen Zahl von Armbanduhren teil und erreichte 39 Gangscheine, aber nur für eine Uhr einen Preis. Wahrscheinlich wollte GP hier das kurz zuvor auf dem Markt eingeführte Modell HF (für Hochfrequenz, also ein mit 36 000 Halbschwingungen pro Stunde arbeitender sogenannter Schnellschwinger) testen lassen. Mit diesem Modell hat GP in verstärktem Umfang (ca. 5000 Stück pro Jahr) bis in die 70er Jahre Gangscheine bei den offiziellen Prüfbüros erlangt.

Auch hier in Neuchâtel waren es nur fünf bis sechs Firmen, die ständig an den Wettbewerben teilnahmen; und zwar mit Longines, Omega und Zenith dieselben wie in Genf. Außerdem ab 1950 Movado – in Genf nur 1962 und 1966 mit einigen Uhren vertreten – sowie der renommierte Chronometer-Fabrikant Ulysse Nardin aus Le Locle ab 1948. Rolex gehörte zu den ersten, die bereits 1941 an den Prüfungen teilnahmen, als es noch keine Wettbewerbe gab, aber auch zu den ersten, welche die Teilnahme wieder aufgaben, nämlich 1947.

Der Vergleich der bestandenen mit den durchgefallenen Uhren (Tab. 23) ist auch hier aufschlußreich und wurde bereits teilweise vorweggenommen. Leider stehen uns die Zahlen nicht für den gesamten Zeitraum 1945 bis 1967 zur Verfügung, es fehlen einige Jahre.

Angesichts von Versager- und Rückzieherquoten von maximal 58,5% im Jahre 1952 und durchschnittlich 44% läßt sich ablesen, daß die Teilnahme an den Prüfungen und Wettbewerben trotz sorgfältiger Vorbereitungen und Reglagen, die wir bei allen Teilnehmerfirmen voraussetzen dürfen, weil diese zur Schweizer (und damit zur Welt-)Spitzenklasse gehörten, durchaus risikoreich war.

Vergleicht man die zahlenmäßige Entwicklung der Armbanduhren, die die Prüfungen bestanden haben, in Genf und Neuchâtel (Tab. 13 und 23, Abb. 11), so fällt besonders in der grafischen Darstellung die parallele Entwicklung und zwischen 1949 und 1964 die steil ansteigende Teilnehmerzahl bei beiden Observatorien auf. In Genf ist die zahlenmäßige Zunahme stetiger. Nach 1964 bricht sie ab und fällt bis 1967, dem letzten Wettbewerbsjahr, steil ab, ein deutlicher Indikator für das nachlassende Interesse an mechanischen Armbanduhren.

In Neuchâtel entwickelte sich die Teilnehmerzahl anfangs, zwischen 1945 und 1949, ja sogar bis 1953, unregelmäßig und wechselhaft. In den Jahren 1951 und 1962 ist ein isoliertes, starkes Ansteigen der Zahlen festzustellen, das sich für 1951 wegen des Fehlens detaillierter Zahlen nicht nachvollziehen läßt. Im Jahre 1962 ist das plötzliche Ansteigen zurückzuführen auf eine erhöhte Teilnehmerzahl von Uhren der Firmen Omega, Nardin und Zenith. Der in Genf beobachtete, abrupte Rückgang der Teilnehmerzahlen nach 1964 ist in Neuchâtel nicht zu beobachten. Vielmehr steigen hier die Zahlen in den letzten Jahren besonders steil an, zum Beispiel 1966 mit 260 bestandenen Uhren auf mehr als das Doppelte wie in Genf (124). Schon fast dramatisch mutet diese letzte starke Zunahme an, wie ein letztes Aufbäumen vor der endgültigen Aufgabe der Wettbewerbe wie auch der mechanischen Präzisionsarmbanduhren.

Im Jahre 1948 veranstaltete das Observatorium Neuchâtel, das zu den normalen jährlichen Wettbewerben nur aus den Kantonen Neuchâtel, Bern und Waadt stammende Fabrikate zuließ, einen zweiten internationalen Chronometerwettbewerb (ein erster hatte 1923 aus Anlaß des hundertsten Todestages von Abraham Louis Breguet noch ohne Armbanduhren stattgefunden); der Anlaß war das 100jährige Bestehen der Republik Neuchâtel. Zugelassen waren Marinechronometer, Bord- und Taschenchronometer und Armbandchronometer mit der Besonderheit, daß die drei letzten Kategorien denselben Bedingungen und Grenzwerten un-

22 Observatorium Neuchâtel, Anzahl und Firmen der jährlich prämierten Armbandchronometer

Jahr	Longines	Omega	Nardin	Rolex	Zenith	Movado	div.
1941				1	2		
1942	19	6		2	3		
1943	20	12		2	3		
1944	23	10		2	4		
1945	22	15		1	6		1
1946	20	12		1	13		2
1947	8	17		2	9		
1948	19	17	1		15		
1949		17	5		8		
1950		13	10		11	3	18
1951		11	3		12		5
1952	2	22	7		14		14
1953	2	19	5		16		14
1954		14	5		11		1
1955	12	22	6		14		2
1956	11	13	7		19	3	2
1957	8	10	4		5	7	1
1958	31	18	8		25	9	24
1959	40	29	8		28	6	22
1960	57	25	5		46		30
1961	52	40	6		29	6	27
1962	60	57	20		47	9	26
1963	64	40	14		39	13	10
1964	78	31	7		39	12	19
1965	73	30	4		42	14	43
1966	62	46	1		48	10	93

terworfen wurden. Bezogen auf Armbandchronometer waren die Grenzwerte etwas schärfer als die der normalen jährlichen Wettbewerbe (siehe Tab. 9). Jeder Fabrikant konnte in jeder Kategorie bis zu acht Uhren einreichen.

So kurze Zeit nach dem Zweiten Weltkrieg war das internationale Interesse noch gering: bis auf einige Marinechronometer der französischen Firma L. Leroy & Cie. aus Besançon blieben die Schweizer unter sich. Nur sehr wenige Armbanduhren (22 Stück) nahmen teil, denn kurz zuvor war für die jährlichen Wettbewerbe die maximale Werkgröße von 34 auf 30 mm herabgesetzt worden – diese Größenverringerung galt auch für den internationalen Wettbewerb –, und die Fabrikanten hatten besonders bei hochpräzisen Werken, die so niedrigen Grenzwerten standhalten sollten, mit den Schwierigkeiten dieser Miniaturisierung sehr zu kämpfen. Angesichts dieser beiden zusammenkommenden Erschwernisse – zum einen noch niedrigere Grenzwerte als normal, zum anderen noch kleinere Werke – wird mancher Fabrikant mit Blick

auf die nahe bei 50% liegende Versager- und Rückzieherquote bei den normalen Wettbewerben lieber auf eine Teilnahme verzichtet haben. Ein Blick in die Listen der Rechenschaftsberichte von 1945 bis 1947 zeigt, daß nur Omega auch vor dieser Werkgrößenbeschränkung ausschließlich 30-mm-Werke eingeliefert hat, außerdem Rolex nur 28,5-mm-Werke. Alle anderen Fabrikanten mußten sich umstellen, da sie entweder nur 34-mm-Werke hatten oder, wie Zenith oder Longines, nur gelegentlich einmal eine Armbanduhr mit einem kleineren Werk einlieferten.

Als Versager wurden neun der 22 eingesandten Armbanduhren klassifiziert, also mit 41% eine auch bei den jährlichen Wettbewerben übliche Quote. Zwei dieser 22 Armbanduhren des internationalen Wettbewerbs waren übrigens mit Tourbillon ausgestattet; wahrscheinlich von Omega, da nur diese Firma zu dieser Zeit schon über Armbanduhr-Tourbillons verfügte. Insgesamt gewinnen wir den Eindruck, daß Neuchâtel das leistungsfähigere, beweglichere

**23 Observatorium Neuchâtel,
Anzahl und Prozentsatz der durchgefallenen
und der zurückgezogenen Armbanduhren**

Jahr	Teilnehmer (= 100%)	bestanden	nicht bestanden	zurückgezogen, erneut eingeliefert
1945	82	45	8 (9,8%)	29 (35%)
1946	83	48	2 (2,4%)	33 (40%)
1947	82	37	5 (6%)	41 (50%)
1948	93	52	12 (12,9%)	29 (31%)
1949	75	35	13 (17,3%)	27 (36%)
1950	117	55	35 (30%)	27 (23%)
1951	151	79	34 (22,5%)	38 (25%)
1952	141	59	36 (25,5%)	46 (33%)
1957	175	111	22 (12,8%)	42 (24%)
1958	203	115	24 (11,8%)	64 (32%)
1959	229	133	30 (13%)	66 (29%)
1960	275	163	29 (10%)	83 (30%)
1961	334	160	26 (7,8%)	148 (44%)
1962	344	219	15 (4,3%)	110 (32%)
1963	266	180	22 (8,2%)	64 (24%)
1964	289	186	27 (9,3%)	76 (26%)
1965	332	206	21 (6,3%)	105 (32%)

und aktivere der beiden Observatorien war, das – bis auf die Jahre 1953 und 1954 – immer höhere Teilnehmerzahlen hatte, das neue Entwicklungen schneller erkannte und auf sie reagierte. Das ist auch nicht weiter verwunderlich, liegt Neuchâtel doch im Herzen des Jura und war damit dem kreativen Druck der hier beheimateten, zahlreichen und hochqualifizierten Uhrenhersteller (die es in dieser gedrängten Fülle an keinem anderen Ort der Erde gab oder gibt) viel stärker als Genf ausgesetzt.

Die Prüfungen durch die offiziellen Schweizer Prüfbüros

Eine ganz andere Aufgabe und Zielsetzung als die Observatorien hatten die offiziellen Prüfbüros der Schweiz. Wenn wir es heute mit Chronometerzertifikaten zu tun haben, so meinen wir im Regelfall solche, die aus einem dieser Büros stammen. Anders als bei den Observatorien, die ihre Chronometerprüfungen 1967 einstellten, führen die Prüfbüros solche Prüfungen (auch für mechanische Armbanduhren) bis heute durch.

Während bei den Wettbewerben der Observatorien die Uhrenhersteller mit besonders hochgezüchteten, das heißt feingestellten und im Alltag kaum brauchbaren individuellen Einzelstücken miteinander im Wettstreit um die genauesten Uhren lagen – einem Wettstreit, der nur mittelbar über den Werbeeffekt dem Geschäft diente –, ging es in den offiziellen Prüfbüros darum, die für den Handel gedachten Serienuhren auf die Einhaltung bestimmter, festgelegter Mindest-Ganggenauigkeiten hin zu prüfen. Dies gilt es zu beachten, denn in der Öffentlichkeit wird bisher der Chronometerbegriff überwiegend mit den Observatorien in Verbindung gebracht, werden diese und die Prüfbüros nicht getrennt gesehen.

Die Prüfungen in den offiziellen Prüfbüros geschahen auf freiwilliger Basis: jede Uhr konnte auch ohne sie verkauft werden. Das Prädikat »Chronometer«, das eine bestimmte, festgelegte Ganggenauigkeit garantierte und daher für manchen Kunden ein Anreiz zum Kauf gerade dieser Uhr war, durften allerdings nur solche Uhren tragen, die diese Prüfung bestanden hatten. Es wurde ihnen immer auf das Zifferblatt aufgedruckt, nicht selten werbewirksam aufgebauscht (»Superlative Chronometer officially certified«) und in vielen Fällen auch zusätzlich im Werk eingraviert.

Ein direkter Wettbewerb der Uhrenfabrikanten oder deren Regleure untereinander fand nicht statt, sondern nur indirekt über die Höhe der geprüften Stückzahlen der Armbanduhren, wie es die Werbung der Firmen auch deutlich zeigt: zum Beispiel *Eterna:* (Abb. 33): »Eterna gehört zu den ›Grossen Drei‹ (nämlich: die offizielle Statistik erwähnt Eterna unter den drei größten Chronometerproduzenten der Schweiz), oder

MANUFACTURE D'HORLOGERIE A. REYMOND S.A. TRAMELAN

LA QUALITÉ

Réf. 70-3054 Chronomètre avec bulletin de marche officiel pour »Resultats particulièrement bons«. Automatique, calendrier, étanche, 25 rubis.

La qualité assure à votre client la satisfaction la plus durable – et la satisfaction de votre client est votre capital le plus sûr.

Aucune autre montre que le chronomètre n'offre de meilleure occasion de vendre de la qualité.

MONTRES ET CHRONOMÉTRES ERNEST BOREL - NEUCHATEL (SUISSE)

24 Werbung der Firma Arsa mit einem Armbandchronometer, 1958.

25 Werbung der Firma Borel mit einem Armbandchronometern, 1961.

Rolex: »1954 erhielt die Manufaktur Rolex ihren 250 000sten Gangschein«, oder

Omega: »1967 erhält Omega ihren millionsten offiziellen Gangschein für ein Chronometer.«

Es konnte daher nicht ausbleiben, daß die Stückzahlen der zur Prüfung vorgelegten Armbanduhren ganz andere Größenordnungen erreichten als die bei den Observatorien eingereichten: waren es im Jahre 1927 nur 656 Uhren, so 1945 schon 21 185 (an beiden Observatorien zusammen nur 302) und 1953 bereits 56 637 Uhren (321 an den Observatorien), 1966 dann 327 533 (991). Die Anzahl von 1970 mit 466 085 Uhren wurde nicht mehr erheblich gesteigert: 1986 waren es 490 422 Uhren und 1987 463 231 Uhren. Allerdings verteilten sich die Prüfungen auf vier, später fünf, dann sieben und schließlich drei Büros.

Diese Prüfbüros, die zunächst die Bezeichnung »Bureaux officiels de contrôle de la marche des montres« (Abkürzung B. O.) hatten, stammten zum Teil noch aus dem 19. Jahrhundert: Das Büro in Bienne wurde 1877 gegründet, 1887 folgte La Chaux-de-Fonds, St. Imier im Jahre 1888. Das Büro in Le Locle entstand im Jahre 1901, Le Sentier 1944, 1956 kamen die Büros in Genf und Solothurn hinzu. In Genf hatte seit 1886 ein von diesen unabhängiges Prüfbüro, auf welches wir noch zu sprechen kommen werden, mit einer etwas anderen, spezifisch Genfer Zielsetzung bestanden. Die Büros waren bis 1973 voneinander unabhängig und hatten ihren eigenen Direktor, waren aber nach einheitlichen Prüfkriterien tätig und unterstanden in einigen Fällen den Städten (La Chaux-de-Fonds, Le Locle, Le Sentier und Solothurn), sonst den Kantonen (Genf, Bienne, St. Imier) und waren alle den jeweiligen Uhrmacherschulen angeschlossen.

1973 wurden die Büros unter eine zentrale Verwaltung mit nur einem Direktor und Sitz in La Chaux-de-Fonds gestellt und auf drei Außenstellen in Bienne, Le Locle und Genf beschränkt. Die Bezeichnung wurde geändert in »Contrôle officiel Suisse des Chronomètres« (Abkürzung COSC).

Das Reglement der Büros wurde häufig geändert, und zwar in den folgenden Jahren: 1893, 1904, 1912, 1925, 1932, 1942, 1947, 1955, 1961 und zuletzt 1973. Der regelmäßige Anlaß dieser Änderungen war eine Verschärfung der Grenzwerte in Anpassung an den technischen Fortschritt (Tab. 39).

Schon das Reglement von 1893 führte die 15-tägige Prüfungsdauer ein, die bis heute gilt und

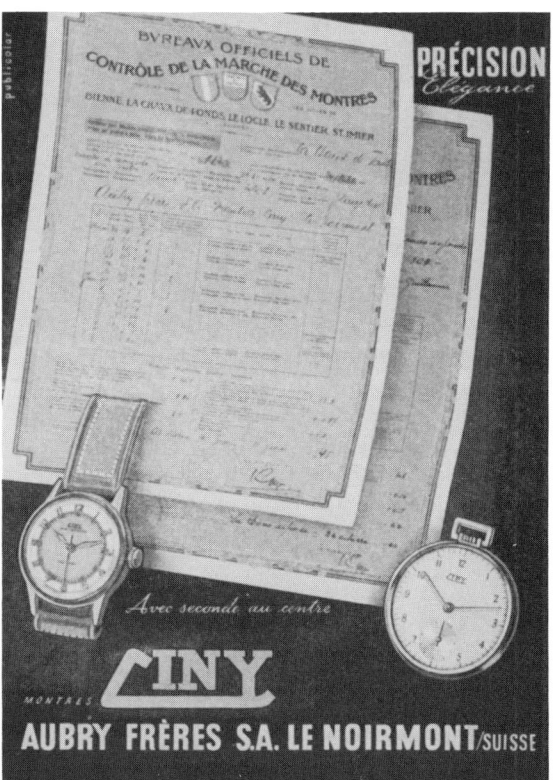

26 Werbung der Firma Breitling mit einem Armbandchronometer, 1959.

29 Firmenwerbung von Cyma, 1951.

27 Werbung der Firma Ciny mit Gangscheinen der Schweizer B. O., 1945.

28 Werbung der Firma Cortébert mit Armbandchronometern, 1947.

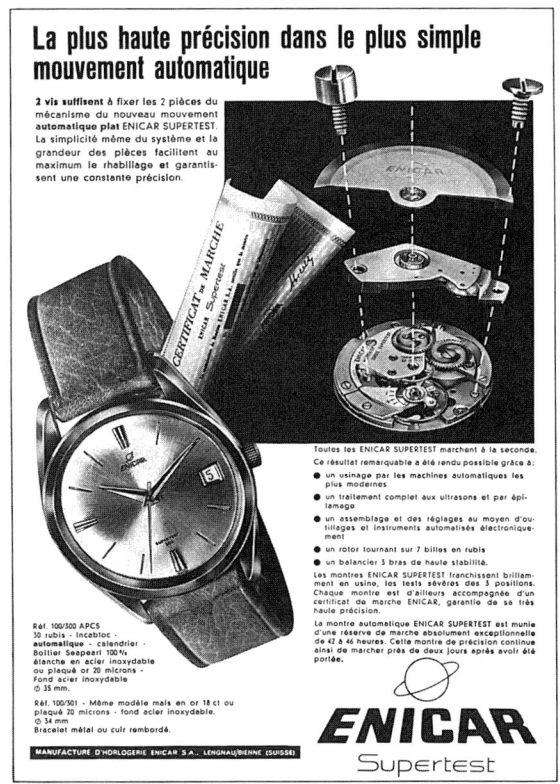

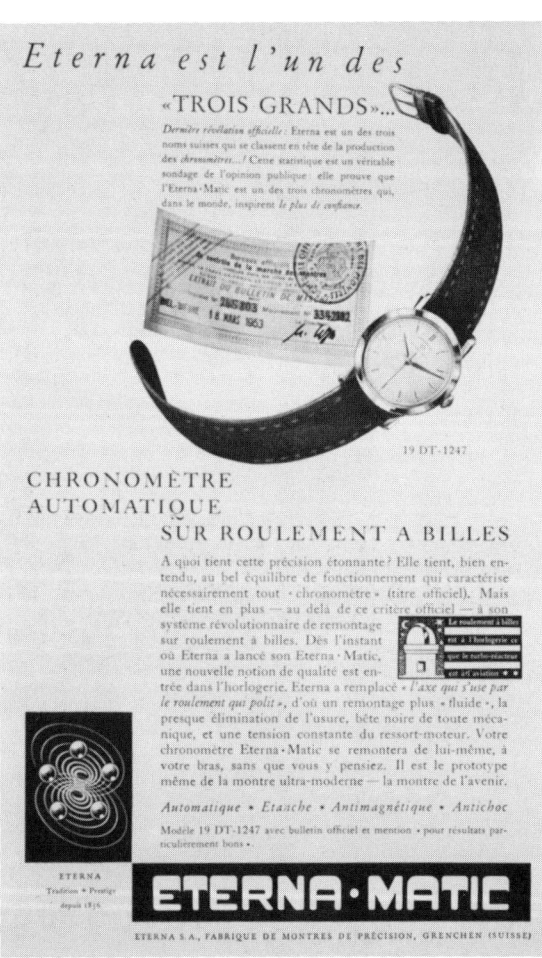

30 Firmenwerbung von
Dulux, 1946.

31 Firmenwerbung von
Eberhard, 1944.

32 Werbung der Firma Eni-
car mit einem firmeneigenen
Gangschein für ihr Werk
»Supertest 300«. Diese Uhren
sind keine Chronometer.

33 Firmenwerbung von Eterna, 1956.

damit nur ein Drittel so lang ist wie die Prüfung an den Observatorien. Zunächst wurden die Uhren, neben den bis heute gebliebenen drei Temperaturen, nur in zwei Lagen geprüft.

1904 wurden Prüfungen erster Klasse mit 15 Tagen Dauer und Prüfungen zweiter Klasse mit nur zehn Tagen Dauer eingeführt.

Die für unser Thema wichtigste Neuerung war die Einführung der Kategorie der Armbanduhren in die Prüfungen im Jahre 1925 (ab 1927 liegen uns die Prüfberichte vor). Erstaunlich früh, wenn man die Observatorien damit vergleicht, und wahrscheinlich auf Betreiben der Firma Rolex, die früher als die Konkurrenz auf präzise und unabhängig geprüfte Armbandchronometer setzte. Von den vielen Reglements wollen wir im folgenden der Übersichtlichkeit halber dasjenige von 1961 zugrunde legen, das bis 1973 galt.

Die Prüfungsbedingungen waren, wie wir bei der Einzelbeschreibung noch sehen werden, denen der Observatorien recht ähnlich, die Grenzwerte lagen allerdings höher (siehe Tab. 39), das heißt, die Anforderungen waren niedriger. Dennoch ist es wegen der völlig verschiedenen Zielsetzungen nicht richtig, im direkten Vergleich von qualitativ unterschiedlichen Chronometereigenschaften und -zertifikaten zu sprechen, schon deswegen nicht, weil jedermann ein von den B. O. geprüftes Armbandchronometer tragen kann, kaum jemand aber die Gelegenheit haben wird, ein von einem Observatorium geprüftes zu tragen.

Diese Unterschiedlichkeit der Prüfungsbedingungen war im Grunde auch verständlich und hauptsächlich auf die Einflußnahme der Interessenvertretung der Schweizer Uhrenhersteller, der »Fédération Suisse des Associations de Fabricants d'Horlogerie« (Abkürzung F. H.), zurückzuführen, die einerseits zwar an einer neutralen Prüfstelle interessiert war und die Gründung der Prüfbüros veranlaßt hatte, die ihren Produkten aus einer unabhängigen Position heraus eine hohe Qualität bescheinigen sollten; andererseits wollte sie aber die Bedingungen für eine solche Bescheinigung nicht so hoch geschraubt sehen, daß die Herstellung des Produktes »geprüftes Armbandchronometer« dadurch gefährdet, beschränkt oder erheblich verteuert würde.

Unter diesem Gesichtspunkt ist auch die Einflußnahme der F. H. auf die Definition des Chronometerbegriffs zu verstehen. Sie lehnte die von der Schweizer Gesellschaft für Chronometrie 1925 gefundene Definition ab, die lautete: »Ein Chronometer ist eine Uhr, die einen Gangschein eines astronomischen Observatoriums erhalten hat.« Denn Prüfungen auf Observatoriumsniveau hätten wegen ihres Schwierigkeitsgrades und ihrer langen Dauer niemals zu größeren Stückzahlen von für den Handel bestimmten Armbandchronometern geführt.

Die F. H. setzte eine von ihren Interessen stark geprägte Definition durch: »Ein Chronometer ist eine Präzisionsuhr, die in verschiedenen Lagen und unter unterschiedlichen Temperaturen reguliert ist, und einen offiziellen Gangschein (der B. O.) *erlangen könnte*«, das heißt, es lag ganz im Ermessen des Fabrikanten, ob er eine Uhr einem Prüfbüro übergab oder ob er sie selbst prüfte und ihr bei Bestehen der Prüfungsbedingungen der B. O. das Gütesiegel »Chronometer« aufprägte oder eingravierte. Eine Kontrollmöglichkeit durch die B. O. war zwar vorgesehen, ob und in welchem Umfang sie allerdings wahrgenommen wurde, ist nicht bekannt.

Diese Situation bestand bis 1951. Der Sammler, der also heute ein Armbandchronometer aus der Zeit vor 1951 vor sich hat, kann nicht sicher sein, daß es in einem der offiziellen, unabhängigen Prüfbüros geprüft worden ist. Das bedeutet natürlich nicht, daß es schlechtere Gangleistungen haben muß als ein offiziell geprüftes – aber: Vertrauen ist gut, Kontrolle ist besser!

Im Jahre 1951 änderte die F. H. ihre Definition des Chronometerbegriffs entscheidend, vermutlich unter dem Druck von Institutionen, aber auch eigenen Mitgliedern wie zum Beispiel Rolex, denen die bisherige Praxis zu unklar, zu einseitig fabrikantenfreundlich war: »Ein Chronometer ist eine Präzisionsuhr, die in verschiedenen Lagen und unter unterschiedlichen Temperaturen reguliert ist, und einen offiziellen Gangschein *erhalten hat*« (Abb. 34, Décision 1).

Damit war eine eindeutige Situation entstanden, den Fabrikanten konnte keine Manipulation mehr vorgeworfen werden, und die Position der offiziellen Prüfbüros war erheblich gestärkt worden; denn nun hing die Verleihung des Prädikates »Chronometer« ausschließlich von der bei ihnen absolvierten und bestandenen Prüfung ab.

Es ist interessant, die jährliche Zahl der geprüften Uhren unmittelbar vor und nach diesem Jahr 1952 (Abb. 35) zu betrachten. Die Grafik zeigt deutlich, daß – bei ziemlich gleichmäßiger Zunahme vor 1951 und nach 1952 – im Jahre 1952 die Anzahl mehr als sonst, aber nicht über-

DÉCISIONS

prises par la

COMMISSION INTERNATONALE DE COORDINATION DES TRAVAUX DES OBSERVATOIRES CHRONOMÉTRIQUES

réunie à Spiez le 8 juin 1952

DÉCISION 1

Définition du mot chronomètre: montre de précision réglée dans différentes positions et sous des températures variées, ayant obtenu un certificat officiel de marche.

DÉCISION 2

La liste des institutions habilitées à délivrer de tels Bulletins est fixée par la Commission Internationale. Elle est actuellement la suivante:

Pour la Suisse: les Observatoires de Genève et de Neuchâtel et les bureaux officiels de contrôle de la marche des montres institués dans les villes de Bienne, La Chaux-de-Fonds, Le Locle, Saint-Imier, Le Sentier.

Pour la France: l'Observatoire National de Besançon et son service du ‹ Poinçon de Besançon ›.

DÉCISION 3

Il est recommandé aux fabricants d'utiliser le terme de ‹ chronomètre d'Observatoire › pour les pièces qui ont obtenu un bulletin de marche dans un des deux observatoires suisses de Genève et de Neuchâtel ou un bulletin de 1ère Classe à l'Observatoire national de Besançon.

Fait à Spiez le 8 juin 1952

LES MEMBRES FRANÇAIS ET SUISSES DE LA COMMISSION:

M.M. Baillaud, Defossez, Dessay, Donat Gerber, Guyot, Haag, Jaquerod, Jeanmairet, Tiercy, Zibach.

25

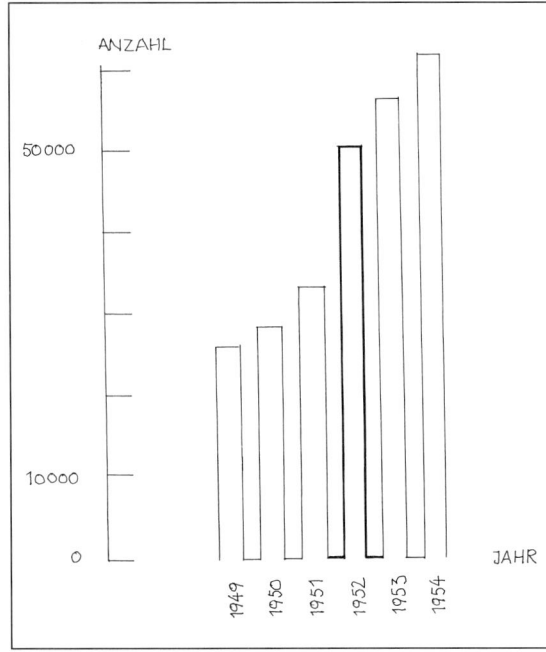

35 Offizielle Prüfbüros, Anzahl der jährlich geprüften Armbandchronometer um 1952.

36 Die offiziellen Prüfbüros, die verschiedenen Prüfungskategorien

Kat.	Beschreibung	Durchmesser in mm		Oberfläche in qmm		Höhe in mm	
		min.	max.	min.	max.	min.	max.
A	Armbanduhren mit kleinen Dimensionen	—	20	—	314	—	6,5
B	Armbanduhren mit mittleren Dimensionen	20,1	30	317	707	—	8,5
C	Armbanduhren mit mittleren Dimensionen und Komplikationen	20,1	36	317	1018	—	10
D	Armbanduhren mit großen Dimensionen	30,1	—	712	—	—	10
E	Armbanduhren mit großen Dimensionen und Komplikationen	36,1	—	1023	—	—	10
F	Taschenuhren	—	50	—	1964	4,4	10
G	extraflache Taschenuhren	—	50	—	1964	—	4,3
H	Taschenuhren mit Komplikationen	—	50	—	1964	—	15
J	mechanische Zeitmeßapparate mit 8 Tagen Gangdauer, die in nur einer Lage verwendet werden	—	—	—	—	—	—
K	Zeitmeßapparate, die in nur einer Lage verwendet werden und in den vorigen Arten nicht eingeschlossen sind						

mäßig stark zugenommen hat. Die Fabrikanten haben also vor 1952 die Möglichkeit der eigenen Prüfung zwar in einigem Umfang wahrgenommen, dennoch aber längst nicht in dem Maße, wie man es nach dem Streit um die Definition des Chronometerbegriffes hätte annehmen können.

Die einzelnen Prüfungskategorien waren zahlreicher und feiner differenziert als an den Schweizer Observatorien (siehe Tab. 36). Gab es an jenen vier bzw. fünf Kategorien, so hier zehn. Allein für Armbanduhren, an den Observatorien in einer Kategorie zusammengefaßt – mit Ausnahme der Chronographen in Neuchâtel, allerdings nur für eine Fehlerart –, gab es hier fünf nach Größe (Werkdurchmesser) und Höhe sowie mit oder ohne Komplikationen unterteilte Kategorien. Mit Komplikationen waren solche gemeint, die den Gang bzw. die Reglage beeinflussen, wie Kalender oder Chronograph. Ein automatischer Aufzug, gleich welcher Bauart, galt nicht als Komplikation.

Es gab jeweils eigene Grenzwerte für:

die Kategorie A
die Kategorien B und C zusammen
die Kategorien D, E und F zusammen
die Kategorien G und H zusammen.

Die Kategorien J und K hatten jeweils eigene Grenzwerte.

Man sieht, daß bei den Armbanduhren für die Kategorien gleicher Werkgröße für komplizierte Uhren dieselben Grenzwerte galten wie für komplikationslose Uhren – zweifellos eine Erschwernis zum Beispiel für Chronographen, die in den Statistiken geprüfter Armbandchronometer daher auch selten auftauchen. Es ist nicht recht zu verstehen, warum überhaupt unterschiedliche Kategorien für gleichgroße Uhren mit und ohne Komplikationen gebildet wurden.

Diese starke Differenzierung der Kategorien gab es erst seit der Änderung des Reglements von 1961. Davor gab es bis 1955 nur die drei Kategorien: Taschenuhren mit einem Tag Gangdauer, Armbanduhren und Uhren mit acht Tagen Gangdauer, jeweils ohne Größenbeschränkung und mit eigenen Grenzwerten.

Dabei war klar, daß diese starke Differenzierung überwiegend Theorie war, denn seit den 40er Jahren überwogen in ganz starkem und zunehmendem Maße die Armbanduhren. Zum Beispiel im Jahre 1950 wurden insgesamt zur Prüfung eingereicht: 309 Taschenuhren, 46 8-Tage-Uhren, aber 28 807 Armbanduhren.

Im Jahre 1963 sah die Verteilung der Uhren, welche die Prüfungen bestanden hatten, folgendermaßen aus:

1986 kleine Armbanduhren der Kategorien A
165 630 mittelgroße Armbanduhren der Kategorien B und C
keine Uhr der Kategorien D und E
113 Taschenuhren der Kategorien F bis H
sieben bzw. acht 8-Tage-Uhren der Kategorie J bzw. K.

In diesen beiden Beispieljahren betrug also der prozentuale Anteil der mittelgroßen Armbanduhren 98,8%. In den Jahren 1961 bis 1965 waren die Kategorien D, E und H überhaupt nicht mehr vertreten.

Für jede Fehlerart gab es bis 1973 zwei Grenzwerte: einen hohen und einen niedrigen, die sich zum Teil erheblich voneinander unterschieden (siehe Tab. 39). Bei Unterschreiten der niedrigen Grenzwerte hatte die Uhr die Prüfung mit Auszeichnung (avec mention) bestanden und erhielt auf dem Gangschein die Eintragung »besonders gute Ergebnisse«. Damit sollte den zum Teil erheblichen Unterschieden in

**37 Offizielle Prüfbüros,
Prüfungsperioden; in Klammern zum
Vergleich die Zeiten der Observatorien**

Periode	Tage	Position	Temperatur (°C)
1	2 (4)	vertikal normal (die 9 rechts)	20°
2	2 (4)	vertikal, die 9 unten	20°
3	2 (4)	vertikal, die 9 oben	20°
4	2 (4)	horizontal, Zifferblatt unten	20°
5	2 (4)	horizontal, Zifferblatt oben	20°
6	1 (1+5)	horizontal, Zifferblatt oben	4°
7	1 (1+5)	horizontal, Zifferblatt oben	20°
8	1 (1+5)	horizontal, Zifferblatt oben	36°
9	2 (2+4)	vertikal normal (die 9 rechts)	20°

den Gangleistungen Rechnung getragen werden. Diese Unterscheidung wurde mit der Reglementsänderung von 1973 abgeschafft.

Die Prüfung dauerte 15 Tage (nur für Uhren der Kategorie K 19 Tage); also nur ein Drittel so lange wie an den Observatorien, obwohl der gleiche Prüfungsumfang – fünf Lagen und drei Temperaturen – auch in der gleichen Abfolge absolviert werden mußte. Der Unterschied lag in der kürzeren Prüfungszeit für jede der neun Perioden, wie Tabelle 37 zeigt.

Für die Lagenprüfungen (Perioden 1 bis 5) war die Dauer also mit je zwei Tagen nur halb so lang wie an den Observatorien, für die Temperaturprüfungen sogar nur je einen Tag anstelle der fünf Tage plus einem Übergangstag an den Observatorien. Die Prüfungstemperaturen wurden mehrfach geändert: anfangs galten für Kälte +4 °C, für Mitteltemperatur +18 °C und für Wärme +31 °C. Nach 1973 war Kälte mit +8 °C, Mitteltemperatur mit +23 °C und Wärme mit +38 °C definiert, also eine Verschiebung der Skala um 4 bis 7 °C in den warmen Bereich: eine kleine Erleichterung der Prüfungsbedingungen, da Wärme den Gang einer Uhr weniger stark beeinflußt als Kälte.

Zwischen der Kälte- und der Wärmeprüfung wurde wie an den Observatorien ein Übergangstag mit Mitteltemperatur zur langsamen Erwärmung der Uhren eingelegt (Periode 7), der bereits in dem Abschnitt über das Observatorium Genf erläutert wurde und hier etwas ausführlicher begründet werden soll. Zum einen sollte das bei zu schnellem Erwärmen drohende Beschlagen und damit die Korrosion vermieden werden, zum anderen aber die plötzliche Gangschwankung ausgeschaltet werden, die dadurch entsteht, daß die Spirale wegen ihrer geringeren Masse schneller auf die neue Temperatur reagiert als die Unruh. Letzteres spielt allerdings bei den modernen Werkstoffen für Spirale und Unruh (zum Beispiel Nivarox

und Glucydur) keine Rolle mehr, da diese auf Temperaturänderungen nicht mehr reagieren.

Die aus den Gangwerten der einzelnen Perioden ermittelten Fehlerarten unterschieden sich erheblich von denen der Observatorien (Tab. 9 und 39). Sie waren weniger zahlreich und teilweise auch unterschiedlich. Nur fünf der Fehlerarten waren an Observatorien und B. O. ähnlich definiert und ihre Grenzwerte daher ungefähr vergleichbar. War bei den B. O. zum Beispiel der mittlere tägliche Gang tatsächlich der Mittelwert aus mehreren Tagesgängen, so entstand der etwa vergleichbare Wert der Observatorien durch ein kompliziertes System aus Mittelwerten einzelner Tagesgänge (marches moyennes), deren Differenzen zu den einzelnen Tagesgängen die Ausgangsbasis für weitere Beobachtungen bzw. Mittelwerte bildeten.

Eine der fünf etwa vergleichbaren Fehlerarten, der mittlere Lagenfehler, wurde bei den B. O. erst 1961 eingeführt. Bei ihnen fehlte auch der sekundäre Temperaturfehler; dagegen wurden bei den Observatorien die beiden Maximalwerte (größte Gangabweichung und größter Lagenfehler) nicht berücksichtigt.

Insgesamt können wir bei den Fehlerarten keinen großen qualitativen Unterschied zwischen den Observatorien und den B. O. feststellen. Die Observatorien berücksichtigten übrigens für den Gangschein nur sieben der zehn ermittelten Fehler.

Anders bei den Grenzwerten (Tab. 39): hier waren die der Observatorien zunächst viel niedriger. Ihre Grenzwerte, 1941 bzw. 1944 eingeführt, blieben aber bis zum Ende der Wettbewerbe im Jahre 1967 gleich, während die der B. O. in diesem Zeitraum viermal verschärft wurden. Allerdings verschärfte das Observatorium Neuchâtel die Punktzahl für die Prämierung im Jahre 1963 und trug damit wenigstens bei den Wettbewerben den besser werdenden Gangleistungen Rechnung. In der vergleichen-

den Übersicht der Grenzwerte der B. O. und, soweit möglich, der Observatorien (Tab. 39) wird deutlich, daß die Grenzwerte beider Institutionen sich immer weiter annäherten; die Gangscheine der Observatorien verloren gegenüber denen der B. O. zunehmend ihren Wert. Spürbar und deutlich ist ein Unterschied schließlich nur noch bei den Werten für die mittlere tägliche Gangabweichung und für den primären Temperaturfehler. Man darf also nicht vergessen, daß ein Armbandchronometer, das nach 1961 die Prüfung an einem B. O. mit Auszeichnung bestanden hat, sich in den Gangleistungen nicht sehr von einem am Observatorium geprüften unterscheiden muß.

38 Firmenwerbung von Felca, 1964.

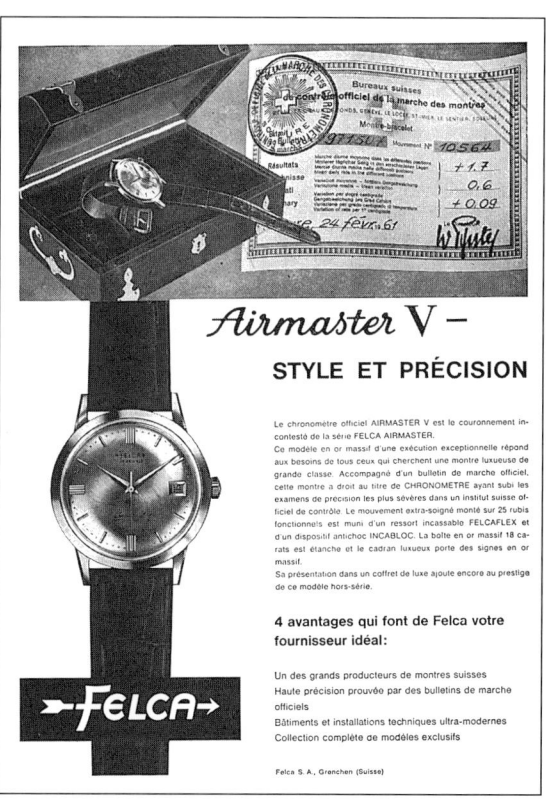

27

**39 Die offiziellen Prüfbüros,
Übersicht und Veränderung der Grenzwerte
(für Armbanduhren mittlerer Größe Kategorie B)**

Art des Fehlers	Grenzwert (in sec) $\frac{\text{mit}}{\text{ohne}}$ Auszeichnung, gültig in der Zeit:							Grenzwert der Observatorien Genf und Neuchâtel
	1925–32	1932–42	1942–47	1947–55	1955–61	1961–73	1973–heute	
mittlerer täglicher Gang in den fünf Lagen	−10/+30	−10/+30	$\frac{0/+15}{0/+25}$	$\frac{0/+15}{0/+15}$	$\frac{-3/+12}{-3/+12}$	$\frac{-1/+10}{-3/+12}$	−4/+6	± 3
mittlere tägliche Gangabweichung in den fünf Lagen	15	15	$\frac{5}{8}$	$\frac{4}{7}$	$\frac{4}{6}$	$\frac{2,2}{3,2}$	2	0,75
größte Gangabweichung	20	20	$\frac{10}{16}$	$\frac{8}{12}$	$\frac{7}{10}$	$\frac{6}{9}$	5	—
Differenz der mittleren Gänge zwischen horizontal (Zo) und vertikal (9 re)	—	—	—	—	—	$\frac{\pm\,8}{\pm\,12}$	−6/+8	± 5
größte Differenz zwischen dem mittleren täglichen Gang und einem der Gänge in den fünf Lagen	± 25	± 50	$\frac{\pm\,16}{\pm\,26}$	$\frac{\pm\,16}{\pm\,26}$	$\frac{\pm\,16}{\pm\,22}$	$\frac{\pm\,12}{\pm\,18}$	± 10	—
primärer Kompensationsfehler pro °C	± 1,5	± 1,5	$\frac{\pm\,0,8}{\pm\,1,4}$	$\frac{\pm\,0,8}{\pm\,1,4}$	$\frac{\pm\,0,7}{\pm\,1,0}$	$\frac{\pm\,0,6}{\pm\,1,0}$	± 0,6	± 0,2
Wiederaufnahme des Ganges	± 20	± 20	$\frac{\pm\,8}{\pm\,14}$	$\frac{\pm\,8}{\pm\,14}$	$\frac{\pm\,7}{\pm\,10}$	$\frac{\pm\,5}{\pm\,9}$	± 5	± 3,5 (Neuchâtel) ± 3,6 (Genf)

40 Werbung der Firma Glycine mit einer mit Gangscheinen dekorierten, aber nicht als Chronometer si-gnierten Armbanduhr. Eine solche Werbung ist häufiger zu finden, 1946.

Allerdings konnte der Unterschied zu einem an vorderster Stelle der Observatoriumswettbewerbe plazierten Chronometer erheblich sein – man vergleiche nur die Gangwerte des besten Chronometers von 1966, der Omega Nr. 13 648 833 (siehe Tab. 16), mit den B. O.-Grenzwerten.

Der Festsetzung jedes einzelnen Grenzwertes gingen langwierige und sorgfältige Untersuchungen voraus, denn es mußten so gegensätzliche Möglichkeiten und Interessen berücksichtigt werden wie einerseits die der Fabrikanten und andererseits die Wünsche und Ansprüche der Käufer. Die ständige Auseinandersetzung mit den Grenzwerten wird auch an ihrer häufigen Änderung deutlich. Es war allerdings nicht möglich, immer alle Seiten gleichermaßen zufrieden zu stellen. Nehmen wir als Beispiel die Fehlerart des mittleren täglichen Gangs bei Armbanduhren. Bei den Prüfungen werden die Uhren nicht bewegt, sondern sie ruhen in ihrer jeweiligen Prüflage. Nun haben Handaufzugsuhren die Tendenz, im Tragen nachzugehen. Dies hatte auf die Prüfungsergebnisse keine großen nachteiligen Auswirkungen, da der positive Grenzwert (für Vorgehen) mit +10,00 sec recht hoch angesetzt war. Anders dagegen automatische Armbanduhren, die häufig ein entgegengesetztes Verhalten zeigen: sie gehen leicht vor im Tragen. Damit sie im Tragen einen befriedigenden Gang haben, ist es notwendig, daß sie in den ruhenden Lagen – also auch bei den Prüfungen – leicht nachgehen. Das ist aber zum Bestehen der Prüfungen nachteilig, da der negative Grenzwert (für Nachgehen) mit −1,00 sec äußerst knapp war.

Viele Fabrikanten haben daher automatische Armbanduhren zu den Prüfungen mit leichtem Vorgang eingeliefert und den Gang nach Erreichen des Gangscheines erneut überarbeitet, um den zu großen Vorgang im Tragen zu korrigieren. In mehreren Publikationen der 60er Jahre ist auf diesen Umstand hingewiesen und der Vorschlag gemacht worden, den Grenzwert entsprechend zu ändern, da automatische Armbanduhren immer häufiger wurden und damit das Problem immer dringlicher war. Diese Änderung geschah dann 1973: der Grenzwert für den mittleren täglichen Gang war nun mit −4,00/+6,00 sec ausgewogener.

Ein typisches Beispiel für das eben beschriebene Verhalten ist die automatische Zenith Kal. 133.8 mit der Werknummer 4 591 837 (Tab. 41), welche die Prüfung nur wegen ihres starken Vorgehens bestanden hat, das sich im Lauf der 15 Prüfungstage immerhin zu 3¾ Minuten (durchschnittlich 15,00 sec/Tag) summierte. Im Tragen war das Vorgehen mit ungefähr 14,00 sec/Tag zu hoch, der Gang mußte also nach der Prüfung mit dem Rücker verlangsamt werden, um in der Alltagspraxis zu befriedigen.

Hier ist das schon einmal erwähnte Problem der Vergleichbarkeit der Prüfungsbedingungen mit der Alltagspraxis des Tragens einer Armbanduhr angesprochen, das wir hier nur kurz streifen wollen. Einerseits sind die Prüfungen ja dazu da, um die Alltagstauglichkeit der Chronometer zu überprüfen, andererseits sind die Bedingungen aber sehr unterschiedlich: die getragene Armbanduhr erhält, neben anderen äußeren Einflüssen, zwischen 7000 und 40000 Stöße täglich, die ihren Gang erheblich beeinflussen können, und ihre Lage ändert sich ständig, was zu ebenso häufiger Änderung der Schwingungsweite der Unruh führt. Dies wird bei den Prüfungen nicht berücksichtigt: Da ruht die Uhr unbeweglich den ganzen Tag und wird nur einmal in 24 Stunden bei Lagen- oder Temperaturwechsel kurz bewegt. Bei automatischen Armbanduhren kommt hinzu, daß sie beim Tragen ständig aufgezogen werden, also über eine gleichmäßig gespannte Feder verfügen, während bei den Prüfungen ihre Feder wie die der Handaufzugsuhren vom voll gespannten Zustand abläuft bis zur völligen Entspannung.

Der schon erwähnte Vorschlag, eine Rüttelmaschine namens »Seimos« einzuführen, war ein Versuch, die Prüfungen praxisnäher zu machen. Er wurde aber von den Direktoren der B. O. und der Observatorien abgelehnt mit der Begründung, mehrjährige Versuche hätten ergeben, daß die Gangabweichungen getragener Armbanduhren von der mittleren täglichen Gangabweichung der Prüfungsuhren in den fünf Lagen, der als die wichtigste eingestuften Fehlerart bei den Prüfungen, nur geringfügig abwichen: die Prüfungen seien also ausreichend praxisnah. Als ein weiterer, weniger überzeugender Ablehnungsgrund wurde angegeben, daß die Bewegungen einer getragenen Armbanduhr dem Temperament des Trägers unterlägen und von Uhr zu Uhr so extrem unterschiedlich seien, daß ein gleichförmiges Rütteln auf dem »Seimos« sie nicht ausreichend nachahmen könne.

Eines der größten technischen und Reglageprobleme bei Armbanduhren ist der Lagenfehler

41 Gangprotokoll des Armbandchronometers von Zenith, Kal. 133.8 Werk-Nr. 4 591 837 (Abb. 275). 15tägige Prüfung nach Vorbild der B. O., mit den zwischen 1947 und 1955 gültigen Grenzwerten.

Stand	täglicher Gang	tägliche Gangabweichung	Lage	Temp. °C	Art des Fehlers	Fehler	Grenzwert mit / ohne Auszeichnung
$E_1 = +22$					1.) mittlerer täglicher Gang in den 5 Lagen	$+15,00$	$0/+15,00$ / $0/+15,00$
$E_2 = +24$	$M_1 = +2$		9 re	20°			
$E_3 = +27$	$M_2 = +3$	$V_1 = 1$	9 re	20°	2.) mittlere tägliche Gangabweichung in den 5 Lagen	$3,20$	$4,00$ / $7,00$
$E_4 = +31$	$M_3 = +4$		9 u	20°			
$E_5 = +38,5$	$M_4 = +7,5$	$V_3 = 3,5$	9 u	20°	3.) größte Gangabweichung	$6,50$	$8,00$ / $12,00$
$E_6 = +49,5$	$M_5 = +11$		9 o	20°			
$E_7 = +58,5$	$M_6 = +9$	$V_5 = 2$	9 o	20°	4.) Differenz zwischen horizontal (Zo) und vertikal (9 re)	$(-22,25)$	—
$E_8 = +89,5$	$M_7 = +31$		Z u	20°			
$E_9 = +123,5$	$M_8 = +34$	$V_7 = 3$	Z u	20°	5.) größte Differenz zwischen dem mittleren täglichen Gang und einem der Gänge in den 5 Lagen	$19,00$	$\pm16,00$ / $\pm26,00$
$E_{10} = +151,5$	$M_9 = +28$		Z o	20°			
$E_{11} = +173$	$M_{10} = +21,5$	$V_9 = 6,5$	Z o	20°			
$E_{12} = +198$	$M_{11} = +25$		Z o	4°			
$E_{13} = +235$	$M_{12} = +37$		Z o	20°			
$E_{14} = +261$	$M_{13} = +26$		Z o	36°	6.) Primärer Kompensationsfehler pro °C	$0,03$	$\pm0,80$ / $\pm1,40$
$E_{15} = +257$	$M_{14} = -4$		9 re	20°			
$E_{16} = +246,5$	$M_{15} = -10,5$		9 re	20°	7.) Wiederaufnahme des Ganges	$-13,00$	$\pm8,00$ / $\pm14,00$

zwischen horizontalen und vertikalen Lagen, ist das in vertikalen Lagen erhebliche Nachgehen gegenüber den horizontalen. Der Grund dafür liegt in der Hemmung, welche die bei Armbanduhren in vertikalen Lagen (im Vergleich zu Taschenuhren) ohnehin kleinen Unruhschwingungen in besonderem Maße verlangsamt. Die beiden Grenzwerte für den Lagenfehler, nämlich

1.) die Differenz der mittleren Gänge zwischen horizontal und vertikal (die 9 rechts) (als mittlerer Lagenfehler) und

2.) die größte Differenz zwischen dem mittleren täglichen Gang und einem der Gänge in den fünf Lagen (als größter Lagenfehler)

waren daher immer recht hoch, auch bei den Observatorien (siehe Tab. 39), und erlaubten, besonders im Fall der größten Differenz und vor der Reglementsänderung von 1961, im Einzelfall Lagenfehler in der Größenordnung von

bis zu 20,00 sec/Tag. Der mittlere Lagenfehler wurde bei den B. O. erst 1961 eingeführt – ein Zeichen für die Schwierigkeit, dieser Fehlerart bei Armbanduhren Herr zu werden. Dabei wird bei diesem Fehler, neben der horizontalen Normallage Zifferblatt oben (Zo), nur eine der drei vertikalen Lagen berücksichtigt. Es überrascht daher zu erfahren, daß dieser Fehler am Observatorium Neuchâtel, das zeitweise eine Statistik über die Versagerursachen führte, mit ca. 0,5% der Einlieferungen als Versagerursache nahezu bedeutungslos war.

Anders und noch schwieriger ist es bei dem größten Lagenfehler, bei welchem der größte der Einzelfehler in den Lagen in die Rechnung eingeht (siehe Tab. 41). Daher hier auch Grenzwerte von bis zu 26,00 sec bis in die 50er Jahre, nach 1961 immerhin noch 18,00 sec. Bei einem einigermaßen ausgewogenen mittleren täglichen Gang von beispielsweise +6,00 sec – wenn

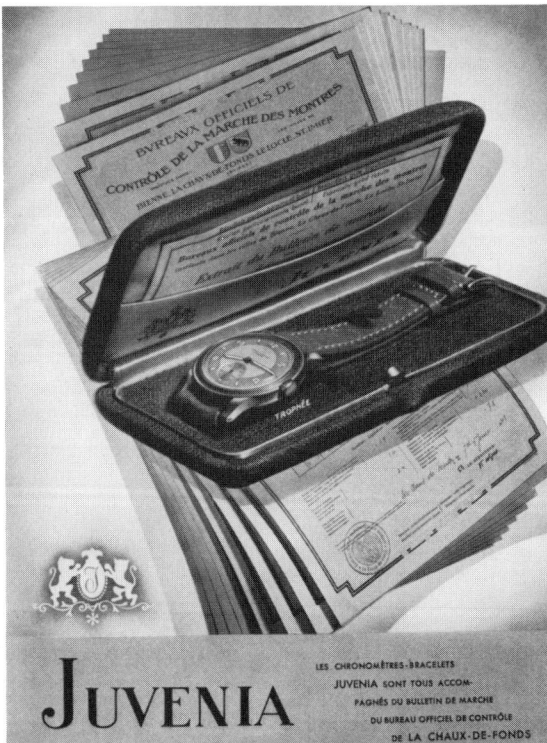

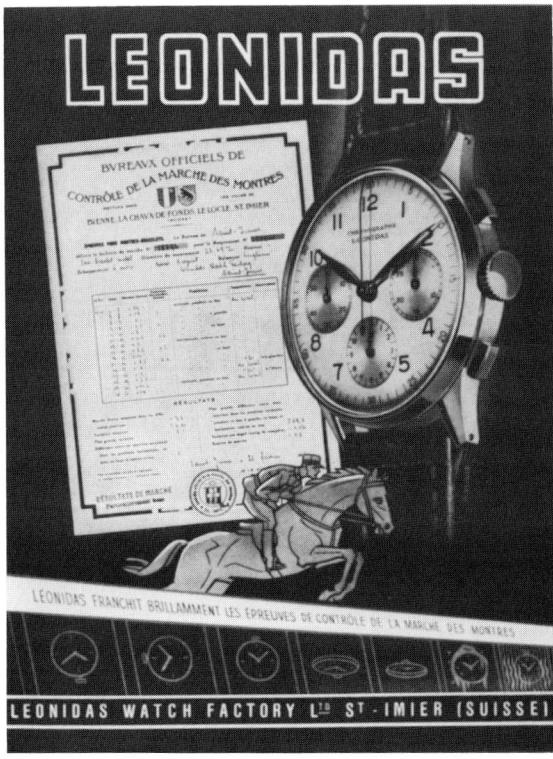

dieser auch nur durch den Ausgleich von positiven und negativen Tagesgängen so niedrig war – durfte also eine den Grenzwerten von 1961 unterworfene Uhr, um die Chronometernorm noch zu erfüllen, in einer der vertikalen Lagen (in denen dies üblich war) bis zu 20,00 sec nachgehen. Ein so hoher Tagesgang beeinflußte natürlich wieder den mittleren täglichen Gang, der ja das Mittel aus allen Tagesgängen war. Aber dessen Grenzwert war in den 40er Jahren mit +25,00 sec, nach 1961 mit maximal +12,00 sec, auch nicht gerade niedrig bemessen. Dieser Nachgang von 20,00 sec würde, gleichmäßig auftretend, sich in drei Tagen zu einem Gangfehler von einer Minute summieren. Wahrlich nicht das Verhalten einer Präzisionsuhr, wie es vielleicht einem Uhrenkäufer vorschwebte, der von seinem erstandenen Armbandchronometer mehr erwartet hatte; dem etwa ein Vergleich mit einem der hochpräzisen Taschenchronometer, zum Beispiel von Ulysse Nardin (mit Federhemmung), vorschwebte. Alles ist also eine Frage der Definition, und diese war in bezug auf die Chronometergrenzwerte bis in die 50er Jahre mehr fabrikanten- als verbraucherfreundlich.

Auch hier ist unsere automatische Zenith Kaliber 133.8 aus der Zeit um 1955 ein typisches Beispiel (siehe Tab. 41), deren Gangleistungen die Grenzwerte von 1947 bis 1955 gerade eben unterschreiten, obwohl (oder gerade weil) sie stark vorgeht. Ein maximaler Lagenfehler von

+35,00 sec (zwischen 9 rechts und Zo), ein mittlerer täglicher Gang von +15,00 sec und ein maximaler Tagesgang von +37,00 sec (an dem Übergangstag zwischen Kälte und Wärme) – mancher wird diese Werte nicht gerade chronometerwürdig finden.

Werfen wir einen Blick auf die absoluten Teilnehmerzahlen an den jährlichen Prüfungen (siehe Tab. 45). Hier zeigt besonders die Kurve (Abb. 44) in den 30er Jahren zunächst eine sehr zögerliche, stagnierende und zeitweise sogar rückläufige Entwicklung, die bis etwa 1943 anhält. Ein besonders mageres Jahr war 1934, was darauf zurückzuführen ist, daß der Haupteinlieferer Rolex nicht einmal ein Viertel seiner früheren Einlieferzahlen erreichte. Zwischen 1943 und 1947 ist eine leichte Steigerung der Teilnehmerzahlen zu beobachten, die sich ab 1950 beschleunigt: die Stagnation in der Folge des Zweiten Weltkrieges war anscheinend überwunden. Nach einer erneuten Stagnation zwischen 1956 und 1959 explodieren dann ab 1960 die Zuwächse förmlich.

Von einem echten Durchbruch des Armbandchronometers kann man eigentlich erst ab 1960 sprechen. Dieser Boom hält bis etwa 1972 unvermindert an und flaut dann langsam ab (Tab. 47). Der Tiefpunkt ist 1976 mit immer noch respektablen 203 311 Teilnehmern erreicht, dann steigern sich die Teilnehmerzahlen langsam wieder auf fast eine halbe Million im Jahre 1988.

Man sieht, daß mit dem Aufkommen der elektronischen Armbanduhr um 1967 die Prüfung und der Absatz mechanischer Armbandchronometer keineswegs vorbei waren – wenn auch die Teilnehmerzahlen im letzten Jahrzehnt überwiegend von einer einzigen Firma bestimmt wurden.

Die Zahl der Firmen, die Gangscheine der B. O. bzw. der COSC zu erlangen suchten und auch erlangten, ist außerordentlich hoch und geht in die Hunderte (siehe S. 203 ff.). Die größte Zahl der Teilnehmer bestand vermutlich aus kleinen Manufakturen und tauchte nur ein- oder zweimal mit nur ein oder zwei Uhren auf. Diese dienten, wenn sie die Prüfung bestanden und ein Zertifikat erhalten hatten, als Aushängeschilder, mit denen Werbung betrieben wurde. Für den Sammler ist es heute schwierig bis fast unmöglich, eines dieser wenigen Armbandchronometer eines bestimmten Herstellers aufzutreiben.

Wir haben, ähnlich wie bei den Observatoriumswettbewerben, eine nach Firmen geordnete Zusammenstellung auf diejenigen acht Firmen beschränkt (Tab. 46), die zum einen kontinuierlich über einen längeren Zeitraum von mehr als 20 Jahren Armbanduhren prüfen ließen und die zum anderen eine große Anzahl von Armbandchronometern produziert haben. Die Tabellen 45 und 46 weisen leider einige zeitliche Lücken auf, da schon jetzt einige der jährlichen Rapporte der Prüfbüros nicht mehr

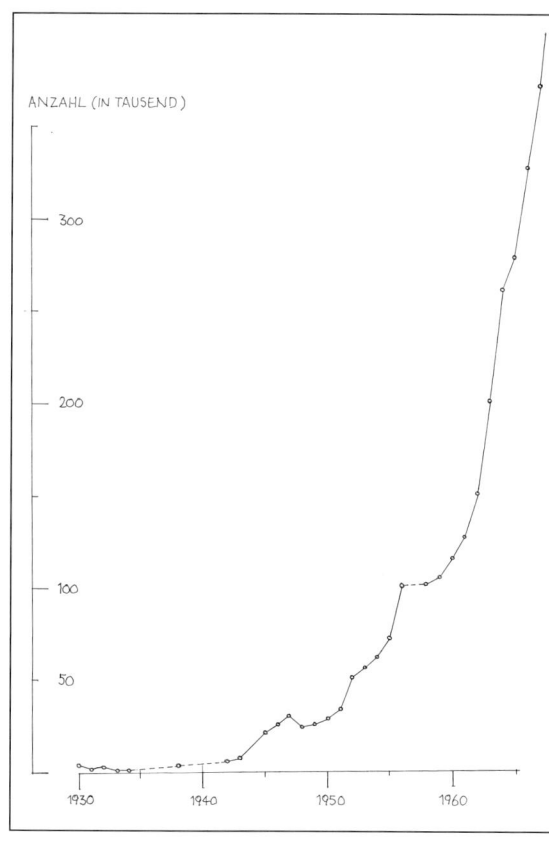

ANZAHL (IN TAUSEND)

300

200

100

50

1930   1940   1950   1960

45 Die offiziellen Prüfbüros,
Anzahl und Prozentsatz der bestandenen und durchgefallenen
Armanduhren allgemein, die bestandenen Uhren von Rolex
und Omega

Jahr	Anzahl der Teilnehmer	bestanden	nicht bestanden, zurückgezogen	Rolex bestanden	Omega bestanden
1927	656	489	167 (25%)	423 (87%)	
1928	1 334	1 076	258 (19%)	899 (56%)	
1929	1 425	1 275	150 (1%)	1 143 (90%)	7
1930	4 392	3 853	539 (12%)	3 576 (93%)	18
1931	2 495	2 245	250 (1%)	1 831 (82%)	2
1932	3 153	2 396	757 (24%)	2 112 (88%)	
1933	1 921	1 428	493 (25%)	1 291 (90%)	1
1934	447	352	95 (21%)	313 (89%)	6
1938	2 459	2 005	454 (18%)	1 809 (90%)	2
1942	6 559	5 815	744 (11%)	4 664 (80%)	739 (13%)
1943	7 541	6 755	786 (10%)	5 534 (82%)	471 (7%)
1945	21 185	17 569	3 616 (17%)	14 894 (85%)	144 (0,8%)
1946	26 396	22 515	3 881 (15%)	18 377 (82%)	154 (0,7%)
1947	30 317	24 260	6 057 (20%)	19 559 (81%)	140
1948	24 930	20 131	4 799 (19%)	16 721 (83%)	40
1950	28 807	23 870	4 937 (17%)	20 740 (87%)	937 (4%)
1951	33 509	28 662	4 847 (14%)	21 591 (75%)	5 467 (19%)
1952	50 377	44 169	6 208 (12%)	26 951 (61%)	13 954 (31%)
1953	56 637	48 618	8 019 (14%)	30 537 (63%)	12 389 (25%)
1954	61 788	44 687	17 101 (28%)	16 476 (37%)	18 596 (42%)
1955	72 600	56 841	15 759 (22%)	25 972 (46%)	19 441 (34%)
1956	101 135	78 583	22 552 (22%)	32 975 (42%)	30 615 (39%)
1958	101 829	89 980	11 849 (11%)	36 347 (40%)	39 468 (44%)
1959	105 259	97 903	7 356 (7%)	40 780 (42%)	42 787 (44%)
1960	115 517	107 044	8 473 (7%)	36 909 (34%)	52 998 (50%)
1961	127 345	101 795	25 550 (20%)	41 836 (41%)	47 209 (46%)
1962	150 792	125 010	25 782 (17%)	46 927 (38%)	63 105 (50%)
1963	200 095	167 744	32 351 (16%)	44 305 (26%)	103 041 (61%)
1964	260 465	217 152	43 313 (17%)	59 000 (27%)	137 202 (63%)
1965	277 037	243 142	33 895 (12%)	78 392 (32%)	140 139 (58%)
1966	327 533	280 837	46 696 (14%)	96 108 (34%)	149 457 (53%)
1967	370 475	321 799	48 676 (13%)	104 175 (32%)	158 645 (49%)
1968	437 659	387 543	50 116 (11%)	139 569 (36%)	189 561 (49%)
1969	493 525	449 559	43 966 (9%)	179 169 (39%)	194 580 (43%)
1970	466 085	424 880	41 205 (9%)	193 790 (46%)	161 424 (38%)
1971	550 257	443 922	106 335 (19%)	207 328 (47%)	173 862 (39%)
1973	553 967	517 078	36 889 (7%)	228 636 (44%)	89 601 (17%)
1982	255 541	243 715	11 826 (5%)	227 618 (93%)	—
1987	447 723	439 384	8 339 (1,8%)	434 578 (99%)	2 209 (0,5)

zu bekommen waren. Bei Tabelle 45 muß beachtet werden, daß seit 1961 in den jährlichen Rapporten die Anzahl der teilnehmenden Uhren nicht mehr nach Uhrengattungen aufgeschlüsselt wurde, wie es vorher der Fall war. In der Spalte »Anzahl der Teilnehmer« sind also ab 1961 nicht mehr nur die Armbanduhren erfaßt, sondern alle eingelieferten Uhren. Bei dem geringen Anteil anderer als Armbanduhren (z. B. 1961 = 1,2%) ist das jedoch nicht erheblich.

Zu diesen acht einzeln aufgeschlüsselten Firmen gehören Omega, Ulysse Nardin und Zenith, die auch an den Observatoriumswettbewerben regelmäßig teilnahmen. Hinzu kommen Rolex, Eterna, Mido SA aus Bienne, die Marvin Watch Co. aus La Chaux-de-Fonds und die Firma Bucherer-Crédos aus Luzern und Nidau, die bis 1965 in Bienne als Crédos Watch Co. firmierte. Außer diesen acht gab es, besonders im Boom der 60er Jahre, eine Reihe weiterer Firmen, die über einen kürzeren Zeitraum teils beachtliche Stückzahlen an Armbandchronometern erreichten. Es waren dies: Benrus Watch Co. aus La Chaux-de-Fonds, 1961 bis 1971 mit 24 147 Stück, Girard-Perregaux aus La Chaux-de-Fonds, 1961 bis 1975 mit 43 295 Stück, J.-P. Matthey aus Evilard (Montres Téluric), 1955 bis 1970 mit 22 436 Uhren. Lon-

46 Die offiziellen Prüfbüros,
nach Firmen geordnete Zusammenstellung der jährlichen An-
zahl mechanischer Armbandchronometer

Jahr	Bucherer-Crédos	Eterna	Marvin	Mido	Nardin	Omega	Rolex	Zenith
1927					24		423	
1928					8		899	
1929					68	7	1143	
1930						18	3574	
1931						2	1831	
1932					4		2112	
1933						1	1291	
1934						6	313	
1938		12			5	2	1809	
1940		21			1	24		
1942		7	1			739	4664	
1943		16			1	471	5534	110
1945					74	144	14894	75
1946		9			53	154	18377	153
1947		26			49	140	19559	126
1948		82			217	40	16721	232
1950		50	21		130	937	20740	206
1951		178			41	5467	21591	140
1952		687			119	13954	26951	312
1953	4	1405	10		208	12389	30537	833
1954	41	2517	25	1	498	18596	16476	1476
1955	95	3050	112	2	468	19441	25972	1767
1956	130	3875	27	38	316	30615	32975	2368
1957	114	3226		8		38710	24134	139
1958	108	2186		18	666	39468	36347	604
1959	800	2641	30		651	42787	40780	1539
1960	1785	2750	514	78	292	52998	36909	1126
1961	455	1296	1050	110	265	47209	41836	1642
1962	866	3289	1483		548	63105	46927	918
1963	544	1570	1421		493	103041	44305	5500
1964	2613	1003	1116	566	195	137202	59000	3356
1965	1972	1085	1418	1883	97	140139	78392	1101
1966	5690	1895	1739	5473		149457	96108	825
1967	8954	507	1380	11655	589	158645	104175	2387
1968	10353	1371	1260	21045	349	189561	139569	2063
1969	11273	216	1012	23827	350	194580	179169	2212
1970	16067	62	809	15194	574	161424	193790	358
1971	19944	129	405	13102	609	173862	207328	981
1973	8653	809	155	7105	4759	89601	228636	3
1982				17438			227618	
1987				2437	10	2209	434587	

gines aus St. Imier, 1961 bis 1975 mit 25 487 Uhren, Zodiac aus Le Locle, 1961 bis 1978 mit 29 043 Stück.

Die Manufaktur Ernest Borel aus Neuchâtel, die auch an den Wettbewerben des Observatoriums Neuchâtel 1946 und zwischen 1958 und 1963 regelmäßig mit einigen Uhren teilnahm, hat über einen längeren Zeitraum zwischen 1945 und 1969 insgesamt 6022 Armbandchronometer hergestellt (Abb. 25). Hier sind allerdings nur die in den Prüfbüros geprüften Armbandchronometer erfaßt; nicht diejenigen, welche vor 1952 von den Herstellern selbst geprüft wurden. Von diesen gibt es keine Zahlen.

Setzt man die Tabelle 46 in Bezug zur jährlichen Anzahl jener Armbandchronometer, die die Prüfung bestanden haben (Tab. 45), läßt sich die Firmenpolitik dieser wichtigsten Armbandchronometer-Hersteller recht gut ablesen und verfolgen.

Der mit insgesamt mehr als 6 Millionen mechanischen Armbandchronometern bis 1988 dominierende Hersteller ist *Rolex;* zugleich die einzige Firma, die von Anfang an auf das offiziell geprüfte Armbandchronometer mit Zertifikat setzte. Deshalb erfolgte schon ab 1927 die intensive und regelmäßige Teilnahme an den Prüfungen der B. O. Daß Rolex mehr am Absatz und an hohen Produktionszahlen interessiert war und weniger an wissenschaftlicher Arbeit im Bereich der Chronometrie, zeigt daneben die geringe Teilnahme an den Observatoriumsprüfungen und -wettbewerben, die in Neuchâ-

47 Die offiziellen Prüfbüros,
Gesamtzahl der mechanischen Armbandchronometer nach
1974 und Anteil von Rolex

Jahr	Gesamtzahl	Anteil Rolex
1974	362 779	230 341 (63%)
1975	277 383	161 425 (58%)
1976	203 311	135 501 (67%)
1977	229 997	174 575 (76%)
1978	239 932	199 357 (83%)
1979	239 335	216 525 (90%)
1980	229 634	214 059 (93%)
1981	258 942	237 122 (92%)
1982	243 715	227 618 (93%)
1983	261 972	243 971 (93%)
1984	272 244	267 842 (98%)
1985	274 550	370 728 (99%)
1986	447 995	443 121 (99%)
1987	439 384	434 578 (99%)
1988	454 866	449 230 (99%)

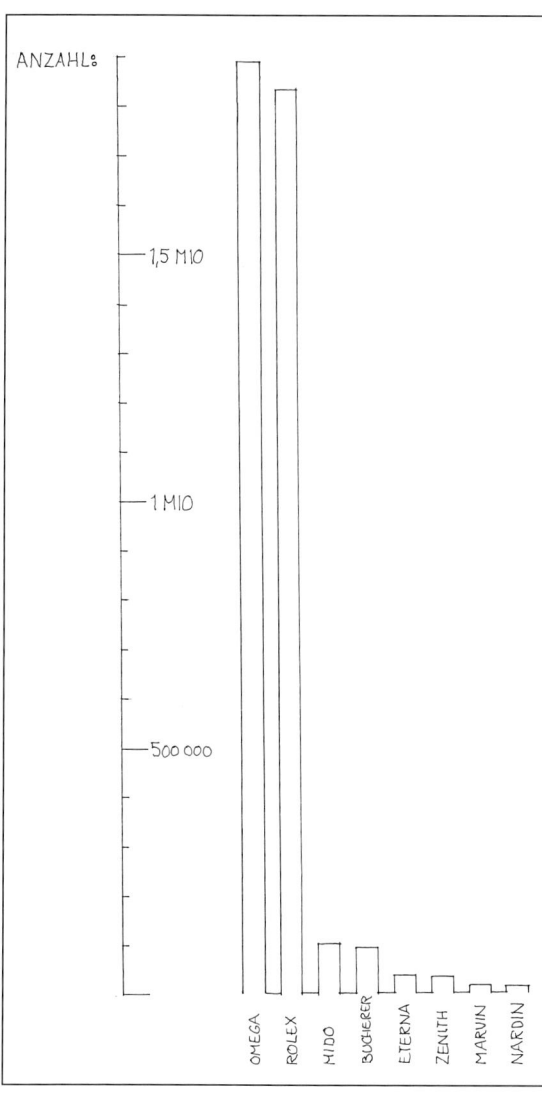

ANZAHL:

—1,5 MIO

—1 MIO

—500 000

OMEGA ROLEX MIDO BUGHERER ETERNA ZENITH MARVIN NARDIN

Seit 1985 beträgt Rolex' Anteil 99%, die wenigen übrigen Hersteller sind daneben zahlenmäßig bedeutungslos. Anders als die meisten übrigen Firmen, die nur bei einem, und zwar dem Firmensitz nächstgelegenen, Prüfbüro (bzw. seit 1973 bei einer der drei Außenstellen) einlieferten, gingen Rolex' Uhren an alle Prüfbüros, am weitaus häufigsten jedoch nach Bienne.

Omega in Bienne war zahlenmäßig der Zweite nach Rolex. Die Grafik (Abb. 48) darf darüber nicht hinwegtäuschen, denn sie konnte nur bis 1973 geführt werden und hat daher nur relativen Wert. Bis zu diesem Zeitpunkt lag Omega tatsächlich noch an der Spitze, verlor diesen Platz aber sehr schnell wegen Rolex' gleichbleibend hohen Produktionsziffern in den 70er und 80er Jahren.

Omega war außerdem wissenschaftlich interessiert und tätig: sie war bei den Wettbewerben beider Observatorien die erfolgreichste und hier auch in bezug auf die Anzahl der Einlieferungen (neben Longines) die dominierende Firma. Die Teilnahme an den Chronometerprüfungen der B. O. begann Omega zunächst sehr vorsichtig mit bis in die 40er Jahre nur wenigen Uhren jährlich: 1933 z. B. stand 1291 Rolex-Chronometern nur eine einzige Omega gegenüber. Erst mit der Einführung des Modells »Constellation« im Jahre 1952, dem ersten Armbanduhrenmodell überhaupt, das in Serie nur als Chronometer ausgeliefert wurde, begannen auch bei Omega die jährlichen Chronometerzahlen sprunghaft zu steigen: von 5467 Stück im Jahre 1951 auf 13 813 im Jahr darauf; 1956 waren 30 000 Stück überschritten. Ab 1956 hatte Omega Rolex überholt und produzierte zeitweise (1963 bis 1965) sogar die doppelte Anzahl. In diese Zeit, 1964 bis 1966, fällt ein besonderer Rekord von Omega, der bezeichnend ist für die Sicherheit, mit der inzwischen die Chronometergenauigkeit beherrscht wird: für eine Serie von 100 000 fortlaufend numerierten Armbandchronometern (Nrn. 24 410 000 bis 24 509 999) desselben Modells (Constellation) wurden, ohne jeden Ausfall, Gangscheine mit dem Prädikat »besonders gute Ergebnisse« ausgestellt. In der entsprechenden Bescheinigung des Prüfbüros vom 28. Februar 1966 wurde festgestellt, daß es das erste Mal sei, daß eine derart große Menge von Serienwerken desselben Typs, deren Fabrikationsnummern

unmittelbar aufeinanderfolgen, ein solches Ergebnis erbringen.

Der Anteil von Omega an der Gesamtproduktion von Armbandchronometern lag in der Zeit von 1958 bis ca. 1970 immer um 50%; am höchsten war er 1964 mit 63%. Nach 1970 ging Omegas Anteil schrittweise zurück: die Firma begann zunehmend auf die Quarzuhr zu setzen. Noch 1970 standen 161 000 mechanischen Armbandchronometern nur 7000 elektronische gegenüber. 1971 war das Verhältnis schon 173 000 zu 67 000, und 1973 überwogen die Quarzchronometer mit 154 000 Stück die mechanischen mit 89 000 Stück um fast das Doppelte. Für die folgenden Jahre bis 1981 haben wir leider keine Zahlen, aber 1982 gab es kein mechanisches Armbandchronometer von Omega, dafür aber 12 518 Quarzchronometer. In den letzten Jahren hat Omega jährlich eine kleine Zahl mechanischer Armbandchronometer hergestellt.

Die graphische Darstellung der Gesamtzahlen der von den acht führenden Firmen produzierten Armbandchronometer (Abb. 48) zeigt, wie stark, ja erdrückend das Übergewicht der bei-

tel schon 1947, in Genf 1957 ganz beendet wurde. Auf schon fast groteske Weise dominierte Rolex durch die erdrückende Überzahl seiner Chronometer zwischen 1929 und 1953 die Statistik der B. O.: im Durchschnitt 84% – maximal 93% im Jahre 1930 – der in diesem Zeitraum jährlich mit einem Gangschein ausgezeichneten Armbandchronometer stammten allein von dieser Firma.

Ab 1956 wurde Rolex jedoch von Omega überholt, und in den 60er und frühen 70er Jahren sank der Anteil von Rolex auf unter 50%. Ab 1974 stieg er aber wieder stetig in dem Maße, in dem die Beteiligung von Omega zurückging (Tab. 47). Da die Firma Rolex als einzige – trotz aller Quarzuhren – kompromißlos und vor allem kontinuierlich an der Tradition des geprüften, mechanischen Armbandchronometers festhält, ist sie mit 90% aller Teilnehmer seit 1979 erneut unangefochten der Spitzenreiter.

50 a, b Prüfbericht der Schweizer B. O. für das Jahr 1946, Veröffentlichung im »Journal suisse d'Horlogerie«.

Bureaux officiels de Contrôle de la marche des montres

Il est toujours agréable de constater que les efforts sérieux en vue d'un but avouable sont couronnés de succès. Les sceptiques, les pessimistes grognent constamment ; si on les écoutait, on n'entreprendrait rien, on continuerait le train journalier pour constater bientôt que d'autres sont plus avancés que nous. A quoi bon les écoles d'horlogerie, les laboratoires, les bureaux techniques, les machines à mesurer le micron, les recherches des physiciens, des techniciens, des ingénieurs-horlogers ? N'a-t-on pas fait des montres sans tout cela ? Heureusement ces grincheux ne sont pas assez nombreux pour arrêter l'évolution de l'industrie horlogère.

Les efforts de tous les artisans de cette évolution sont-ils vains ? Regardez les résultats de l'observation des chronomètres dans les observatoires ; voyez le succès éclatant de la montre-bracelet et surtout les marches de ces petites montres.

Les Bureaux officiels de contrôle de la marche des montres reçoivent tant de montres-bracelet que la montre de poche ne joue plus qu'un rôle très modeste ; non seulement les montres-bracelet sont déposées en grand nombre, mais près de la moitié obtiennent un bulletin avec la mention : « Résultats particulièrement bons ». La marche est si bonne dans la plupart des cas que les directeurs des bureaux de contrôle ont décidé de restreindre les limites pour l'obtention du bulletin et de la mention. N'est-ce pas la preuve que le travail patient et intelligent des techniciens, des praticiens, des régleurs, du corps enseignant des écoles d'horlogerie, du personnel du Laboratoire suisse de recherches horlogères est fécond ?

La fin de l'article 14 du « Règlement de janvier 1942 des Bureaux officiels de contrôle de la marche des montres » sera modifiée comme suit :

Art. 14. — ... Pour l'obtention d'un bulletin, les limites sont les suivantes :

	Bulletin sans mention	Bulletin avec mention
1. Marche diurne moyenne dans les 5 positions	0 à +15 sec. (0 à +25 sec.)	0 à +15 sec. (0 à +15 sec.)
2. Variation moyenne de la marche diurne dans les 5 positions	7 (8)	4 (5)
3. Plus grande variation entre deux marches diurnes consécutives dans la même position	12 (16)	8 (10)
4. Plus grande différence entre la marche diurne moyenne et l'une des marches dans les 5 positions	±26 (±26)	±16 (±16)
5. Variation par degré C.	±1,4 (±1,4)	±0,8 (±0,8)
6. Reprise de marche	±14 (±14)	±8 (±8)

Les nombres entre parenthèses sont ceux du règlement de janvier 1942.

Le nouvel article 14 sera appliqué dès le 1er avril 1947.

Voici les résultats de l'activité des Bureaux officiels de contrôle de la marche des montres :

Rapport pour 1946

(du 16 décembre 1945 au 16 décembre 1946)

Bureau de Bienne :

	Bulletins avec mention	Bulletins sans mention	Echecs et retraits	Totaux
Montres de poche	90	60	17	167
Montres-bracelet	10359	8467	3094	21920
		Total des montres déposées		22087
Epreuves spéciales : Montres 8 jours, montres de poche, montres-bracelet				689
		Total des montres observées		22776
		Total des bulletins délivrés		18976

Bulletins délivrés

Déposants	Montres de poche avec mention	Montres de poche sans mention	Montres-bracelet avec mention	Montres-bracelet sans mention	Observations
Technicum cantonal, Bienne	58	15	5		dont 14 chronographes montres poche extra-plates
Rolex Watch Co., Bienne . . .	11	39	9228	7497	
S. A. L. Brandt & frères, Omega, Bienne	14		154		
E. Homberger-Rauschenbach, I. W. C., Schaffhouse . .	6	1	30	5	
Buren Watch Co, Buren-s/A. .	1	2	7	2	
Ernest Borel & Co., S. A., Neuchâtel		3	447	581	
Era Watch, C. Ruefli-Flury & Co., Bienne			349	299	
Montres Dulux, R. Gindrat, Tramelan			36	39	
Recta S. A., Bienne			72		
Montres Wyler S. A., Bienne .			3	34	
Eterna S. A., Grenchen . . .			9		
Universal Watch Co., Genève .			6	3	
Kurth Frères S. A., Grenchen .			5	3	
R. Vogt & Co., Mira Watch, Bienne			3	4	
Arba Watch, Bienne			3		
Georges Thiébaud, Bienne . .			1		
S. Criblez, Péry-s/Bienne . .			1		

Bureau de La Chaux-de-Fonds

	Bulletins avec mention	Bulletins sans mention	Echecs	Totaux
Montres de poche	31	67	19	117
Montres-bracelet	109	276	95	480
Chronographes-bracelet . . .	2	3	7	12
		Total des montres déposées		609
Epreuves spéciales : Contrôle de la marche à 3 et 33° C.				23
		Total des montres observées		632
		Total des bulletins délivrés		488

den Marktführer Rolex und Omega war: die übrigen sechs erreichten zusammengenommen nur knapp 15% der Anzahl von Omega.

Relativ unbekannt waren die beiden nächstgrößten Armbandchronometer-Hersteller, Mido und Bucherer-Crédos.

Den dritten Platz mit insgesamt etwa 300 000 Armbandchronometern, bis 1973 schon rund 100 000 Stück, konnte die *Mido* SA aus Bienne beanspruchen, die überwiegend Werke der Ebauches AG (zunächst von AS, später von ETA) verwandte. Mido begann 1954 mit zunächst sehr wenigen Uhren jährlich und erreichte zwischen 1967 und 1983 beachtliche jährliche Zahlen von mehr als 10 000 Stück. Wie Rolex blieb Mido bis in die jüngste Vergangenheit dem mechanischen Armbandchronometer treu: noch 1982 überwogen sie mit 14 824 Stück die Quarzchronometer (2614 Stück) bei weitem, und 1987 waren sogar alle 2437 von Mido hergestellten Armbandchronometer mechanisch. Mido hat fast ausschließlich Uhren in mittleren Größen mit Komplikationen (Chronographen und Kalender) der Kategorie C (siehe Tab. 36) hergestellt (Abb. 49, 179).

Viertgrößter Armbandchronometerhersteller war mit rund 90 000 Stück bis 1973 (insgesamt rund 110 000 Stück) die *Bucherer-Crédos* S. A. aus Luzern und Nidau, heute noch als Bucherer AG in Luzern ansässig, die bis 1963 als Crédos S. A. in Bienne und 1964 und 1965 in Nidau firmierte. Die Herstellung oder den Vertrieb von Armbandchronometern begann Bucherer-Crédos im Jahre 1953 und beendete sie um 1980. Auch diese Firma vertrieb in größerem Umfang, ab 1968 fast ausschließlich, komplizierte Armbandchronometer.

Eterna konnte noch bis 1967 mit der Aussage werben, sie gehöre zu den »großen Drei«, nämlich den drei größten Armbandchronometer-Produzenten der Schweiz (Abb. 33). Mit insgesamt ca. 36 000 Stück in dem Zeitraum von 1938 bis 1975 wurde Eterna 1968 durch Bucherer-Crédos vom dritten Platz verdrängt. Diese Werbung zeigt aber deutlich, wie aufmerksam die Konkurrenz beobachtet und wie sorgfältig die jährlichen Prüfberichte der B. O., die regelmäßig in der Schweizer Uhrmacherzeitschrift (Journal Suisse d'Horlogerie) sowie auch als Einzelmonographien veröffentlicht wurden (Abb. 50a, b), ausgewertet wurden. Zwischen 1953 und 1968 lagen die Chronometerzahlen von Eterna bei etwas über 1000 Stück/Jahr; die besten Jahre waren 1955 bis 1957 und 1962 mit mehr als 3000 Uhren jährlich. Seit den frühen

50er Jahren hat Eterna nahezu ausschließlich automatische Armbandchronometer (Eterna-matic) hergestellt.

Auf Eterna folgte als sechster mit ca. 32000 Armbandchronometern bis 1973 die Firma *Zenith* aus Le Locle, von der so schöne Werke stammen wie das Handaufzugskaliber 135 und das Automatikmodell 133.8. Als einer der Schweizer Marinechronometer-Hersteller der Chronometertradition verpflichtet, entstanden Armbandchronometer bei Zenith zwischen 1943 und 1974 und erreichten stark schwankende jährliche Zahlen; maximal waren es 5500 Stück im Jahre 1963.

Mit jeweils nur rund 13000 Armbandchronometern bis 1973 bestand zwischen den beiden letzten, Marvin und Ulysse Nardin, und Eterna bzw. Zenith ein deutlicher Abstand.

Der führende Schweizer Marinechronometer-Hersteller *Ulysse Nardin* begann wie Rolex schon 1927, kurz nach der Einführung der Kategorie der Armbanduhren in die Prüfungen, mit der Einlieferung solcher Uhren: 24 Stück waren es im ersten Jahr, die – wie alle folgenden auch – im Büro des Firmensitzes in Le Locle eingeliefert wurden. Nardin lieferte regelmäßig bis in die 70er Jahre, aber immer nur einige hundert Uhren im Jahr. Ein plötzliches Ansteigen der Zahlen auf fast 5000 Stück im Jahre 1973, das in den folgenden Jahren vermutlich anhielt, war auf die Einführung des preisgünstigen Schnellschwingers mit dem Eta-Kaliber NB 11 QU zurückzuführen.

Die 1850 gegründete Firma *Marvin* begann 1942 mit der Teilnahme an den Prüfungen, war in den 60er Jahren recht produktiv und erreichte in diesem Zeitraum die Zahlen von Eterna und Zenith. Sie war jedoch zwischen 1942 und 1959 nur sporadisch vertreten.

Der Tabelle 45 ist auch zu entnehmen, wieviele Armbanduhren jährlich die Prüfungen nicht bestanden oder vorzeitig vom Fabrikanten zurückgezogen wurden, weil das Versagen drohte. Dieser hatte hierzu wie bei den Observatoriumswettbewerben das Recht. Wir können sehen, daß das Risiko zu versagen im Vergleich zu den Observatorien etwas geringer war: maximal betrug die Quote der Versager plus Rückzieher 28% im Jahre 1954, im Durchschnitt 14,9%. Am Observatorium Genf lag der Durchschnitt bei 26%, in Neuchâtel bei 44%.

Das Risiko zu versagen war immer noch spürbar und erheblich; angesichts der viel höheren Stückzahlen der zu den Prüfungen eingereichten Uhren war auch die absolute Anzahl der

Bulletins délivrés					
	Montres de poche		Montres-bracelet		
Déposants	avec mention	sans mention	avec mention	sans mention	Observations
Charles Virchaux, Montres Consul, La Chaux-de-Fonds . .		4	17	17	
Cortébert Watch Co., La Chaux-de-Fonds . .	2	7	27	77	
Cuenin, Bellevue (Genève) . .		1			
Eberhardt & Co., La Chaux-de-Fonds . .	10	21			
General Watch Co., Montres Helvetia, Bienne-Reconvilier .	3	23			
Paul Buhré S. A., Le Locle . .	1				
Repco Watch, P. Nicolet, Tramelan	1		4	5	
Schild & Co., Montres Orator, La Chaux-de-Fonds . .	3	7			
Technicum Neuchâtelois, division de La Chaux-de-Fonds	11	4	3	1	
Ernest Borel & Co., Neuchâtel			9	5	
Montres Dulux, R. Gindrat, Tramelan			3	5	
Ebel S. A., La Chaux-de-Fonds .			2		
Election S. A., La Chaux-de-Fonds			6	20	
Girard-Perregaux & Co., La Chaux-de-Fonds			1	4	
Juvénia, La Chaux-de-Fonds . .			30	131	
Mathey-Tissot & Co., Les Ponts-de-Martel . . .				1	chronographe-bracelet
Mondia, Paul Vermot & Co., La Chaux-de-Fonds			4	10	
Henri Müller & fils, La Chaux-de-Fonds				1	
National S. A., La Chaux-de-Fonds			3		
Le Phare S. A., La Chaux-de-Fonds			2	2	chronographes-bracelet
Charles Wilhelm & Co., La Chaux-de-Fonds			1		

Bureau du Sentier

	Bulletins		Echecs et arrêts	Totaux
	avec mention	sans mention		
Montres de poche	1	1		2
Montres-bracelet	250	81	44	375
		Total des montres déposées		377

Bulletins délivrés					
	Montres de poche		Montres-bracelet		
Déposants	avec mention	sans mention	avec mention	sans mention	Observations
Ecole professionnelle, Le Sentier	1	1			dont 1 avec complications
Lugrin S. A., Lémania, Orient .			232	81	avec complications
Le Coultre Co., Le Sentier . .			16		
Ernest Borel Co., Neuchatel . .			2		

Bureau de St-Imier

	Bulletins		Echecs et retraits	Totaux
	avec mention	sans mention		
Montres de poche	27	12	1	40
Montres 8 jours		1		1
Montres-bracelet	768	697	150	1615
		Total des montres déposées		1656

Bulletins délivrés					
	Montres de poche		Montres-bracelet		
Déposants	avec mention	sans mention	avec mention	sans mention	Observations
Montres Rolex S. A., Bienne-Genève			293	338	
Montres Dulux, R. Gindrat, Tramelan			228	116	
Numa J . . . . S. A. . .			58	181	
Record . . . S. . . . Tramelan		2	106	32	
Montres Longin . . . . Saint-Imier	13	3	24	2	dont 1 montre 8 jours
Montres Moeris S. A., Saint-Imier			18	8	
A. Reymond S. A., Tramelan .			18	2	
Léonidas Watch, Saint-Imier .			10	6	
Ecole d'horlogerie, Soleure . .	8	5			
Ecole d'horlogerie, Saint-Imier .	5	1	5	1	
Ernest Borel Co. S. A., Neuchâtel			6	7	
Général Watch Co., Bienne-Reconvilier			2	2	
Ecole professionnelle, Tramelan	1				
Beaumann & Co., Les Bois . .				1	
Repco Watch, Tramelan . . .				1	

Bureau du Locle

	Bulletins		Arrêts échecs et retraits	Totaux
	avec mention	sans mention		
Montres de poche	28	24	6	58
Montres-bracelet	687	956	351	1994
		Total des montres déposées		2052

Bulletins délivrés					
	Montres de poche		Montres-bracelet		
Déposants	avec mention	sans mention	avec mention	sans mention	Observations
Charles Tissot & fils S. A., Le Locle	9	6			
Montres Zénith, Le Locle . .	3	1	136	17	
Montres Doxa, Le Locle . .		4			
Ulysse Nardin S. A., Le Locle	2		27	26	
Tavannes Watch Co., Tavannes .	1				
René Gygax, Le Locle . . .	2				
Ecole d'horlogerie, Le Locle .	11	14		2	dont 3 avec complications
Rolex S. A., Bienne-Genève . .			388	633	
Numa Jeannin S. A., Fleurier .			54	215	avec complications
Richard Automatic, Morges . .			16	32	avec complications
Tavannes Watch Co., Le Locle .			29	4	
Général Watch Co., Bienne-Reconvilier			7	4	
Harry Ruttimann, Lucerne . .			6	2	
Charles Aerni S. A., Le Locle .			5	2	
Universal Watch Co., Genève .			5	1	avec complications
Thommen S. A., Waldenburg .			4	2	
Précimax S. A., Neuchâtel . .				6	
René Gonthier, Le Locle . . .			1	4	
Dasa S. A., Bienne			3	2	
Montres Prexa S. A., Le Locle .			3	1	
Ch. Virchaux, Montres Consul, La Chaux-de-Fonds			2	1	
Ernest Borel & Co., Neuchâtel				3	

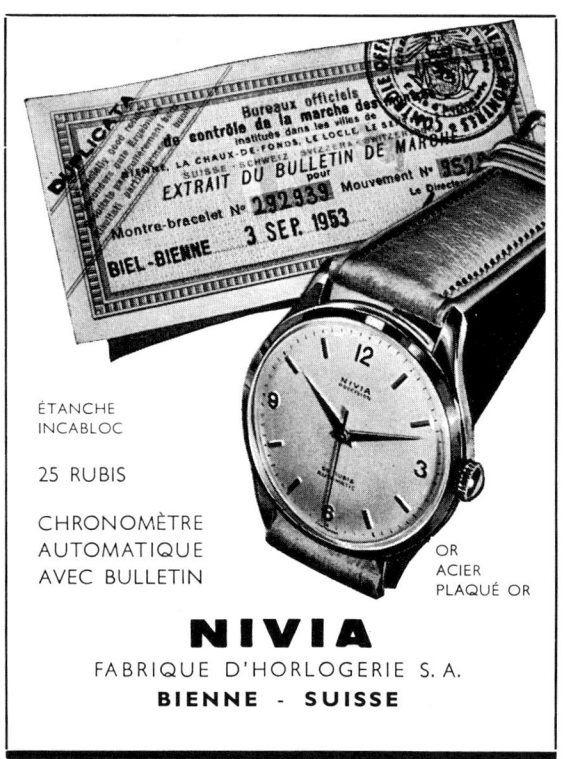

51 Firmenwerbung von Moeris, 1947.

52 Firmenwerbung von Mondia, 1946.

53 Firmenwerbung von Nivia, 1957.

Versager von einer ganz anderen Größenordnung und stellte einen ganz anderen Wirtschaftsfaktor dar als bei den Observatorien: man vergleiche nur die höchste Zahl der Versager plus Rückzieher bei den offiziellen Büros mit 106335 Stück im Jahre 1971 mit jenen von Genf (59 Stück) und Neuchâtel (174 Stück).

Angesichts dieses Risikos ist es doch bemerkenswert, wie viele Fabrikanten sich auf die Chronometerprüfung einließen. Immerhin kostete die Prüfung Geld (6,– SFr. um 1961, für eine zurückgezogene Uhr die Hälfte), und eine durchgefallene Uhr war bei gleichen Herstellungs-, Reglage- und Prüfungskosten schlechter und ungünstiger zu verkaufen als eine bestandene, die Chronometer genannt werden durfte. Dies war zweifellos ein weiterer, wesentlicher Punkt für die F. H., die Chronometerprüfung und -bescheinigung möglichst in der Herstellerfabrik zu belassen, wie es bis 1951 möglich war. Denn das Risiko konnte geringer gehalten werden als bei einer externen Prüfung: weil der Gang einer Uhr letztendlich – auch bei noch so sorgfältiger Herstellung und Reglage – etwas Launenhaftes, Unkalkulierbares behält, mußte der Regleur bei so kritischen Fehlerarten wie zum Beispiel der größten Gangabweichung sich selbst notgedrungen engere Grenzen setzen als die Grenzwerte vorgaben, um das Risiko des Versagens bei der offiziellen Prüfung möglichst gering zu halten.

Wir wollen uns schließlich noch mit der quantitativen Leistung, das heißt der Anzahl geprüfter Uhren der einzelnen Prüfbüros, befassen. Tabelle 60 reicht bis zu dem Zeitpunkt im Jahre 1973, als durch eine grundlegende Reform aus den zunächst vier, dann fünf und schließlich sieben einzelnen Büros eine einzige, zentrale Behörde in La Chaux-de-Fonds mit drei Außenstellen wurde.

Es dominierte von Anfang an ganz deutlich das älteste der Büros, nämlich dasjenige in Bienne, und zwar nicht selten mit dem Zehnfachen der einzelnen übrigen Büros. Wenn einmal, wie im Jahre 1934, die Gesamtzahl der Prüfungsuhren auffällig niedrig war, nämlich nur ein Viertel des Vorjahres, so lag dies nur an der entsprechend niedrigen Einlieferzahl in Bienne, und zwar weil der dortige Haupteinlieferer Rolex so wenige Uhren eingeliefert hatte. Das Schlußlicht war immer das Büro in St. Imier. Besonders in der Expansionszeit der 60er Jahre nahmen hier die Zahlen deutlich ab, erreichten nur wenig mehr als die der frühen 30er Jahre. Das im Jahre 1945 eingerichtete Büro in Le Sentier expandierte deutlich in den 60er Jahren, kam sogar 1969 relativ dicht an die Anzahl von Bienne heran, wurde aber dennoch 1973 zugunsten des kleineren, aber wohl günstiger gelegenen Büros in Le Locle geschlossen. Von den beiden Neueinrichtungen des Jahres 1956, Solothurn und Genf, hatte das Büro in Genf die höheren

Teilnehmerzahlen, was mit ein Grund für die Erhaltung dieses Büros nach der Organisationsreform von 1973 gewesen sein wird, natürlich neben der zentralen Bedeutung von Genf für die Schweizer Uhrmacherei.

Am Ende sollen kurz noch formale Aspekte und die Meßmethoden der B. O. angesprochen werden. Nach erfolgreichem Abschluß der Prüfungen wurde für jede Armbanduhr ein individuelles, vereinfachtes Kontrollzeugnis ohne Angabe der gemessenen Gangleistungen ausgestellt, das für den Käufer der Uhr bestimmt war. Es enthielt, neben der amtlichen Definition des Chronometers, lediglich die Bescheinigung, daß diese Uhr die amtlichen Gangprüfungen mit Erfolg bestanden habe und daß für sie die Bezeichnung Chronometer verwendet werden dürfe (Abb. 55a, b). Außerdem lieferten die B. O. seit 1959 für die Hersteller bestimmte Sammel-Gangscheine für jeweils maximal zwölf Uhren des gleichen Typs (Abb. 59). Hier ist für jede Uhr eine horizontale Zeile bestimmt, in welcher am Rand eine Kurzcharakteristik in teils kodierter Form gegeben wird und sodann untereinander die Werte der Stände (E_1–E_{16}), der täglichen Gänge (M_1–M_{15}), der täglichen Gangabweichungen (V_1–V_9) sowie die ermittelten Fehler (R_1–R_9) stehen.

Individuelle Gangscheine mit Angabe der gemessenen Gangleistungen und Fehler für eine

BUREAUX SUISSES

DE CONTRÔLE OFFICIEL DE LA MARCHE DES MONTRES

BIENNE, LA CHAUX-DE-FONDS, GENÈVE, LE LOCLE, ST-IMIER, LE SENTIER, SOLEURE

Especially good results
Besonders gute Ergebnisse
Resultats particulierement bons
Risultati particolarmente buoni

Epreuves pour montres-bracelet – Prüfungen für Armbanduhren
Prove per orologi da polso – Trials for Wristlet-watches

Bulletin de marche
Gangschein
Certificato di movimento
Watch Rate Certificate

No **996699**

mouvement
Werk
meccanismo
Movement

No **17723294**

Calibre: **Chronomètre** Cal. 562

Diamètre du mouvement mm
Werkdurchmesser mm
Diam. del meccanismo mm
Diam. of Movement mm

27,9

Hauteur mm
Dicke des Werkes mm
Spessore mm
Thickness mm

5,0

Echappement
Hemmung
Scappamento
Escapement

ancre

Spiral
Spiralfeder
Spirale
Hairspring

Auto-compensateur

Balancier
Unruhe
Bilancere
Balance

OMEGA

OMEGA

Louis Brandt & Frère S. A.

19**64**	Jours – Tage Giorni – Days	Marches diurnes Tägliche Gänge Marce diurne Daily Rates	Variations des marches diurnes Differenz der täglichen Gänge Variazioni delle marce diurne Variations of the Daily Rates	Positions – Lagen – Posizioni – Positions		Températures Temperaturen Temperature Temperatures
Fév.	23	0		Verticale, 3 heures à gauche Verticale, alle ore 3 a sinistra	Vertikal, 3 Uhr links Vertical, 3 o'clock left	+ 20° C
"	24	+ 2	2			"
"	25	– 5		Verticale, 3 heures en haut Verticale, alle ore 3 in alto	Vertikal, 3 Uhr oben Vertical, 3 o'clock up	"
"	26	– 8	3			"
"	27	+ 2		Verticale, 3 heures en bas Verticale, alle ore 3 in basso	Vertikal, 3 Uhr unten Vertical, 3 o'clock down	"
"	28	0	2			"
Mars	1	+ 9		Horizontale, cadran en bas Orizzontale, quadrante in basso	Horizontal, Zifferblatt unten Horizontal, Dial down	"
"	2	+ 7	2			"
"	3	+ 4		Horizontale, cadran en haut Orizzontale, quadrante in alto	Horizontal, Zifferblatt oben Horizontal, Dial up	"
"	4	+ 4	0	"	"	"
"	5	– 3		"	"	+ 4° C
"	6	+ 4		"	"	+ 20° C
"	7	+ 8		"	"	+ 36° C
"	8	+ 1		Verticale, 3 heures à gauche Verticale, alle ore 3 a sinistra	Vertikal 3 Uhr links Vertikal 3 o'clock left	+ 20° C
"	9	+ 1		"	"	+ 20° C

Résultats – Ergebnisse – Risultati – Summary

Marche diurne moyenne dans les différentes positions
Mittlerer täglicher Gang in den verschiedenen Lagen
Marcia diurna media nelle differenti posizioni
Mean daily rate in the different positions } ... **+1,5**

Plus grande différence entre la marche diurne moyenne et l'une des marches dans les 5 positions
Grösste Differenz zwischen dem mittleren täglichen Gang und einem der Gänge
Differenza massima tra la marcia diurna media ed una delle altre
Greatest difference between the mean daily rate and any individual rate } **9,5**

Variation moyenne
Mittlere Gangabweichung
Variazione media
Mean variation } ... **1,8**

Variation par degré centigrade
Gangabweichung pro Grad Celsius
Variazione per grado centigrado di temperatura
Variation of rate per 1° centigrade } ... **+0,34**

Plus grande variation
Grösste Abweichung
Variazione massima
Maximum variation } ... **3,0**

Reprise de marche
Wiederaufnahme des Ganges
Ripresa di marcia
Rate resuming } **0,0**

BIEL-BIENNE

le
den
il
the

10 MARS 1961 19

LE DIRECTEUR:

Un chronomètre est un appareil horaire de précision, réglé dans ses différentes positions d'emploi et sous des températures variées, ayant obtenu un certificat officiel de réglage.

Ein Chronometer ist ein Präzisionszeitmesser, dessen Gang in den Gebrauchslagen und bei verschiedenen Temperaturen geprüft wurde und für den ein amtlicher Gangschein ausgestellt wurde.

A chronometer is a precision timepiece that is rated in the different positions of use and under various temperatures and for which an official rating certificate has been delivered.

Un cronómetro es un reloj de precisión, que ha obtenido un Certificado Oficial de Regulación por haber pasado con éxito las pruebas de regulación a que ha sido sometido en sus diferentes posiciones usuales y a diversas temperaturas.

Indications facultatives sous la responsabilité du fabricant ou du revendeur:

BUREAUX SUISSES DE CONTRÔLE OFFICIEL DE LA MARCHE DES CHRONOMÈTRES

CERTIFICAT
PRÜFUNGS-
TIMING CE
CERTIFICAD

OMEG
LOUIS BRAND

Le soussigné certifie que la montre dont le mouvement porte le numéro indiqué ci-contre a subi avec succès les épreuves officielles de réglage et que le titre de chronomètre lui est ainsi décerné.

Der Unterzeichnete bescheinigt hiermit, dass die Uhr mit nebenstehender Werknummer die amtlichen Gangprüfungen mit Erfolg bestanden hat. Für diese Uhr darf somit die Bezeichnung Chronometer verwendet werden.

The undersigned declares that the watch, the movement of which bears the number mentioned herein, has successfully passed official rating tests which permit it to be classified as a chronometer.

El infrascrito certifica que el reloj, cuya máquina lleva el número de fabricación indicado a la derecha, ha pasado con éxito las pruebas oficiales de regulación a que ha sido sometido, por lo cual le corresponde la Calificación de Cronómetro.

Certificat
Zeugnis
Certificate
Certificado   No

Mouvement
Werk
Movement
Máquina   No

Le Directeur:

BIEL-BIENNE 2 2 MARS 1961

Toute imitation ou falsification du présent document sera poursuivie

55a, b   Ein Kontrollzeugnis
der Schweizer B. O.

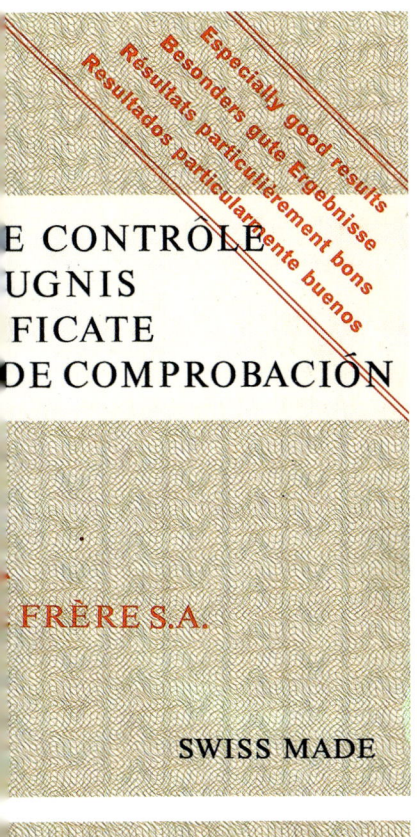

E CONTRÔLE
UGNIS
FICATE
DE COMPROBACIÓN

FRÈRE S.A.

SWISS MADE

56 Auszug aus einem Gangschein der Schweizer B. O.

57 Auszug aus dem Reglement der offiziellen Schweizer
Prüfbüros, wie es in der
Zeit zwischen 1925 und 1932
gültig war.

OFFICIAL CONTROLMENT OFFICES FOR THE RUNNING OF WATCHES

INSTITUTED IN THE TOWNS OF

BIENNE, LA CHAUX-DE-FONDS, LE LOCLE, ST-IMIER

(SWITZERLAND)

Abstract from the Regulations referring to the Deposit and Examination of the Running of Watches.

Art. 1. — The Official Controlment Offices, instituted in the towns of Bienne, La Chaux-de-Fonds, Le Locle and St-Imier receive, on deposit, the watches sent to them for the purpose of submitting these watches to various tests in order to control their running and to ascertain their time-keeping qualities.

The aforesaid Offices may also accept controlling other time measuring apparatus. Should the mode of observing be different from that prescribed by the Regulations, the Offices, will only deliver returns on their note-paper, with printed heading.

Art. 5. — The running of each watch is compared every 24 hours to the indications, of a main-clock daily checked according to a signal from the Neuchâtel Astronomical Observatory. A register showing how the main-clock runs is always kept up to date.

Kinds of Trials and their Duration (Art. 6, 7, 8 & 9).

				1ˢᵗ & 2ⁿᵈ Class Trials	Trials for 8 days' Watches	
Vertical	position,	Pendant up, Ambient temperature (in the room)		4 days	7 days	wound up on first day
Horizontal	»	Dial down,	» » » »	1 »	1 »	wound up
Vertical	»	Pendant left,	» » » »	1 »	1 »	
»	»	» right,	» » » »	1 »	1 »	
Horizontal	»	Dial up,	» » » »	3 »	7 »	wound up on first day
»	»	» In Refrigerator, temperature from + 1º to + 4º C (+ 34º to + 39º Fahr)		1 »	1 »	wound up
»	»	» Ambient, » (in the room)		1 »	1 »	» »
»	»	» In Oven, from + 28º to + 32º C (+ 82º to + 89º Fahr)		1 »	1 »	» »
Vertical	»	Pendant up, Ambient, (in the room)		1 »	1 »	unwound
»	»	» » » »		1 »		wound up
			Duration of Trials	15 days	22 days	

Kinds of Trials and their Duration for Wristlet or Bracelet Watches.

Vertical	position,	Crown down, Ambient temperature (in the room)			2 days
»	»	» left, »			2 »
»	»	» up, »			2 »
Horizontal	»	Dial down, »			2 »
»	»	» up, In Refrigerator, temperature from + 1º to + 4º Centigrade + (34º to + 39º Fahr.)			1 »
»	»	» Ambient temperature (in the from)			3 »
»	»	» In oven, temperature from + 28º to + 32º Centigrade (+ 82º to + 89º Fahr.)			1 »
Vertical	»	Crown down, Ambient temperature (in the room)			2 »
			Duration of Trials		15 days

Limits for obtaining a Certificate (Art 6 to 9).

	1ˢᵗ Class	2ⁿᵈ Class	8 Days' Watches	Wristlet Watches
Mean Daily rate, in the vertical pendant up and horizontal dial up positions, ambient temperature of the room before the thermal tests. .	+ 4 sec. to — 10 sec.	+ 7 sec. to — 15 sec.	+ 5 sec. to — 10 sec.	
Mean variation	± 3	± 4	± 7	± 15 sec.
Greatest variation	± 5	± 6	± 10	± 20
Difference between flat & vertical positions . . .	± 10	± 15	± 10	
Difference between vertical position pendant up and vertical positions pendant left and right . . .	± 20	± 30		
Variation per Centigrade degree of temperature . .	± 0,5	± 0,75	± 0,5	± 1,5
Secondary error	± 9	± 12	± 9	
Rate-Resuming	± 5	± 10	± 10	± 20
Difference between horizontal positions, dial up and dial down . . .	± 10	± 15		
Running limits : in the horizontal position, dial down			+ 7 to — 15	
» » vertical pendant left			+ 7 to — 15	
» » » right			+ 7 to — 15	
Mean daily rate in the various positions and in the ambient temperature of the room . . .				+ 10 to — 30
Greatest variation between two running rates in the vertical positions, pendant down, pendant left, pendant up and horizontal dial down . . .				± 25

Art. 10. — For complicated watches and for small size watches, the largest casing dimension of which does not exceed 30 millimeters, or the height of movement whereof, measured from the lower portion of dial-plate and the highest piece located above barrel or arbor thereof does not exceed 4,3 millimeters, an allowance of 25% is granted in the 1ˢᵗ class, over and above the limits stated in art. 6.

Watches observed in the 1ˢᵗ class, 8 days' watches and bracelet watches the results of which keep within one half of the limits required for obtaining the Certificate are awarded the mention "**Especially good running-results**".

RÉPUBLIQUE 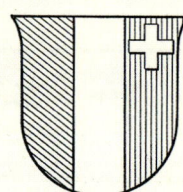 ET CANTON DE
NEUCHATEL (SUISSE)

OBSERVATOIRE ASTRONOMIQUE ET CHRONOMÉTRIQUE

BULLETIN DE MARCHE

Le soussigné certifie que le chronomètre N° 13 648 904
— treize millions six cent quarante-huit mille neuf cent quatre —,
diamètre du mouvement 30 mm., échappement à ancre,
spiral acier 2 courbes, balancier Guillaume,
de

OMEGA, Louis Brandt et Frère S.A.,
BIENNE a subi les épreuves pour

CHRONOMÈTRES-BRACELET

conformément au règlement (voir au verso) et a donné les résultats suivants:

 Écart moyen de la marche diurne . . . . $E = \pm 0.18^{s}$
Coefficient thermique . . . . $C = \pm 0.026$
Erreur secondaire de la compensation . . . . . . $S = -0.32$
Reprise de marche (périodes 1 et 10) . . . . . . $R = -0.45$
Variation des marches moyennes du plat au pendu . . . . ± 0.27
Variation des marches moyennes du cadran en haut au cadran en bas ± 0.65
 Écart moyen correspondant à un changement de position . $P = \pm 0.27$

Neuchâtel, le 14 juin 1961.

Le directeur de l'Observatoire,

F. Egger.
dir-adj.

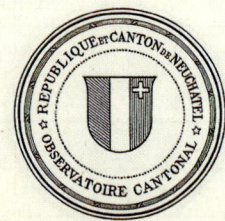

Les chronomètres sont comparés tous les jours à l'horloge fondamentale
de l'Observatoire, au moyen d'un chronographe-enregistreur.
Le signe + indique l'avance, le signe — le retard.

6.52

59 **Muster eines Sammelgangscheines der Schweizer B.O.**

Bureaux suisses de contrôle officiel de la marche des montres

Une nouveauté :

le « Bulletin de marche collectif ».

Les sept bureaux suisses de contrôle officiel de la marche des montres ont observé, en 1959, près de 100 000 montres. La majorité de ces pièces a subi avec succès les épreuves et mérité l'appellation de « chronomètre ».

Cet ensemble d'épreuves représente un important travail de lectures, calculs et copies de bulletins.

Pour faire face à l'augmentation croissante du travail, les directeurs des B. O. ont confié à la maison I. B. M., extension suisse, la mise au point, pour les montres-bracelet, d'un programme de calculs et d'impressions électroniques.

Les B. O. ont été équipés de machines à perforer et à vérifier. L'observateur enregistre chaque matin l'état des montres. Ces états sont traduits en perforation sur une carte et les centrales de calcul de Zurich et Berne, équipées d'un ordinateur « 650 » et d'une tabulatrice « 420 » se chargent de tous les calculs, opérations d'impression, de facturation et de statistique.

Les états, marches, variations de marche, résultats, dimensions et particularités des mouvements, indication d'échec ou de réussite, sont groupés sur le « bulletin de marche collectif ».

BUREAUX SUISSES
DE CONTROLE OFFICIEL DE LA MARCHE DES MONTRES

Bulletin de marche collectif

Déposant: TECHN NEUCHATELOIS LE LOCLE

No: 315 4

No contrôle Particularités Dimensions: Forme, Diam., Haut.	E_1	E_2 M_1 V_1	E_3 M_2 V_3	E_4 M_3 V_5	E_5 M_4 V_7	E_6 M_5 V_9	E_7 M_6	E_8 M_7	E_9 M_8	E_{10} M_9 R_1	E_{11} M_{10} R_2	E_{12} M_{11} R_3	E_{13} M_{12} R_4	E_{14} M_{13} R_5	E_{15} M_{14} R_7	E_{16} M_{15} R_9	No Mouvement Date dernière Observation EAR, Echec	Classe
896543 3 300 50	70-	74- 4- 5	73- 1 2	64- 9	57- 7 1	41- 16 1	25- 16	13- 12	 13	12 12 9,3	23 11 1,8	32 9 5,0	45 13	57 12 13,3	59 2 ,9	63 4 5,5	115600 230660	1
896544 3 300 50	57-	54- 3 1	52- 2	42- 10 1	32- 10	19- 13 1	5- 14	5-	5-	 5 6,3	6 6 ,6	8 2 1,0	15 7	24 9 7,7	26 2 2,2	29 3 ,5	115601 230660	1
896545 3 300 50	21-	5- 16 2	9 14 1	17 8 2	24 7 11	45 21 1	64 19	67 3	59 8-	69 10 9,9	78 9 3,4	86 8 11,0	92 6	104 12 17,9	118 14 1,2	128 10 5,0-	115602 230660 1 3	
896546 3 300 50	54-	55- 1- 1	55- 1	49- 6	44- 5 1	37- 7 2	30- 7	27- 3	25- 2	21- 4 3,5	19- 2 1,0	19- 2,0	13- 6	3- 10 4,5	3- 3,1	3- ,5	115603 230660	1
896547 3 300 50	52-	53- 1- 1	53-	50- 3	47- 3 1	40- 7 1	33- 7	30- 3	28- 2	26- 2 2,9	23- 3 ,6	23- 1,0	21- 2	15- 6 4,1	14- 1 1,9	14- ,5	115604 230660	1
896548 3 300 50	78-	76- 2	76-	69- 7	62- 7	58- 4	53- 5	46- 7	38- 8	31- 7	25- 6	25-	20- 5	8- 12	 8		115605 230660 2 0	
896549 3 300 50	54-	54-	54-	50- 4 1	46- 4 1	44- 2	41- 3	36- 5	32- 4	28- 4 3,0	24- 4 ,4	23- 1 1,0	19- 4	11- 8 3,0	11- 2,2	10- 1 1,0	115606 230660	1
896550 3 300 50	60-	65- 5- 1	69- 4-	68- 1	67- 1 1	61- 6	55- 6	47- 8	40- 7	32- 8 3,6	24- 8 ,4	21- 3 1,0	14- 7	1- 13 8,6	4- 3- 3,1	6- 2- 2,5	115607 230660	1
896551 3 300 50	52-	39- 13 1	25- 14 6	15- 10	11- 4 4	 11 2	11 11	28 17	41 13	54 13 11,7	65 11 2,6	74 9 6,0	82 8	94 12 7,7	87 7- ,9	92 5 8,5-	115608 230660	2
896552 3 300 50	59-	61- 2- 1	64- 3- 2	59- 5 1	56- 3 2	47- 9	39- 8	41- 2-	41-	40- 1 2,0	39- 1 1,2	41- 2- 2,0	40- 1	36- 4 7,0	39- 3- 1,9	42- 3- ,5-	115609 230660	1
896553 3 300 50	70-	70- 2	68- 2 2	68- 1	70- 2- 7	68- 2 1	65- 3	55- 10	38- 17	36- 2 3,7	33- 3 2,6	45- 12- 7,0	43- 2	31- 12 13,3	29- 2 7,5	28- 1	115610 230660 3 0	
896554 3 300 50	47-	38- 9 2	27- 11 1	27- 1	28- 1- 2	18- 10 4	9- 9	3- 6	1 4	 1- 5,0	3 3 2,0	5 2 4,0	7 2	10 3 6,0	17 7 ,3	24 7 3,0-	115611 230660	1

Codifications:

Forme
0 = ronde
1 = rectangulaire
2 = tonneau

Particularités
0 = normal, petite seconde, remontage à main
1 = seconde au centre, remontage à main
2 = automatique, petite seconde
3 = automatique, seconde au centre
4 = calendrier
5 = seconde au centre, calendrier
6 = automatique, calendrier
7 = automatique, seconde au centre, calendrier
8 = réveil
9 = automatique, réveil
10 = seconde au centre, réveil
11 = automatique, seconde au centre, réveil
12 = chronographe

EAR
1 = échec
2 = arrêt
3 = retrait

Echec
1—8 = échec provoqué par résultats R 1—8

Classe
1 = avec mention
2 = sans mention

CONTROLE OFFICIEL DE LA MARCHE DES MONTRES • LE LOCLE

, le 25 JUIN 1960

LE DIRECTEUR: hD L...

FIG. 1

La lecture de ce nouveau bulletin nécessite les indications qui suivent :

Chaque bulletin porte les résultats de 12 pièces.

A chaque pièce correspond un groupe de trois lignes comprises entre deux traits noirs horizontaux.

En prélevant la partie supérieure gauche du bulletin, nous lisons, suivant le schéma donné par les lignes 2, 3, 4, en première colonne verticale :

Jahr	Bienne	La Chaux de-Fonds	Le Locle	St. Imier	Le Sentier	Solothurn	Genf
1927	805	176	177	276			
1928	1 190	252	196	314			
1929	1 486	297	287	231			
1930	4 445	320	315	451			
1931	2 897		172	229			
1932	3 920	140	107	215			
1933	2 363	77	80	219			
1934	726	39	73	66			
1938	1 960	104	50	110			
1942	6 565	137	81	62			
1943	7 405	122	223	56			
1945	17 521	804	2 311	1 061			
1946	22 776	623	2 052	1 656	377		
1948	18 891	1 407	2 776	1 488	728		
1950	24 070	1 723	2 511	252	606		
1951	28 484	2 258	2 409	317	529		
1952	42 028	2 785	3 556	1 183	862		
1953	45 451	4 256	5 635	539	1 114		
1954	50 931	3 892	5 863	723	881		
1955	59 115	4 100	8 308	1 117	364		
1956	83 464	5 197	11 430	1 344	211		
1958	71 275	4 083	8 407	1 833	2 713	495	12 955
1959	72 258	4 069	8 543	1 336	2 950	1 488	15 329
1960	80 071	5 009	7 257	796	3 515	2 016	17 544
1961	88 980	5 163	7 476	574	6 736	1 117	17 299
1962	104 509	7 079	5 975	367	14 609	746	17 507
1963	120 917	10 203	12 734	970	32 660	1 884	20 727
1964	138 698	9 907	19 855	608	62 780	6 118	22 499
1965	126 336	12 018	16 317	453	71 081	19 756	31 076
1966	145 168	15 960	19 242	383	85 837	21 342	39 601
1967	167 285	18 287	18 757	463	99 619	21 725	44 387
1968	195 417	17 701	18 244	1 973	90 257	16 862	50 599
1969	213 869	16 967	29 498	6 292	119 277	17 001	49 339
1970	190 324	50 633	34 441	17 786	108 486	21 810	42 605
1971	190 324	50 633	34 441	17 786	108 486	21 810	42 605
1973	240 488	55 219	35 021	46 480	106 891	18 575	51 293

einzelne Uhr, die den Gangscheinen der Observatorien ähneln (Abb. 54, 58), wurden nur auf besondere Anforderung ausgestellt. Die Firma Omega ließ sich zeitweise, abweichend von diesem allgemeinen Verfahren, für jede bestandene Uhr den individuellen Gangschein geben, um ihn auf Wunsch dem Käufer der Uhr auszuhändigen. Diese Wünsche kamen hauptsächlich aus Deutschland und Italien und von nur 5 bis 10% der Käufer. Vermutlich gab es noch mit anderen Firmen abweichende Regelungen.

Form, Farbe und Aussehen der verschiedenen Gangzeugnisse wechselten mehrfach. So war es zum Beispiel bis 1961 üblich, für den Käufer einen kleinen, nur visitenkartengroßen Auszug aus dem Gangschein (Extrait du Bulletin de marche) zusammen mit der Uhr zu liefern, auf dem die drei wichtigsten Prüfergebnisse (mittlerer täglicher Gang, mittlere Gangabweichung und primärer Kompensationsfehler) verzeichnet waren (Abb. 56). Eine sehr geschickte, wenig aufwendige und für den Käufer aussagekräftigere Bescheinigung als das nichtssagende Kontrollzeugnis (Abb. 56a, b).

Die Meßmethoden in den B. O. wurden im Laufe der Zeit verfeinert und rationalisiert, um zum einen die wachsenden Stückzahlen, zum anderen die zunehmende Ganggenauigkeit zu bewältigen. Immerhin waren etwa im Jahre 1987 von drei Kontrollstellen zusammen fast 450 000 Uhren (205 000 in der Außenstelle Bienne, 143 000 in Genf und 91 000 in Le Locle) jeweils 15 Tage lang täglich abzulesen, in eine andere Position zu bringen und die abgelesenen Ergebnisse zu registrieren und zu archivieren. Im Büro in Bienne leisteten zu Ende der 50er Jahre vier Angestellte die Prüfung von jährlich 60 000 bis 80 000 Uhren. In den 60er Jahren stieg die Zahl der Mitarbeiter in Bienne auf ca. 20 bei verdoppelten Einlieferzahlen.

Als die anfängliche Methode, jede Uhr mit der Hand zu bewegen und einzeln (mit der Auge-Ohr-Methode) abzulesen, wegen der Menge an Uhren physisch nicht mehr zu leisten war, bewegte man jeweils 50 gemeinsam auf einem Plateau fixierte Uhren und fotografierte sie zur Ablesezeit zusammen mit dem Zifferblatt einer Normaluhr. So konnte jederzeit der Gang jeder der fotografierten Prüfungsuhren durch Vergleich ihres Standes mit dem Stand der Normaluhr festgestellt und bei Bedarf auch rekonstruiert werden. Eine modernere, in der Mitte der 70er Jahre eingeführte Ablesemethode wird heute noch benutzt: die Winkelstellung des Sekundenzeigers der abzulesenden Uhr wird mit

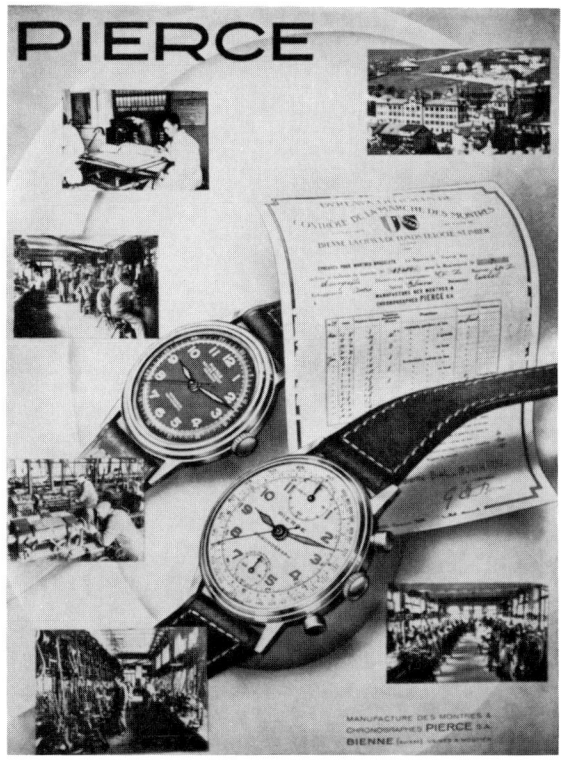

PIERCE

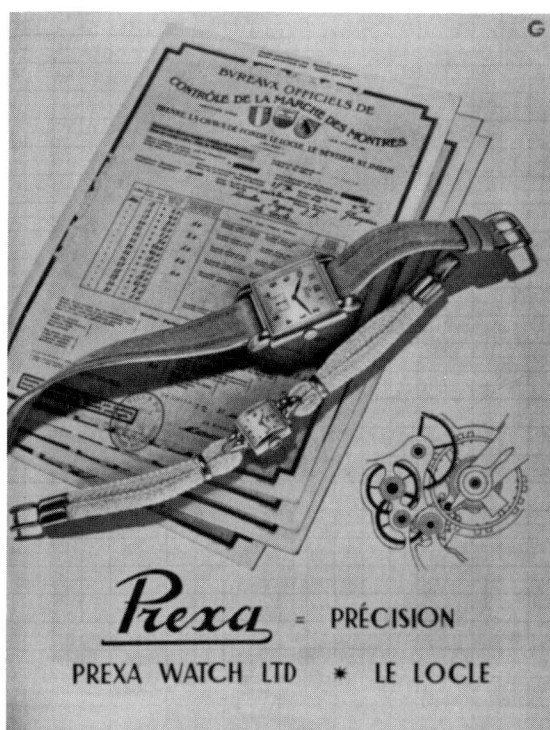

Prexa = PRÉCISION

PREXA WATCH LTD ★ LE LOCLE

Grand Prix

RECTA *parle secondes*

61 Werbung der Firma Pierce mit einem Gangschein des B. O. Bienne, 1943.

62 Werbung der Firma Prexa mit einem Gangschein des B. O. Le Locle, 1946.

1853 **REVUE** 1953

FABRIQUES D'HORLOGERIE THOMMEN S.A. WALDENBURG

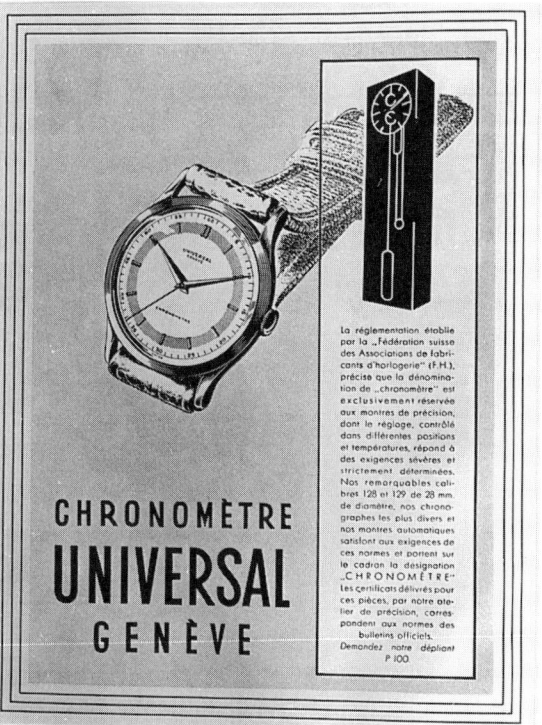

CHRONOMÈTRE **UNIVERSAL** GENÈVE

einem optischen Sensor festgestellt und dann mit einer Zeitbasis verglichen. Diese Information wird von einem Computer ausgewertet. Diese Methode erlaubt jährlich ca. 8 Millionen Auswertungen, das bedeutet die Kontrolle von rund 500 000 Uhren.

Zusammen mit der Einführung dieser neuen Ablesemethode wurde auch die Speicherung der Prüfergebnisse rationalisiert, da das bisher übliche Ausdrucken der Zertifikate, die dann im »Amt für geistiges Eigentum« in Bern aufbewahrt wurden, leicht zu einem Vertauschen führen konnte und außerdem wegen der rasant zunehmenden Menge physisch kaum mehr rationell zu handhaben war. Die individuellen Prüfergebnisse werden seitdem auf Band aufgenommen und sind anhand der Werk-Nummer jederzeit abrufbar. Allerdings werden diese Bänder nach fünf Jahren gelöscht, die Ausstellung eines Gangscheines ist danach nicht mehr möglich. Für den Käufer ist diese neue, für die Organisation günstigere Methode wegen der raschen Löschung der Ergebnisse von Nachteil. Bei der älteren Methode waren die Gangergebnisse auch nach längerer Zeit noch abrufbar.

64 Werbung der Firma Revue mit einem Armbandchronometer, das aus Anlaß des hundertjährigen Bestehens der Firma den Namen »Centennaire« erhielt, 1953.

63 Werbung der Firma Recta aus dem Jahre 1952.

65 Firmenwerbung von Universal mit der Chronometereigenschaft, 1950.

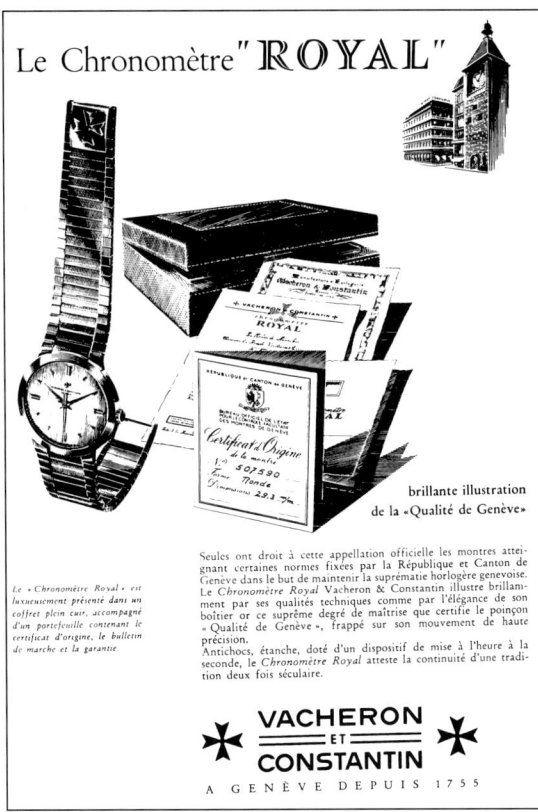

Le Chronomètre "ROYAL"

brillante illustration
de la «Qualité de Genève»

Le «Chronomètre Royal» est
luxueusement présenté dans un
coffret plein cuir, accompagné
d'un portefeuille contenant son
certificat d'origine, le bulletin
de marche et la garantie.

Seules ont droit à cette appellation officielle les montres attei-
gnant certaines normes fixées par la République et Canton de
Genève dans le but de maintenir la suprématie horlogère genevoise.
Le Chronomètre Royal Vacheron & Constantin illustre brillam-
ment par ses qualités techniques comme par l'élégance de son
boîtier or ce suprême degré de maîtrise que certifie le poinçon
« Qualité de Genève », frappé sur son mouvement de haute
précision.
Antichocs, étanche, doté d'un dispositif de mise à l'heure à la
seconde, le Chronomètre Royal atteste la continuité d'une tradition deux fois séculaire.

✠ VACHERON
ET
CONSTANTIN
A GENÈVE DEPUIS 1755

Das spezielle Genfer Prüfbüro und das Genfer Siegel

In Genf war im Jahre 1886 durch den Staatsrat der Republik und des Kantons Genf ein spezielles Prüfbüro mit dem Namen »Bureau Officiel de l'État pour le contrôle facultatif des montres de Genève« gegründet worden. In dem Wort facultatif (wahlfrei, freiwillig) wird deutlich, daß die Teilnahme an der Prüfung freiwillig war – wie auch bei den im gleichen Jahr gegründeten offiziellen Prüfbüros. Dieses Genfer Büro hatte eine besondere, sich von den B. O. abhebende Tätigkeit: es hatte die Verhinderung des Mißbrauchs des seit dem 17. Jahrhundert in Uhrenfachkreisen geachteten, nicht nur eine Herkunfts- sondern auch eine Qualitätsbezeichnung darstellenden Namens von Genf bei der Signatur von Uhren zur Aufgabe. Dieses Büro sollte also verhindern, daß Uhren den Namen der Stadt Genf trugen, die hier nicht hergestellt worden waren. Mit den gleichen Problemen hatte ja auch Glashütte zu kämpfen (siehe Herkner S. 225 ff.).

Aus dieser besonderen Aufgabenstellung ergab sich, daß in diesem Büro, anders als an den Observatorien und den B. O., in erster Linie die Herkunft und Qualität der Uhrwerke geprüft wurden und die Prüfung von Gangleistungen nachrangig war. Eine ähnliche Qualitätskon

trolle wurde 1962 allgemein in der Schweiz eingeführt (Contrôle technique suisse des montres, abgekürzt CTM). Sie ist nicht freiwillig, sondern obligatorisch und wird stichprobenartig durchgeführt.

Dieses spezielle Prüfbüro existiert noch heute und ist, wie die von ihm unabhängige, 1956 in Genf eingerichtete Außenstelle der offiziellen Prüfbüros, an die Uhrmacherschule angeschlossen.

In Artikel 3 des Gesetzes vom 6. November 1886 zur Einrichtung des Büros heißt es unter anderem: »Mit dem Siegel zu versehen sind solche Uhren, bei denen durch die Prüfung festgestellt wurde, daß sie alle Eigenschaften von Qualitätsarbeit besitzen, die einen regelmäßigen und dauerhaften Gang gewährleisten, und an denen ein Minimum an von der Prüfungskommission festgelegten Arbeiten von Handwerkern gemacht worden ist, die im Kanton Genf wohnen.« Dieser Grundsatz wurde bei der Reglementsänderung vom 5. April 1957 ergänzt durch den Passus, daß Remontage, Schlußkontrolle und Reglage von Handwerkern gemacht sein müssen, die im Kanton Genf wohnen. Mit dem Siegel ist hier ein Siegel mit dem Genfer Stadtwappen (Genfer Siegel, poinçon de Genève) gemeint. Außerdem listete das geänderte Reglement von 1957 elf Qualitätsforderungen auf, deren Erfüllung das Büro zu prüfen hatte:

1.) Es sind alle Gangregler (Unruh und Spirale) zugelassen, die innerhalb vorgegebener Grenzwerte kompensieren und Qualitätsarbeit sind.

2.) Jede Uhr muß mit Rubin- oder Saphirlagersteinen für das Räderwerk und die Hemmung versehen sein, deren Löcher oliviert und poliert sind (für das Minutenrad wird kein Lagerstein gefordert).

3.) Die Spirale muß befestigt sein in einer Platte zum Einschieben mit einem Stift und rundem Hals.

4.) Die Rückervorrichtung muß Qualitätsarbeit sein und festgelegten Vorbildern folgen. Gespaltene Rücker sind grundsätzlich nicht erlaubt.

5.) Räder müssen angliert sein und polierte Kehlungen haben.

6.) Welle und Stirn von Trieben müssen poliert sein.

Chronomètre
ROYAL
AVEC POINÇON DE GENÈVE

Le nom de Vacheron & Constantin est le symbole de la plus grande perfection horlogère. – Une nouvelle confirmation magistrale de cette maîtrise
est la création du chronomètre « Royal » dont la prodigieuse précision n'a
pu être acquise que par l'introduction de plusieurs importantes innovations
techniques. – Le poinçon de Genève que porte chaque chronomètre « Royal »
garantit cette qualité dite «de Genève» qui, depuis des décennies, est célèbre
dans le monde entier en raison des rigoureuses exigences mises à son obtention. – Apposé officiellement sous la haute surveillance de l'État, le poinçon
de Genève est un véritable titre de noblesse.

✠ VACHERON
ET
CONSTANTIN ✠

7.) Das Ankerrad muß leicht sein. Seine Dikke darf 0,16 bzw.0,13 mm bei Uhren, die kleiner sind als 18 mm, nicht überschreiten. Seine Ruheflächen müssen poliert sein.

8.) Die Begrenzung des Ankerweges muß aus zwei feststehenden Anschlägen bestehen. Begrenzungsstifte oder -klötzchen sind nicht zugelassen.

9.) Uhren mit Stoßsicherung werden akzeptiert, wenn sie den Qualitätsforderungen des Büros entsprechen.

10.) Sperrad und Kronrad müssen nach festgelegten Vorbildern vollendet werden.

11.) Automatische Aufzugsvorrichtungen sind zugelassen, wenn sie Qualitätsarbeit sind und den Anforderungen des Büros entsprechen.

Für Uhren, welche diese sehr detaillierten, schon fast restriktiven Anforderungen an Herkunft und Werkqualität erfüllten, wurde das Genfer Siegel verliehen, das – sofern es technisch möglich war – auf der Platine und einer Werkbrücke eingeschlagen wurde. Das Siegel hat bei Armbanduhren eine Größe von ca. 1,3 mm und ist häufig vergoldet. Man findet es meistens auf Genfer Luxusuhren, etwa von Patek Philippe oder Vacheron & Constantin (siehe Abb. 269 b). Das Siegel bzw. der Stempel bedeutet also, daß die damit gezeichnete Uhr Genfer Qualitätsarbeit ist.

Darüber hinaus konnte für Uhren, die mit dem Siegel gestempelt waren, ein Gangschein ausgestellt werden, wenn sie eine Gangprüfung bestanden hatten. Dies berechtigte zugleich zu der Bezeichnung Chronometer. Über die Prüfperioden und Grenzwerte dieser Gangprüfungen vor 1957 ist nur wenig bekannt. Noch in den 40er Jahren dauerten sie nur sechs Tage und umfaßten außer drei Lagen auch verschiedene Temperaturen. Die damaligen Grenzwerte sind nicht bekannt. Bei der schon erwähnten letzten Änderung des Reglements im Jahre 1957 wurden auch diese im Vergleich zu denen der offiziellen Prüfbüros sehr leichten Prüfbedingungen geändert, das heißt verschärft. Sie haben seither die in Abb. 68 dargestellte Fassung.

Der Vergleich mit den zum Zeitpunkt dieser Änderung – also zwischen 1955 und 1961 – geltenden Prüfanforderungen der offiziellen Schweizer Prüfbüros zeigt, daß die Genfer Anforderungen in allen Fällen strenger waren. Außerdem wurde hier zusätzlich der sekundäre Temperaturfehler berücksichtigt, allerdings mit einem hohen Grenzwert, und die Prüfung dau-

68 Gegenüberstellung der Grenzwerte des speziellen Genfer Prüfbüros und der offiziellen Schweizer Prüfbüros

| Fehlerart | Grenzwert (in sec): | |
	des Genfer Prüfbüros seit 1957	der Schweizer B.O. 1955 bis 1961
1.) mittlerer täglicher Gang	−2,00/+10,00	−3,00/+12,00 −3,00/+12,00
2.) mittlere Gangabweichung	4,00	4,00 6,00
3.) größte Gangabweichung	6,00	7,00 10,00
4.) Differenz der mittleren Gänge zwischen horizontal und vertikal	—	—
5.) größte Differenz zwischen dem mittleren täglichen Gang und einem der Gänge in den 5 Lagen	15,00	± 16,00 ± 22,00
6.) Primärer Kompensationsfehler pro °C	± 0,60	± 0,70 ± 1,00
7.) Sekundärer Temperaturfehler	± 10,00	—
8.) Wiederaufnahme des Gangs	± 6,00	± 7,00 ± 10,00

erte 18 anstatt der 15 Tage bei den B. O., da für die Temperaturprüfungen bei +4°, +20° und +36°C jeweils zwei Tage angesetzt wurden.

Allerdings ist nicht bekannt, wieviele der mit dem Genfer Siegel gezeichneten Uhren diese strenge Gangprüfung absolvierten und bestanden, also Chronometer waren, weil es Veröffentlichungen des Büros über Teilnehmerzahlen und ähnliches nicht gibt. Es fällt jedoch auf, daß – mit einer Ausnahme – keine der bisher bekannt gewordenen, mit dem Genfer Siegel gezeichneten Armbanduhren zugleich die Bezeichnung »Chronometer« aufweist, wie es bei den durch die B. O. geprüften die Regel ist.

Die Ausnahme ist die Firma Vacheron & Constantin, die eine Modellbezeichnung vom Begriff des Chronometers abgeleitet hat: das bekannte »Chronomètre Royal« (siehe Abb. 66, 67). Jedes Chronomètre Royal hat also die Herkunfts-, Qualitäts- und Gangprüfung dieses Genfer Büros durchlaufen und muß das Genfer Siegel tragen. Das gilt für Taschen- wie für Armbanduhren dieses Typs.

Seit längerer Zeit führt das Büro keine Gangprüfungen mehr durch, sondern nur noch die Herkunfts- und Qualitätsprüfungen.

Außerhalb der Schweiz gab es eine nennenswerte Produktion und eigenständige Prüfung von Armbandchronometern nur noch in Frankreich und Deutschland.

69 Firmenwerbung von Wyler, 1945.

70 Werbung von Zodiac 1953 mit einem Handaufzugs- und einem automatischen Armbandchronometer.

Deutschland

Bundesrepublik

Die Herstellung und Prüfung deutscher mechanischer Armbandchronometer begann erst in den 50er Jahren und endete schon knapp zwei Jahrzehnte danach. Sie ist in Umfang und Marktbedeutung nicht entfernt mit der Schweizer Chronometerindustrie zu vergleichen.

Die Prüfungsordnungen der deutschen Prüfstellen waren erstmals 1952 und dann regelmäßig vom Reglement der Schweizer B. O. übernommen worden. 1959 wurden sie von der internationalen Chronometerkommission anerkannt. Begriffe, Anforderungen und Prüfungsbedingungen sind niedergelegt in der RAL 670 A aus dem Jahre 1959 und der DIN 8319, deren letzte Fassung aus dem Jahre 1975 stammt, als

hierzulande schon lange keine mechanischen Armbandchronometer mehr hergestellt und geprüft wurden.

In der Bundesrepublik gab es drei mit der Prüfung von Armbandchronometern befaßte Stellen, die organisatorisch voneinander unabhängig waren.

Das Deutsche Hydrographische Institut (DHI) in Hamburg hatte als Hauptaufgabe die Prüfung von Schiffschronometern, wie es der Standort Hamburg ja auch nahelegt. Das DHI hatte diese Aufgabe von der 1945 aufgelösten, traditionsreichen Deutschen Seewarte übernommen, die ebenfalls in Hamburg angesiedelt war und seit 1877 Chronometerprüfungen sowie bis 1939 auch Chronometerwettbewerbe durchgeführt hatte. Am DHI fanden Chronometerprüfungen für Beobachtungs-, Taschen- und Armbanduhren nur gelegentlich statt. Es waren hauptsäch-

lich Auszubildende der Staatlichen Uhrmacherschule Hamburg, die die von ihnen im Rahmen ihres Studiums feingestellten Uhren dem DHI zur Chronometerprüfung vorlegten. Die Stückzahlen der geprüften Armbandchronometer waren recht gering. 1958 bestanden zehn Armbanduhren die Prüfung mit Auszeichnung und sieben ohne Auszeichnung. 1959 waren es sechs ausgezeichnete und vier nicht ausgezeichnete. 1960 bestanden siebzehn Armbanduhren mit und zehn ohne Auszeichnung. Verwendet wurden meist Schweizer Werke (von Revue, ETA, Valjoux, Eterna, Doxa, IWC).

Dieses Regulativ offizieller Genauigkeitsprüfungen für Schülerarbeiten ist auch aus der Schweiz bekannt: In den Rechenschaftsberichten der B. O. tauchen immer wieder Schüleruhren von den diversen Uhrmacherschulen auf. Allein von der Porta-Uhrenfabrik in Pforzheim wissen wir, daß sie in den 50er Jahren eine nicht bekannte Anzahl von für den Handel bestimmten Armbandchronometern am DHI hat prüfen lassen. Die vorliegende Prüfungsordnung des DHI stammt aus dem Jahre 1958.

Bei den Prüfungskategorien gab es wie in der Schweiz jeweils zwei Grenzwerte. Die Unterschreitung des kleineren berechtigte zu dem Zusatz »besonders gute Gangleistungen« auf dem Gangschein (Abb. 71). Die Prüfungsperioden und ihre Abfolge unterschieden sich nur in einem Punkt von denen der Schweiz: da die erste Periode (Lage vertikal normal, das heißt die 9 rechts) drei anstatt zwei Tage dauerte, war die Prüfung insgesamt einen Tag länger (vgl. Tab. 37).

Auch die Grenzwerte sind aus der Schweiz übernommen worden. Im Jahre 1957 wurden diejenigen der Schweizer Änderung von 1955 übernommen, und 1969 paßte man sie an die in der Schweiz seit 1961 gültigen an (vgl. Tab. 39); also jeweils mit erheblicher Verspätung. Das DHI stellte die Prüfungen für mechanische Armbandchronometer im Jahre 1977 ein, für Schiffschronometer im Jahre 1987.

Die zweite Stelle, die in der Bundesrepublik Chronometerprüfungen abhielt, war bis etwa 1970 die *Physikalisch-technische Bundesanstalt* (Abkürzung: PTB) in Braunschweig. Leider kann diese Behörde heute keinerlei Auskünfte mehr über ihre frühere Tätigkeit in diesem Bereich geben. Bruchstückhaft wird diese deutlich bei der Einrichtung der Prüfstelle des Landesgewerbeamtes in Stuttgart in dem Zeitraum 1954 bis 1955, als die PTB auf Bitten des Landes Baden-Württemberg beratend am Aufbau der

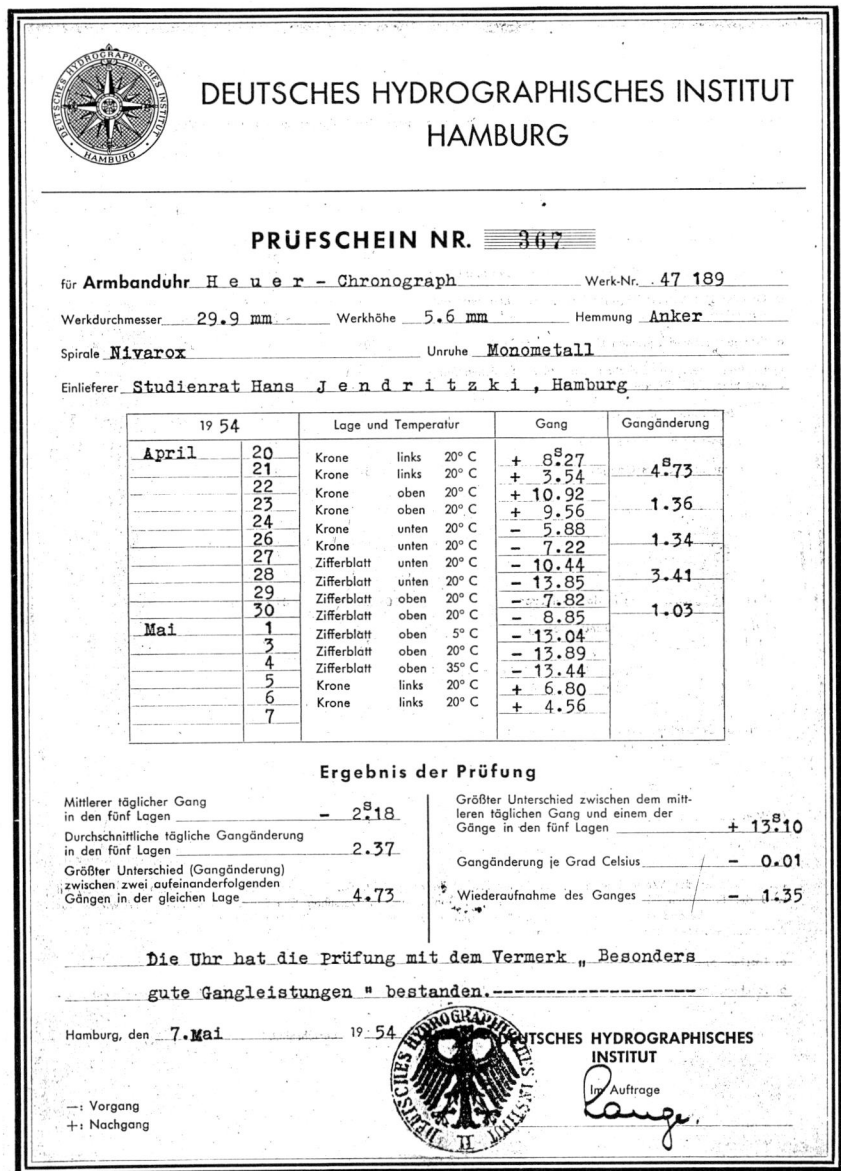

71 Gangschein des DHI für einen Armbandchronographen, 1954.

Prüfstelle mitwirkte. Sie hat die Richtlinien erarbeitet, das heißt, diejenigen aus der Schweiz übernommen, und soll das Verfahren zur fotografischen Erfassung des Standes der Uhrzeit der Prüfungsuhren entwickelt haben, das allerdings zu dieser Zeit auch in der Schweiz längst praktiziert wurde. Eine weitergehende Initiative der PTB, nämlich die ständige Aufsicht über die Prüfstelle zu erhalten, wurde aber vom Land Baden-Württemberg abgelehnt.

Als Bundesbehörde befaßte sich die PTB auch nicht ständig und regelmäßig mit der routinemäßigen Prüfung großer Stückzahlen von Armbandchronometern; sie tat dies nur in Einzelfällen und auf besonderen Antrag. Ein uns vorliegender Prüfungsschein der PTB für Armbandchronometer aus dem Jahre 1954 entspricht exakt den 15tägigen Schweizer Prüfungsperioden sowie den dort gleichzeitig, nämlich von 1947 bis 1955, geltenden Grenzwerten.

Am ehesten mit den Schweizer offiziellen Prüfbüros in bezug auf die Prüfungsarbeit und die geprüften Stückzahlen vergleichbar war die dritte und letzte bundesdeutsche Prüfbehörde, die 1955 eingerichtete *Uhrenprüfstelle des Landesgewerbeamtes Baden-Württemberg* in Stuttgart. Zum Glück sind wir über diese wichtigste deutsche Prüfstelle auch am besten informiert (vgl. Akten des Staatsarchivs in Ludwigsburg, Sign. EL 500 III, Zugang 9.6./13.8.1982, Bund Nrn. 121–124, Az. 3950–3959). Da die bundesdeutsche Armbanduhrenindustrie in Baden-Württemberg konzentriert war, war der Standort Stuttgart nur natürlich.

Es ist bemerkenswert, wie eng die Zusammenarbeit dieser Prüfstelle mit den betroffenen Uhrenherstellern und mit dem Verband der Armband- und Taschenuhrenhersteller in Pforzheim war: Bei der Einrichtung der Prüfstelle wurde die Personalstärke und die Kapazität der maschinellen Ausstattung bemessen nach der Prognose des größten, beherrschenden Herstellers, Junghans in Schramberg. Junghans wollte zunächst 1000 Armbandchronometer monatlich herstellen und zur Prüfung einreichen. So ganz glaubte man offenbar diese Prognose nicht, hielt die Zahl für zu hoch, obwohl Junghans im Jahr zuvor bereits 7000 Armbandchronometer hergestellt hatte. Schon im Jahr nach der Eröffnung der Prüfstelle, 1956, erwies sich aber, daß diese die Zahl der Einlieferungen nicht in einem angemessenen Zeitraum bewältigen konnte. Junghans, der seine Prognose erfüllt hatte, wollte aber nicht so lange auf die Uhren und Zertifikate warten und brachte eine Reihe von

Armbandchronometern nur mit Firmenzertifikaten in den Handel. Auf Vorwürfe aus den Reihen der Konkurrenz reagierte Junghans mit dem Hinweis, man habe schließlich seine Angaben über die Lieferzahlen nicht ausreichend berücksichtigt und dürfe sich nun nicht wundern, wenn er die Stockung des Absatzes seiner Armbandchronometer nicht hinnehme. Um 1965 kam es dann umgekehrt: Als die Stückzahlen von Junghans und anderen Firmen erheblich hinter den Prognosen zurückblieben, machte das Landesgewerbeamt ihnen Vorwürfe; man habe schließlich in die Ausstattung der Prüfstelle investiert, und diese sei nun nicht mehr ausgelastet. Aber das Ende des mechanischen Armbandchronometers, und damit der Prüfstelle, zeichnete sich bereits ab. Im Jahre 1967 beendete Junghans deren Produktion, einige Jahre danach schloß auch die Prüfstelle in Stuttgart.

Ein weiteres Zeichen für die enge Zusammenarbeit zwischen Uhrenindustrie und Behörde war, daß vor jeder der Reglementsänderungen jeder einzelne Fabrikant, der Uhren zur Chronometerprüfung eingereicht hatte – auch wenn es nur fünf bis zehn Stück gewesen waren –, um Stellungnahme zur geplanten Änderung gebeten wurde: es wurde also jedesmal eine schriftliche Anhörung veranstaltet. Aus der Schweiz ist solches nicht bekannt.

Bei der Einrichtung der Prüfstelle wurde deutlich, daß die Uhrenindustrie – ähnlich wie in der Schweiz – eine solche öffentliche Einrichtung wünschte, um ihren Produkten auf dem Wege einer Prüfung durch eine neutrale, staatliche Stelle einen besseren Absatz zu garantieren. Also eine Art indirekter Wirtschaftsförderung durch den Staat. Ganz deutlich wurde dies, als mehrere Fabrikanten sich in Stuttgart darüber beschwerten, daß die Prüfstelle offenbar einige Schweizer Armbanduhren zur Prüfung angenommen hatte. Die Firmen begründeten ihre Beschwerde damit, daß ihnen auf diese Weise im eigenen Lande eine durch die Prüfstelle verursachte ausländische Konkurrenz entstehe, obwohl die Prüfstelle im Gegenteil doch die Aufgabe habe, die deutsche – und nur die deutsche – Uhrenindustrie zu stärken und sie vor Konkurrenz zu schützen. Außerdem nähmen die Schweizer Prüfbüros aus dem gleichen Grund auch keine ausländischen Uhren zur Prüfung an. Eine Haltung, für die man trotz ihres Chauvinismus ein gewisses Verständnis aufbringen kann angesichts der quantitativ wie qualitativ erdrückenden Überlegenheit des Nachbarn

72 Werbung der deutschen Uhrenfabrik Page mit einem Gangschein des DHI, 1954.

Schweiz, der mit seinem Uhrenexport auch den deutschen Markt beherrschte.

Die Stuttgarter Prüfungsordnung war ebenfalls identisch mit der Schweizer. Bei der Einrichtung der Prüfstelle im Jahre 1955 übernahm man die Grenzwerte der Schweiz, die dort im selben Jahr geändert worden waren. Als die Schweizer B.O. ihre Grenzwerte 1961 erneut änderten (vgl. Tab. 39), begann man auch in Stuttgart mit der Vorbereitung einer entsprechenden Änderung. Sie trat allerdings erst 1966 in Kraft, da während des bereits erwähnten, zeitraubenden Verfahrens der schriftlichen Anhörung einige Bedenken gegen die schärferen Grenzwerte laut wurden, vor allem auch gegen die Einführung des so problematischen mittleren Lagenfehlers.

Leider gab es in Stuttgart, ebenso wie an den anderen deutschen Prüfstellen, keine veröffentlichten Statistiken über Stückzahlen und Hersteller geprüfter Armbandchronometer, wie es die Schweizer Prüfbüros mit ihren jährlichen Rapporten bis heute so vorbildlich handhaben (Abb. 50a, b). Nur für das Jahr 1962 haben wir eine genaue Aufstellung der Einlieferungszahlen der einzelnen Firmen:

Junghans	Bifora (Bidlingmaier)	Exquisit (Hugo Weinmann)	Kienzle	Otero (Otto Epple)	Gesamt
12 888 (98%)	125 (0,95%)	100 (0,76%)	20 (0,15%)	10 (0,07%)	13 143 (100%)

Es wird ersichtlich, daß Junghans die Statistik quantitativ in diesem Jahr – und ähnlich in den übrigen Jahren zwischen 1955 und 1967 – so deutlich beherrschte wie Rolex die der Schweizer B. O. bis 1953 (vgl. Tab. 45). Für das Jahr 1956 wissen wir, daß Junghans 10000 Armbandchronometer zur Prüfung eingereicht hat; diese Zahl dürfte auch etwa die Gesamtzahl für dieses Jahr sein. Wir können wohl davon ausgehen, daß zwischen 1955 und ca. 1963 die jährliche Zahl der Einlieferungen bei der Stuttgarter Prüfstelle bei 10000 bis 15000 Armbanduhren lag. Im Jahre 1965 waren es nur noch 5916 Stück, und 1966 sank die Zahl weiter auf 5119 Armbandchronometer. Der Grund für diese Abnahme lag bei dem Marktführer Junghans, der die Produktion der Chronometer allmählich drosselte, weil aus den Erfahrungen der Chronometerentwicklung die normalen Qualitätsuhren (z. B. die Junghans Meister-Uhr) inzwischen so genau geworden waren, daß das Interesse an den wegen der Prüfungskosten erheblich teureren Chronometern abnahm. 1967 stellte Junghans die Produktion ganz ein und ging über zu elektronischen Armbanduhren.

Sieben Firmen waren es, die gelegentlich oder ständig an den Chronometerprüfungen in Stuttgart teilnahmen.

Junghans in Schramberg steht an erster Stelle, was den Umfang und den Bekanntheitsgrad angeht.

Junghans begann 1952 mit der Fertigung von Armbandchronometern auf der Basis des 28-mm-Werkes J 82, dessen Konstruktion bereits im Zweiten Weltkrieg entwickelt worden war. Es kam dann 1955 das flachere Kaliber J 85 hinzu und 1957 das Automatik-Kaliber J 83, das Spitzenprodukt von Junghans.

Josef Bidlingmaier in Schwäbisch Gmünd (Marke: Bifora) reichte erstmals 1956 25 Armbanduhren mit der Bezeichnung »Bifora Unima« zur Chronometerprüfung ein (Abb. 75, 113).

Kienzle in Schwenningen begann recht spät, nämlich erst 1962, mit der Herstellung von Armbandchronometern. Das »Superior-Chronometer« war aus dem Standardkaliber 081/17 entwickelt worden und galt als sehr genau. Nach vier Jahren stellte Kienzle die Produktion von Armbandchronometern wieder ein. Bis dahin waren folgende Stückzahlen zur Prüfung eingereicht worden:

1962	20 Armbanduhren
1963	575 Armbanduhren
1964	nicht bekannt
1965	1000 Armbanduhren

Lacher & Co. in Pforzheim (Marke: Laco) hatte 1955 die ersten 50 Armbandchronometer eingeliefert und 1957 ein neues Chronometerkaliber Laco 630 entwickelt (Abb. 165).

Otto Epple aus Königsbach (Marken: Eppo, Otero-Uhrenrohwerke) hat gelegentlich Armband-chronometer hergestellt. 1962 wurden zehn Stück zur Prüfung in Stuttgart eingereicht.

Die Firmen *Wehner KG in Pforzheim* (Marke: Porta) und

Hugo Weinmann in Pforzheim (Marke: Exquisit) reichten hin und wieder einige Armbanduhren zur Prüfung ein.

Adolf Blümelink aus München (Marke: Blumus) kündigte 1959 der Prüfstelle schriftlich die geplante Einlieferung von 300 Armbanduhren mit Schweizer ETA-Werken an. Ob diese Absicht Wirklichkeit wurde, ist nicht bekannt.

Insgesamt werden etwa 130000 Armbanduhren die Chronometerprüfungen der Stuttgarter Uhrenprüfstelle durchlaufen haben. Diese Zahl dürfte auch weitgehend identisch sein mit der Gesamtproduktion von Armbandchronometern in der Bundesrepublik: gerade so viel wie Omega im Jahre 1964 hergestellt hat. Über Versagerzahlen und -quoten gibt es keine Unterlagen.

74 Uhrenprüfstelle des Landesgewerbeamtes Stuttgart, das tägliche Aufziehen der Prüfungsuhren mit einem elektrischen Spezialgerät.

75 Firmenwerbung für Bifora-Unima-Armbandchronometer, 1950.

Ostdeutschland

Auch in der DDR gab es, etwa gleichzeitig mit der Bundesrepublik, eine Produktion und Prüfung von Armbandchronometern, jedoch in Umfang und Qualität bescheiden und beschränkt auf die Glashütter Uhrenbetriebe (Abkürzung: GUB). Da die Informationen von öffentlichen Stellen äußerst spärlich sind, ist nur wenig zu berichten.

Chronometerprüfungen für Marine- und Taschenchronometer wurden im »Deutschen Amt für Maß und Gewicht« in Ostberlin durchgeführt sowie in der von Ostberlin aus im Jahre 1957 eingerichteten Uhrenprüfstelle in Stralsund, in der Nachfolge der 1945 aufgelösten Deutschen Seewarte in Hamburg. Armbandchronometer wurden nur in der Ostberliner Dienststelle und ihren Zweigstellen geprüft.

Es wurden zunächst die Vorkriegs-Prüfbedingungen der Deutschen Seewarte weiter verwendet, einschließlich der Einteilung in die Klassen S, I und II für Taschenuhren. Da es in Hamburg noch keine Klasse für Armbanduhren gab, wurden zunächst die Grenzwerte der Klasse II (gute Taschenuhren) sinngemäß angewandt. Wegen der unterschiedlichen Fehlerdefinitionen ist ein Vergleich dieser Grenzwerte mit denen der Schweiz nur begrenzt möglich, nämlich nur bei den folgenden drei Fehlerarten: 1.) mittlere tägliche Gangabweichung, 2.) größte Gangabweichung und 3.) Differenz zwischen Liegen und Hängen (Hauptlagenfehler). Hier sind die Grenzwerte mit 2,00 sec, 6,00 sec und 10,00 sec denen der Schweizer B. O. etwa vergleichbar.

Eine dem Autor vorliegende, undatierte Abschrift eines Fehlerarten- und Grenzwertkataloges für Armbanduhren, aufgestellt von dem Ostberliner Amt, gleicht der Prüfungsordnung der Schweizer B. O. in der Zeit von 1955 bis 1961, einschließlich der Unterteilung in zwei Qualitätsstufen (mit/ohne Auszeichnung). Ein Gangschein aus dem Jahre 1965 für ein Glashütter Armbandchronometer (Abb. 79a, b) zeigt jedoch Grenzwerte, die den in der Schweiz von 1955 bis 1961 gültigen gleichen. Wie in der Bundesrepublik hinkte also auch hier die Anpassung der Grenzwerte der Entwicklung in der Schweiz erheblich hinterher.

Man wird zusammenfassend sagen können, daß in der DDR in einer Übergangsphase nach 1945 zunächst die deutschen Vorkriegs-Prüfbedingungen weiter galten, bis dann – wie in allen anderen kontinentaleuropäischen Ländern – die

76 Das Armbanduhrenwerk Kaliber 70.1 der GUB (aus einem Prospekt des VEB GUB von 1966/67).

HERRENARMBANDUHR KALIBER 70.1 Werkdurchmesser 28 mm (12½''') mit massiven Brücken und Kloben, 17 Steine, stoßgesichert, Kupplungsaufzug, bruchsichere Spezialzugfeder, direkte Zentralsekunde, Palettenankerhemmung mit poliertem Stahlanker und Stahlankerrad, selbstkompensierende Spirale. Gehäuse Plaqué, 20 Mikrometer, Edelstahlboden, wassergeschützt.

MEN'S WRIST WATCH, CALIBER 70.1 12½ ligne 17-jewel movement (28 mm), shock-proof, with clutch winding, with special break-proof main spring, with direct centre-sweep seconds hand, lever escapement with polished steel pallet and steel escape wheel, with self-compensation balance spring. Case: gold-coated, 20 micron, stainless steel back, water-proof.

МУЖСКИЕ НАРУЧНЫЕ ЧАСЫ КАЛИБРА 70.1 Диаметр механизма 28 мм (12½''') с массивными перемычками и мостами, на 17 камнях, в противоударном исполнении. Фрикционный завод, неломающаяся специальная заводная пружина, секундная стрелка, непосредственно расположенная на центральном валике, палетный анкерный спуск с полированным стальным анкером и стальным анкерным колесом, самокомпенсирующаяся спираль. Корпус плакированный, 20 микрон, крышка из высококачественной стали; водонепроницаемые.

77 Das Armbandchronometerwerk Kaliber 70.3 der GUB (aus einem Prospekt des VEB GUB von 1966/67).

Die GLASHÜTTER GÜTEUHR und das GLASHÜTTER ARMBANDCHRONOMETER, Kaliberserie 70.3, sind Spitzenerzeugnisse unseres weltbekannten Betriebes, die das amtliche Gütezeichen Q (höchstes Gütezeichen der DDR) tragen. Erstklassiges Rohmaterial, sorgfältigste Bearbeitung, gewissenhafte Ausführung und das Anwenden elektronischer Prüfmethoden verleihen diesen Uhren einen besonderen Wert.

The TOP-GRADE GLASHÜTTE QUALITY WATCH and the GLASHÜTTE CHRONO-METER-MODEL WRIST WATCH, Caliber 70.3, are prominent members of our family of high class products which have been awarded the highest official designation of quality 'Q'. The use of only the very best raw materials, the careful processing, the conscientious construction and the strict application of electronic inspection and testing represent the foundation for the superior value of these watches.

КАЧЕСТВЕННЫЕ ЧАСЫ ГЛАСХЮТТЕ И НАРУЧНЫЙ ХРОНОМЕТР ГЛАСХЮТТЕ серии калибра 70.3 — изделия высшего качества нашего известного во всем мире завода, удостоенные официального знака высшего качества Q (высший знак качества ГДР). Первоклассный исходный материал, тщательная обработка, аккуратное исполнение и применение методов электронного испытания придают этим часам особую ценность.

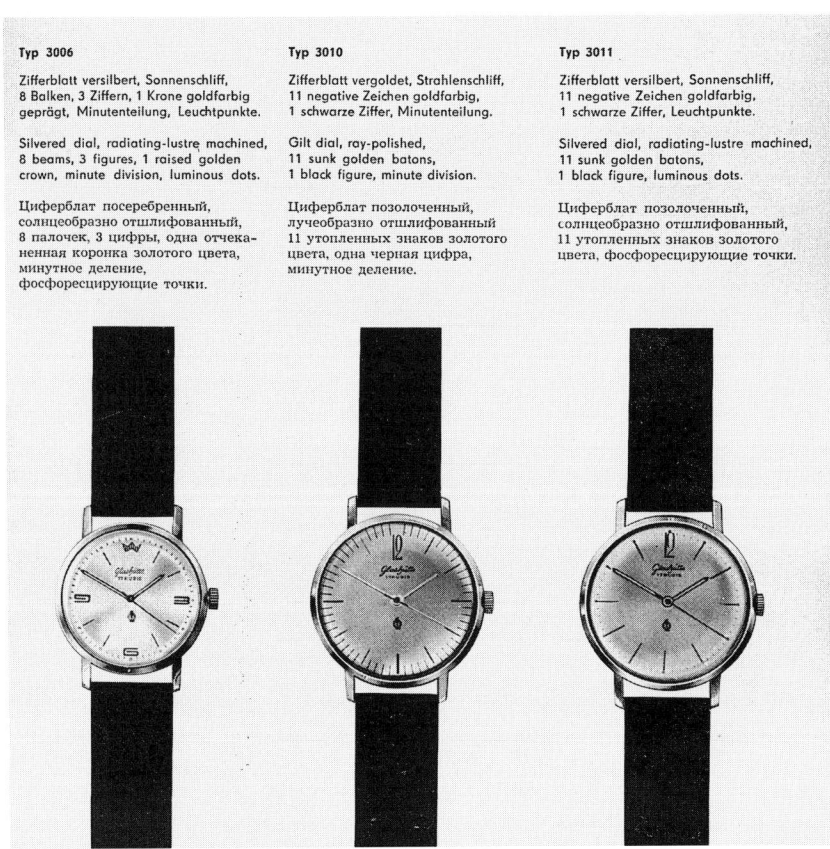

Typ 3006

Zifferblatt versilbert, Sonnenschliff, 8 Balken, 3 Ziffern, 1 Krone goldfarbig geprägt, Minutenteilung, Leuchtpunkte.

Silvered dial, radiating-lustre machined, 8 beams, 3 figures, 1 raised golden crown, minute division, luminous dots.

Циферблат посеребренный, солнцеобразно отшлифованный, 8 палочек, 3 цифры, одна отчеканенная коронка золотого цвета, минутное деление, фосфоресцирующие точки.

Typ 3010

Zifferblatt vergoldet, Strahlenschliff, 11 negative Zeichen goldfarbig, 1 schwarze Ziffer, Minutenteilung.

Gilt dial, ray-polished, 11 sunk golden batons, 1 black figure, minute division.

Циферблат позолоченный, лучеобразно отшлифованный, 11 утопленных знаков золотого цвета, одна черная цифра, минутное деление.

Typ 3011

Zifferblatt versilbert, Sonnenschliff, 11 negative Zeichen goldfarbig, 1 schwarze Ziffer, Leuchtpunkte.

Silvered dial, radiating-lustre machined, 11 sunk golden batons, 1 black figure, luminous dots.

Циферблат позолоченный, солнцеобразно отшлифованный, 11 утопленных знаков золотого цвета, фосфоресцирующие точки.

78 Zifferblattgestaltung von Armbanduhren des Glashütter Kalibers 70.3 (aus einem Prospekt des VEB GUB von 1966/67).

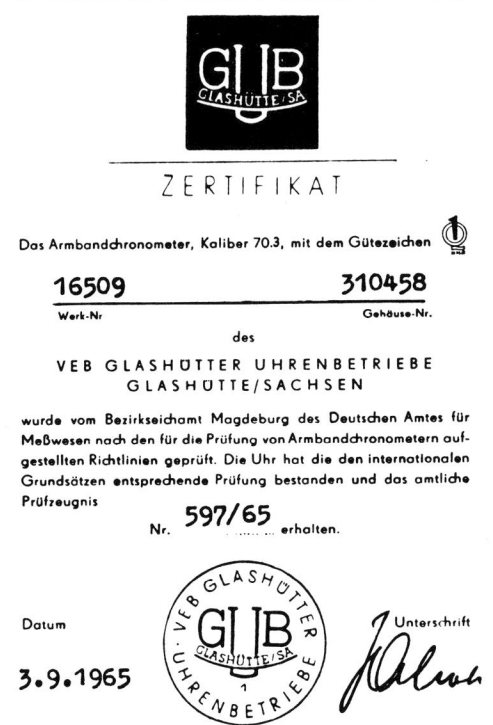

ZERTIFIKAT

Das Armbandchronometer, Kaliber 70.3, mit dem Gütezeichen

16509	310458
Werk-Nr	Gehäuse-Nr.

des

VEB GLASHÜTTER UHRENBETRIEBE GLASHÜTTE/SACHSEN

wurde vom Bezirkseichamt Magdeburg des Deutschen Amtes für Meßwesen nach den für die Prüfung von Armbandchronometern aufgestellten Richtlinien geprüft. Die Uhr hat die den internationalen Grundsätzen entsprechende Prüfung bestanden und das amtliche Prüfzeugnis

Nr. **597/65** .... erhalten.

Datum

3.9.1965

Unterschrift

Eine Abschrift des amtlichen Gangzeugnisses ist gegen Erstattung der Unkosten erhältlich

79 a, b Aus einem Prospekt des VEB GUB: »Wir geben jedem Glashütter Armbandchronometer ein Zertifikat bei, das die Prüfung nach internationalen Maßstäben bestätigt.«

Schweizer Prüfungsordnung mit ihren Grenzwerten übernommen wurde.

Das Armbanduhrenprogramm der GUB umfaßte in den 60er Jahren etwa zehn Kaliber – Handaufzugmodelle in verschiedenen Abwandlungen, mehrere Automatikmodelle mit und ohne Datum, ein Chronographen- und ein Damenuhrkaliber. Als Chronometer feingestellt und geprüft wurden nur Armbanduhren des Handaufzugkalibers 70.3 mit direkter Zentralsekunde, 17 Steinen, einer selbst entwickelten Stoßsicherung, selbstkompensierender Flachspirale und monometallischer Schraubenunruh (Abb. 77). Es unterschied sich vom Basiskaliber 70.1 (Abb. 76) nur durch die Unruhschrauben. Die hier abgebildete (Abb. 148) Glashütter Armbanduhr mit Chronometeraufschrift auf dem Zifferblatt und einem Werk des Kalibers 70.1 ist daher eine Mariage. Wegen der geringen Unterschiede zu dem Chronometerwerk Kaliber 70.3 ist sie aber dennoch anschaulich für den Aufbau eines, oder besser *des* ostdeutschen Armbandchronometers aus Glashütte. Es handelt sich um ein sehr einfaches Werk mit ziemlich roh belassenen Einzelteilen und unbehandelter Platine. Der nur sehr grob regelnde Rücker ohne Zeiger ist kaum brauchbar. Das stilisierte Q 1 auf dem Zifferblatt über der 6 bedeutet erste Qualität bzw. erste Güteklasse.

Diese Uhren wurden in der DDR »Güteuhren« genannt. Bemerkenswert ist, daß die DDR in ihrer Werbung Wert darauf legte, daß ihre Armbandchronometer nach internationalen Grundsätzen geprüft wurden (Abb. 79 a, b).

Fehlergrenzen für Armbandchronometer

a) Mittlerer täglicher Gang in den fünf Lagen bei 20 °C vor der Temperaturprüfung	— 3,0 bis + 12,0 s/d
b) Durchschnittliche tägliche Gangänderung in den fünf Lagen bei 20 °C vor der Temperaturprüfung	6,0 s/d²
c) Größter Unterschied (Gangänderung) zwischen zwei aufeinanderfolgenden täglichen Gängen in der gleichen Lage bei 20 °C vor der Temperaturprüfung	10,0 s/d²
d) Größter Unterschied zwischen dem mittleren täglichen Gang und einem der Gänge in den fünf Lagen bei 20 °C vor der Temperaturprüfung	± 22,0 s/d
e) Gangänderung je Grad Celsius	± 1,0 s/d °C
f) Wiederaufnahme des Ganges	± 10,0 s/d

+ = Vorgang
— = Nachgang

Frankreich

Auch in Frankreich muß – wie in der Schweiz und der Bundesrepublik – unterschieden werden zwischen Chronometerprüfungen und -wettbewerben auf Observatoriumsniveau einerseits und Chronometerprüfungen für Gebrauchsuhren andererseits, auch wenn hier beide Arten enger miteinander verbunden sind als sonst, da sie am selben Institut stattfanden: nämlich am Observatorium in Besançon, im traditionellen Zentrum der französischen Uhrenindustrie, dem Departement Doubs. Das 1882 gegründete Observatorium begann im Jahre 1885 mit Chronometerprüfungen, dem »Service des contrôles chronométriques«, und beendete sie für mechanische Armbanduhren im Jahre 1974.

Auch wenn es wegen der engen Verflechtung der verschiedenen Prüfungsarten am selben Institut nicht ganz leicht fällt, wollen wir doch die Observatoriumswettbewerbe von den Chronometerprüfungen für Gebrauchsuhren trennen.

Die Wettbewerbe waren ganz nach dem Vorbild des Observatoriums Genf organisiert. Es gab für fehlerlose Uhren maximal 300 Punkte, und die Wettbewerbsuhren wurden entsprechend ihrer Punktzahl bewertet und ausgezeichnet. Die Auszeichnung erfolgte mit Medaillen: für 150 bis 175 Punkte gab es eine Bronze-, für 175 bis 200 Punkte eine Silber- und für 200 bis 300 Punkte eine Goldmedaille. Entsprechend erhielten die Uhren einen 3., 2. oder 1. Preis. Regleure, die fünf mit einer Goldmedaille ausgezeichnete Uhren reguliert hatten, bekamen ein besonderes Diplom. Außerdem wurde seit 1896 auf den ausgezeichneten Wettbewerbsuhren ein Stempel in Form eines Otterkopfes angebracht.

Nach der Unterbrechung durch den Zweiten Weltkrieg wurden, nur wenig später als an den Schweizer Observatorien, auch Armbandchronometer mit einem Werkdurchmesser bis zu 30 mm bzw. 707 qmm Fläche zu den Wettbewerben zugelassen. Für sie wurde eine neue Punktwertung eingeführt: für fehlerlose Uhren waren maximal 100 Punkte erreichbar. Ab 67 Punkten gab es eine Silber- und ab 72 Punkten eine vergoldete Medaille. Bis 1956 fanden die Wettbewerbe alternierend statt: im einen Jahr die größeren Chronometer, im nächsten Jahr die Armbandchronometer. Nach 1956 wurden die Wettbewerbe jedes Jahr für beide Kategorien durchgeführt.

80 Frankreich,
Überblick über die Chronometerprüfungen am Observatorium
Besançon nach 1960

	Chronometer 1. Klasse	Chronometer 2. Klasse	Chronometer 3. Klasse	
Bezeichnung	Chronomètre d'Observatoire	Chronomètre	Chronomètre	
Stempel	Otterkopf im Oval	Otterkopf im Rechteck	Wappen von Besançon	
Prüfdauer (in Tagen)	44	32	16	
Fehlerarten und Grenzwerte (in sec)			mit	ohne
			Auszeichnung	
1.) mittlerer täglicher Gang in den fünf Lagen	1,50 (3,00)	−1,00/+10,00	−1,00/+10,00 [−1,00/+10,00]	−3,00/+12,00 [−3,00/+12,00]
2.) Differenz der mittleren Gänge zwischen horizontal und vertikal	5,00 (5,00)	8,00	8,00 [8,00]	12,00 [12,00]
3.) größte Differenz	5,00	10,00	12,00 [12,00]	18,00 [18,00]
4.) primärer Kompensationsfehler pro °C	0,30 (0,20)	0,50	0,60 [0,60]	1,00 [1,00]
5.) sekundärer Kompensationsfehler	5,00 (4,50)	6,00	—	—
6.) Wiederaufnahme des Ganges	6,25 (3,50)	7,00	5,00 [5,00]	9,00 [9,00]

( ) **zum Vergleich Grenzwerte der Schweizer Observatorien**
[ ] **zum Vergleich Grenzwerte der Schweizer B.O. im Zeitraum 1961 bis 1973**

Die Dauer der Prüfungen für Wettbewerbs-Armbanduhren, die als Chronometer 1. Klasse oder Chronomètre d'Observatoire bezeichnet wurden, war wie in der Schweiz 44 Tage, die Fehlerarten und Grenzwerte sind in Tabelle 80 ablesbar. Bei den Grenzwerten zeigen sich gewisse Unterschiede zu den Schweizer Observatorien, bei denen sie überwiegend niedriger waren. Die Anzahl der Fehlerarten war in Besançon mit sechs geringer als in der Schweiz (elf). Soviel zu den französischen Chronometerwettbewerben.

Nach dieser Kategorie der Armbandchronometer 1. Klasse gab es eine 2. Klasse, angeordnet zwischen den Wettbewerbschronometern und den Gebrauchs-Armbandchronometern der 3. Klasse, die den in den Schweizer B.O. geprüften entsprachen. Die Prüfungen dieser 2. Klasse dauerten 32 Tage, und die Grenzwerte waren sehr deutlich denen der 3. Klasse angenähert, ja teilweise mit ihnen identisch.

Die Chronometerprüfungen für Gebrauchsarmbanduhren, also solche der 3. Klasse, begannen im Jahre 1931. Sie waren deutlich orientiert an denen des speziellen Genfer Prüfbüros. Ihre Hauptaufgabe war also zunächst eine Qualitätskontrolle und erst in zweiter Linie eine Ganggenauigkeitskontrolle.

Bei dieser Prüfung wurden ganz ähnliche Anforderungen an die Werkqualität gestellt wie in Genf. Uhren, die diese Anforderungen erfüllten, wurden mit einem Stempel gekennzeichnet, der das Wappen der Stadt Besançon darstellte: dem »poinçon de Besançon«.

Derart gestempelte Uhren konnten einen Gangschein erhalten, wenn sie eine Gangprüfung durchlaufen und bestanden hatten. Diese Prüfung war zunächst ziemlich kurz und einfach. Sie dauerte sechs Tage – je einen Tag in den Positionen vertikal, horizontal Zo und Zu und nochmals vertikal bei einer Temperatur von +15 °C sowie je einen Tag bei Kälte (+4 °C)

81 Frankreich,
nach Firmen geordnete jährliche Anzahl der Armbandchrono-
meter zwischen 1956 und 1974

Jahr	Dechaux	Difor	Dodane	Herbelin	Leroy	Lip	Maty	Philippe	Rexa	Sarda	Simonet	Souchaud	Tribaudeau	Yéma	div.
1956			92	79	44	2 070			10	195	147	8	30	133	63
1957			55	199	31	1 472		248	27	285	95	16	13	365	32
1958			57	68	1	2 194		300	65	237	135	24		86	
1959			79	33	2	133		832	17	231	280	1		149	
1960			127	3		1 007		379	58	179	210			208	21
1961		290	141			853		1 452	59		78				5
1962	65	422	153			1 809		1 993			77	97			
1963	160	412	96			2 354		2 090			94	148			
1964	313	405	110			2 467		2 298	3		61	96			
1965	221	329	64			2 825		1 448			58	62	44		9
1966	199	357	349			2 837	256	378			60		51		5
1967	229	197	803			3 794	327	368			52		3		3
1968	206		354			887	583	187			74		19		
1969	99		485			1 316	604	125			60		19		
1970			759			14	516	52			54				
1971			98				246								
1972			61	16			201								
1973			70	4			144								
1974			90												
Ges. pro Firma:	1 492	2 412	4 043	402	78	26 032	2 848	12 150	239	1 127	1 535	452	179	941	138

und Wärme (+35°C). Es galten folgende vier Fehlerarten und Grenzwerte für Uhren mit einem Werkdurchmesser von bis zu 30 mm:
1.) Mittlerer täglicher Gang in den fünf Lagen:
±18,00 sec
2.) Differenz der mittleren Gänge zwischen horizontal und vertikal: ±18,00 sec
3.) Primärer Kompensationsfehler pro °C:
±0,75 sec
4.) Wiederaufnahme des Ganges: ±10,00 sec
Wie in Genf, so wurden auch in Besançon die Prüfungen um 1960 erheblich verschärft zu der Form, wie Tabelle 80 sie zeigt. Hier ist deutlich ablesbar, daß seit dieser Änderung die Grenzwerte genau denen der Schweizer B. O. glichen. Die Anzahl der Fehlerarten war mit fünf gegenüber sieben jedoch geringer als dort.
Wir können eine Zusammenstellung der Firmen mit ihren Stückzahlen vorlegen, die zwischen 1956 und 1974 mechanische Armbandchronometer in Besançon prüfen ließen (Tab. 81). Wir kennen jedoch weder die Gesamtzahl der Einlieferungen in Besançon noch die Anzahl der Versager.
14 Firmen waren es, die relativ regelmäßig und über mehrere Jahre hinweg teilnahmen. Nur drei von ihnen gibt es übrigens heute noch (Dodane, Maty und Yéma). Nochmals 13 Firmen nahmen ein- oder zweimal teil, darunter auch Breguet mit insgesamt vier Armbanduhren. Es scheint, als seien in Frankreich wie in der Schweiz (Patek Philippe, IWC, Vacheron & Constantin) die exklusiven Luxusmarken diesen »gewöhnlichen« Chronometerprüfungen abhold gewesen.
Größter Armbandchronometer-Produzent war in diesem Zeitraum mit insgesamt 26 032 Stück die auch über Frankreichs Grenzen hinaus bekannte Firma Lip aus Besançon. Insgesamt haben in diesen 18 Jahren 54 068 Armbanduhren die Chronometerprüfung in Besançon bestanden. Eine nicht nur an Schweizer, sondern auch an deutschen Verhältnissen gemessen recht bescheidene Anzahl. Nur wenig mehr als ein Drittel der deutschen Gesamtzahl, und gerade so viel wie im Jahre 1955 in der Schweiz die Prüfung bestanden, oder so viele wie allein das Büro in Bienne im Jahre 1955 prüfte. Das Spektrum der Firmen war aber größer als in Deutschland, und es fehlte der einsame Spitzenreiter wie dort Junghans oder in der Schweiz Rolex vor 1953.

England

Da es in England keine nennenswerte Produktion von Armbanduhren gab und überhaupt keine von Armbandchronometern, gab es auch keine offizielle Prüfstelle für solche. Das heißt aber nicht, daß England keine Rolle auf diesem Gebiet gespielt hätte.

Die klassische amtliche Prüfstelle für Präzisionstaschenuhren in England war das 1884 gegründete Kew-Observatorium bei Richmond. (Das 1902 gegründete National Physical Laboratory [NPL] in Teddington übernahm dann 1912 die Aufgabe der Prüfung von Präzisionstaschenuhren von diesem Observatorium.) Das für diese Prüfungen entwickelte Reglement hatte das etwa elf Jahre ältere des Observatoriums Genf zum Vorbild. Zunächst gab es drei, ab 1897 nur noch zwei Güteklassen: A und B. Ein Gangschein der Güteklasse A, das Kew Class A Certificate, hatte international einen hohen Prestigewert, obwohl Gangscheine anderer Observatorien wie Genf, Neuchâtel, Besançon oder der Deutschen Seewarte in Hamburg keineswegs leichter zu erreichen waren. Der Vergleich der Grenzwerte von Kew/Teddington mit denen des Observatoriums Genf zeigt im Gegenteil, daß die Genfer Grenzwerte überwiegend strenger, das heißt niedriger waren. Ein solcher Vergleich ist aber wegen unterschiedlich definierter Fehlerarten schwierig und wird daher selten gezogen, und die sehr alte Tradition englischer Chronometer- bzw. Präzisionsuhrmacherei sowie die traditionsreichen Prüfungen für Marinechronometer in Greenwich werden zu diesem hohen Prestige mehr beigetragen haben als der simple Vergleich von nackten Zahlen.

Die Prüfung für die Klasse A dauerte 44 Tage und erfolgte in acht Perioden – fünf Lagen und drei Temperaturen. Es gab nur vier Fehlerarten mit Grenzwerten, die bis auf eine Ausnahme erheblich höher lagen als die vergleichbaren des Observatoriums Genf für Taschenchronometer der Kategorie B (Tab. 86). Vergleicht man sie

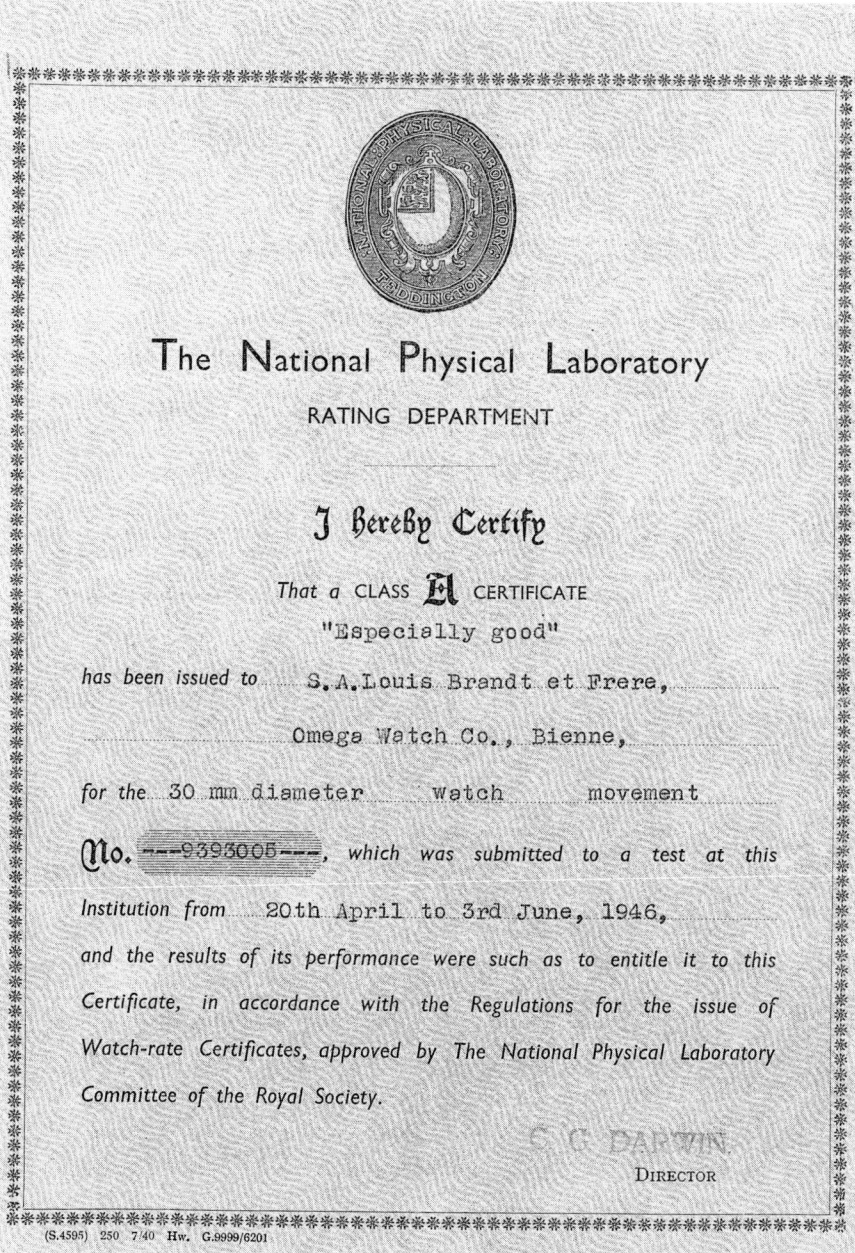

The National Physical Laboratory

RATING DEPARTMENT

I hereby Certify

That a CLASS A CERTIFICATE

"Especially good"

has been issued to   S.A.Louis Brandt et Frere,

Omega Watch Co., Bienne,

for the 30 mm diameter   watch   movement

No. ---9393005---, which was submitted to a test at this

Institution from   20th April to 3rd June, 1946,

and the results of its performance were such as to entitle it to this

Certificate, in accordance with the Regulations for the issue of

Watch-rate Certificates, approved by The National Physical Laboratory

Committee of the Royal Society.

C. G. DARWIN

DIRECTOR

(S.4595) 250 7/40 Hw. G.9999/6201

CONDITIONS OF CLASS "A" TEST OF WATCHES

The test occupies 44 days and is divided into eight periods, as indicated in the table of results given on the opposite page. In each period, 5 determinations of the rate of the watch are made on consecutive days, the rate being in each case determined over an interval of 24 hours. In order to provide for temperature changes, each of the periods 4, 5, 6 and 7 is preceded by an intermediate day on which the rate of the watch is not determined.

Note:—For the purpose of the test, the "initial" vertical position is defined as follows:—
(a) Pendant uppermost, in the case of pendant watches.
(b) 6 (VI) o'clock uppermost, in the case of wristlet watches.
(c) 12 (XII) o'clock uppermost, in the case of other watches not intended for pendant or wristlet use.

A Class "A" certificate is issued for any watch whose performance during the test was such that:—
1. The numerical average of the departures of the individual rates from the mean rate did not exceed 2 seconds per day in any one of the eight periods of test.
2. The mean rate in the "initial" vertical position (periods 1 and 8) differed from that in the "dial up" position (period 5) by less than 5 seconds per day, and from that in any other position by less than 10 seconds per day.
3. The mean change of rate with change of temperature was less than 0·3 second per day per 1° Fahrenheit.
4. The mean rate did not exceed 10 seconds per day in any one of the periods 1, 2, 3, 5, 7 and 8.

Marks for Superior Merit

Marks are assessed for:—
(1) Consistency of rate (maximum=40 marks).
(2) Constancy of rate with change of position (maximum=40 marks).
(3) Temperature compensation (maximum=20 marks).

A watch that only just succeeds in obtaining a Certificate receives none of these marks, an absolutely perfect watch would be entitled to 100 and intermediate degrees of excellence are marked accordingly.

The certificate is endorsed with the words "Especially good" when a watch obtains a total of 80 marks or more out of the maximum of 100.

Chronograph Watches

The test of a chronograph watch is ordinarily not commenced unless the chronograph mechanism has first been tested and found satisfactory. The usual Class "A" test is then made with the chronograph mechanism disengaged.

Subsidiary Tests

A watch which has previously obtained a Class "A" certificate may be entered for a subsidiary retest occupying at least eight days. The watch is tested in the same positions and temperatures as those prescribed for Class "A", and the original certificate is endorsed with the date of the retest if the watch is found to be performing within Class "A" limits.

einmal mit den Genfer Grenzwerten von 1943 für Armbanduhren, so sind größere Unterschiede nur bei dem mittleren Gang zu erkennen. Bei den Grenzwerten von Kew/Teddington handelt es sich wohlgemerkt um solche für Präzisionstaschenuhren und Borduhren gleichgültig mit welchem Hemmungssystem, also auch solche mit Chronometerhemmung sowie mit Karussell oder Tourbillon. In Genf gab es außer diesen vier noch sechs weitere Fehlerarten mit entsprechenden Grenzwerten, auch für Armbanduhren (vgl. Tab. 9).

Jede Uhr, welche die Grenzwerte unterschritten hatte, erhielt einen Gangschein (Kew Certificate) und eine aufgrund ihrer Gangfehler ermittelte Punktzahl, mit der sie am Wettbewerb teilnahm. Maximal erreichbar für fehlerlose Uhren waren 100 Punkte. Bei Uhren, die mehr als 80

Punkte erreichten, wurde auf dem Gangschein der Zusatz vermerkt »especially good«. Ein Kew Class A Certificate »especially good« (Abb. 82–85) war das Traumziel jedes Präzisionsuhrmachers oder Regleurs.

Dieses Kew Certificate gab aber – anders als in der Schweiz, in Deutschland und in Frankreich – nicht das Recht, die Uhr als Chronometer bezeichnen zu dürfen. Denn England hatte sich der modernen, von der Schweiz ausgehenden Chronometerdefinition nicht angeschlossen. Hier war, wie schon gesagt, ein Chronometer nach wie vor nur eine Uhr mit einer ordentlichen Chronometerhemmung; und zwar aufgrund ihrer Bauart, also auch dann, wenn sie keine öffentliche Prüfung durchlaufen hatte.

Da an den Schweizer Observatorien vor 1941 bzw. 1943 Armbanduhren nicht zur Prüfung

und zu den Wettbewerben zugelassen waren, offenbar auch nicht ausnahmsweise in anderen Kategorien, gab es für ehrgeizige Uhrmacher vor 1927 sowie solche, denen als Nachweis der Ganggenauigkeit ihrer Armbanduhren die seit 1927 mögliche Prüfung an den offziellen Schweizer Prüfbüros nicht genügte, nur den Weg nach Teddington. Eine weitere wichtige Voraussetzung: diese Prüfung stand für Uhren aus allen Ländern offen. Nebenbei bemerkt dominierten daher seit den 20er Jahren regelmäßig die Schweizer Firmen wie Omega, Zenith und Ulysse Nardin sowie gelegentlich Paul Ditisheim, Longines, Movado und Patek Philippe mit ihren Ankerhemmungs-Taschenuhren mit neuen Metallegierungen für Unruh und Spirale die Wettbewerbe in Teddington: zwischen 1923 und 1935 waren die jeweils zehn Besten eines

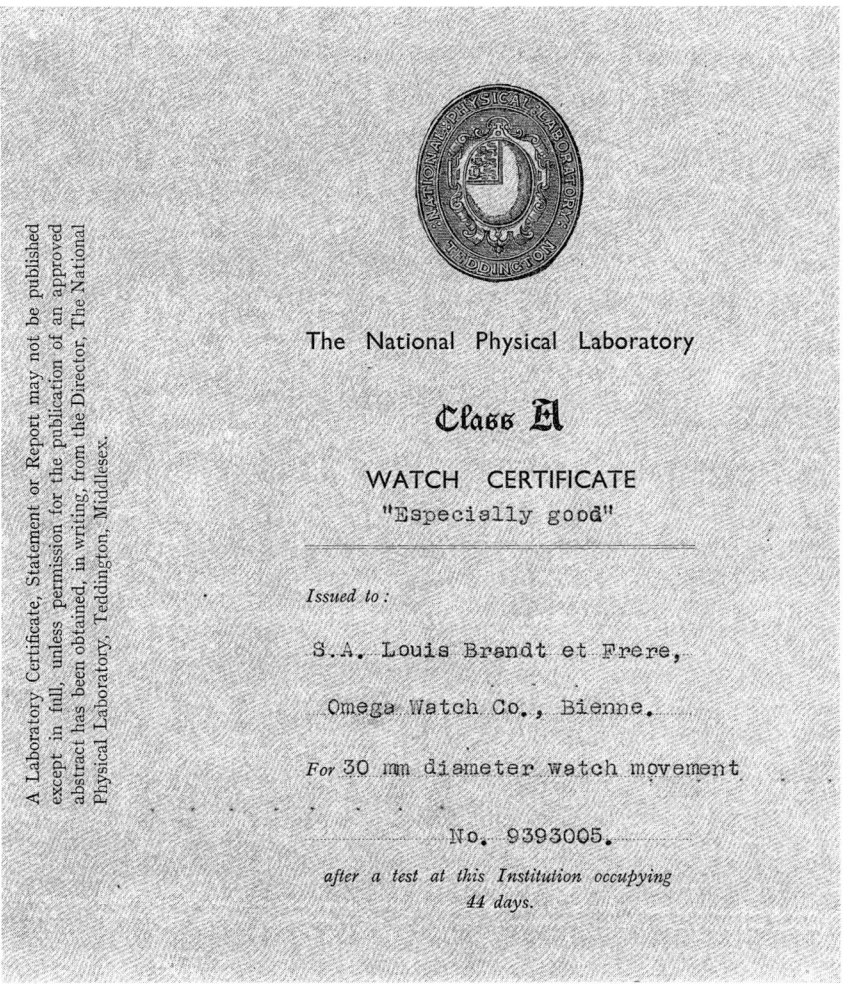

Period	Approximate Temperature	Position of Watch	Mean Rate. Seconds per day
1	67°F.	In the "initial" vertical position (see note on opposite page)	−1.0
2	67°F.	In a vertical position, turned clockwise through 90° from the "initial" position	−2.3
3	67°F.	In a vertical position, turned anticlockwise through 90° from the "initial" position	−1.1
4	42°F.	In a horizontal position, with dial up	−3.6
5	67°F.	,, ,, ,, ,, ,,	+0.5
6	92°F.	,, ,, ,, ,, ,,	+0.7
7	67°F.	In a horizontal position, with dial down	−1.2
8	67°F.	In the "initial" vertical position	−3.6

RESULTS OF TEST OF WATCH No. 9393005

Rated from 20th April to 3rd June, 1946.

Mean variation of rate (average for all periods) .... 0.28 sec. per day
Mean change of rate per 1° F. .... 0.114 ,, ,, ,,
Maximum difference between any two individual rates during the test .... 6.0 ,, ,, ,,

Note : + gaining — losing

MARKS AWARDED

In respect of consistency of rate 34.5
,, ,, *constancy of rate with change of position* 36.0
,, ,, *temperature compensation* 12.4

TOTAL MARKS 82.9

CLASS A CERTIFICATE ISSUED
"Especially good"
Date : 11th June, 1946.

Observer

C G DARWIN

Reference : 27420.

Director

The National Physical Laboratory

Class A

WATCH CERTIFICATE
"Especially good"

Issued to :

S.A. Louis Brandt et Frere,

Omega Watch Co., Bienne.

For 30 mm diameter watch movement

No. 9393005.

after a test at this Institution occupying 44 days.

A Laboratory Certificate, Statement or Report may not be published except in full, unless permission for the publication of an approved abstract has been obtained, in writing, from the Director, The National Physical Laboratory, Teddington, Middlesex.

	Kew/Teddington Taschenuhren Klasse A	Observatorium Genf: Kat. B, große Taschenuhren	Observatorium Genf: Kat. D, Armbanduhren
1.) mittlerer Gang in jeder der Perioden	2,00 sec	5,00 sec	8,00 sec
2.) Differenz der mittleren Gänge in den Perioden bei +20°C (bzw. +67°F)	10,00 sec	9,00 sec	9,00 sec
3.) Differenz der mittleren täglichen Gänge in den Lagen horizontal und vertikal	5,00 sec	4,00 sec	5,00 sec
4.) primärer Kompensationsfehler	0,30 sec pro °F	0,12 sec pro °C	0,20 sec pro °C

Jahrgangs mit nur einer Ausnahme Schweizer Provenienz. Zwischen 1923 und 1939 – der Zweite Weltkrieg unterbrach die Wettbewerbe – war die beste Uhr jedes Jahres eine Schweizer. Da es in Teddington aber aus dem anfangs erwähnten Grund kein Prüfungsprogramm für Armbanduhren gab, wurden diese den Prüfungsbedingungen für Taschenuhren unterzogen. Rolex war die erste Firma, die 1913 und 1914 je zwei Armbanduhren in Teddington prüfen ließ – für diese Firma war der Gang nach Teddington schon deswegen näherliegend als für andere Schweizer Hersteller, weil ihr Firmensitz bis 1919 London war. Von diesen vier Rolex erreichte die Nr. 492 282 als erste 1914 ein Class A Certificate (siehe Abb. 1 und 2). Erstaunlich ist, daß sie keinen Sekundenzeiger hat. Damit war erstmals nachgewiesen, daß Armbanduhren die Genauigkeit von Präzisionstaschenuhren erreichen können, was vorher mancher bezweifelt hatte. Omega erreichte 1940 mit einer Armbanduhr 90,5 Punkte; dieselbe Punktezahl, die 1921 Sidney Better mit einer seiner hochpräzisen Taschenuhren mit Tourbillon erzielt hatte.

Obwohl Omega noch einmal 1946 einen Rekord für Armbanduhren mit 92,7 Punkten aufgestellt hatte, ging die Teilnahme Schweizer Armbanduhren in Teddington, die immer nur sporadisch gewesen war und aus mehr oder weniger spektakulären Einzelaktionen zu Werbezwecken bestanden hatte, seit der Einrichtung

von Prüf- und Wettbewerbsmöglichkeiten an den Schweizer Observatorien ganz zurück. Als Folge ließ das NPL bei einer Änderung der Prüfungsbedingungen im Jahre 1951 nur noch Präzisionstaschenuhren zur Prüfung zu.

Vereinigte Staaten von Amerika

Wenden wir uns schließlich noch den USA als einem der großen Uhrenproduktionsländer zu. Was den militärischen Bereich betraf, so war die Prüfung und Betreuung der Chronometer eine Aufgabe des im Jahre 1830 gegründeten Marine-Observatoriums (U. S. Naval Observatory) in Washington D. C. Die Chronometerprüfungen für Marinechronometer, später auch für Deckuhren, waren am englischen Vorbild Greenwich orientiert. Das war auch verständlich angesichts der allgemein engen Beziehungen zu England. Außerdem deckten die Amerikaner ihren Bedarf an Marinechronometern bis weit ins 20. Jahrhundert hinein durch den Import englischer Instrumente oder Rohwerke. Amerikanische Chronometer-Bauer tauchten in größerer Zahl erst gegen Ende des 19. Jahrhunderts auf, abgesehen von Einzelpersönlichkeiten wie William Bond, der ab etwa 1812 einzelne Marinechronometer fertigte; John Bliss, der seit 1840 mit eigenen Instrumenten auftrat und Thomas S. Negus, dessen New Yorker Firma seit 1848 bezeugt ist.

Auch bei dem Bestreben der selbst an präzisen Armbanduhren, besonders an Chronographen, interessierten Navy gegen Ende des Zweiten Weltkrieges, den Chronometerbegriff – auch für Armbanduhren – zu definieren, war Englands Einfluß unverkennbar: da als Chronometer nach wie vor nur ein Zeitmesser mit Chronometer-(Feder- bzw. Wippen-)hemmung und Schnecke mit Kette galt, tat man sich mit dieser Definition, die die Grundlage für eine Chronometerprüfungsordnung unter Einschluß von Armbanduhren hätte werden sollen, sehr schwer und gab das Vorhaben schließlich auf. Dasselbe im zivilen Bereich: Am U. S. National Bureau of Standards, welches bis 1955 Uhren für die Verwaltung und die Öffentlichkeit prüfte, gab es keine Prüfungsordnung und keine Chronometerprüfungen für Armbanduhren.

Es ist schon erstaunlich angesichts einer so umfangreichen, leistungsfähigen Armbanduhrenindustrie wie der der USA – auch wenn diese überwiegend an Massenproduktion, also mehr an Quantität denn an Qualität, orientiert war –, daß offenbar kein größerer Bedarf an amtlich geprüfter und bescheinigter Ganggenauigkeit der Armbanduhren bestand. Es ist noch erstaunlicher, wenn man etwa bei den Taschenuhren die Geschichte der Eisenbahneruhr betrachtet: hier haben eine Reihe von miteinander konkurrierenden Privatbetrieben, nämlich die Eisenbahngesellschaften, gemeinsam aus dem drängenden Bedürfnis nach genau gehenden Uhren heraus Qualitätsstandards mit einem Grenzwert für die von ihren Angestellten benutzten Taschenuhren entwickelt. Warum gab es eine ähnliche Entwicklung nach dem Ende der Ära der Taschenuhr nicht auch bei den Armbanduhren? Wir können diese Frage hier nur stellen, nicht aber beantworten, und wollen dazu nur eine Vermutung äußern: Es scheint, als habe die amerikanische Armbanduhrenindustrie nach dem Zweiten Weltkrieg, bis auf einige große Firmen, weitgehend aufgehört zu produzieren. Die USA scheinen sich danach zum größeren Teil auf Armbanduhrenimporte aus der Schweiz, später auch aus Japan, verlassen zu haben. Zum Beispiel stellte die Chambre suisse d'Horlogerie 1950 fest, die USA seien seit langem ihre besten und wichtigsten Kunden, das heißt das bedeutendste Importland von Schweizer Uhren. In diesem Jahr erzielte die Schweizer Uhrenindustrie über ein Drittel ihres Exporterlöses, nämlich 256 Millionen Schweizer Franken, aus Uhrenexporten in die USA.

Elektrische Armbandchronometer

Dieses Buch handelt von den mechanischen Armbandchronometern. So steht es im Untertitel, und dabei soll es auch bleiben. Aber es wäre nicht ganz rund und komplett und würde, besonders unter den Aspekten des Chronometergedankens und der möglichst vollständigen Auswertung der Jahresberichte der Schweizer Observatorien und offiziellen Prüfbüros, unter einer unnötigen (wiewohl selbst gewählten) Einschränkung leiden, wenn nicht am Schluß wenigstens kurz die nachfolgenden Generationen der elektrischen und elektronischen Armbandchronometer zur Sprache kämen. Der dadurch entstehende Widerspruch erscheint erträglich.

Bei der Entstehung der elektrischen und elektronischen Armbanduhren sind bisher drei Entwicklungslinien unterschieden worden:

Als erste die elektromechanische Armbanduhr, bei welcher der konventionelle Gangregler, Unruh mit Spirale, erhalten blieb, und der bisherige Antrieb, die gespannte Zugfeder, durch einen elektrischen Antrieb ersetzt wurde.

Die zweite Entwicklungslinie war der Ersatz auch des mechanischen Gangreglers, und zwar zunächst durch ein schneller schwingendes, stimmgabelähnliches Schwingelement. Die dritte und bisher letzte Entwicklung war der schwingende Quarz als Gangregler.

Die erste elektro-mechanische Armbanduhr brachte Hamilton 1957 in Amerika auf den Markt. Im Jahr darauf folgte die erste Schweizer Armbanduhr nach diesem Prinzip (mit dem Ebauche-Kaliber L 4750 von Landeron), die als erste elektrische Armbanduhr Chronometerzertifikate der B. O. erreichte. In Deutschland war die erste elektronische, kontaktlos transistorgesteuerte Armbanduhr, die Chronometerzertifikate bei der Uhrenprüfstelle des Landesgewerbeamtes Stuttgart erzielte, das 1967 auf den Markt gebrachte Modell »Dato-Chron« von Junghans (Abb. 162 a, b).

1960 kam als erster Typ der Generation der Stimmgabeluhren die Bulova Accutron auf den Markt. Bulova hat jedoch keine Uhren dieses Typs zu Chronometerprüfungen eingereicht. Es gibt also keine Armbandchronometer der Bulova Accutron, jedoch von anderen Firmen mit von Bulova lizenzierten Stimmgabelwerken (z. B. Omega). Ab 1968/69 schließlich begann der Siegeszug der Quarzuhr.

Bei den Chronometerwettbewerben tauchen elektronische Armbanduhren erst mit erhebli-

cher Verzögerung auf: erstmals 1966 nahmen acht Stimmgabel-Armbanduhren am Observatorium Neuchâtel teil, sieben von ihnen hatten Ébauche-Werke. Ihre Gangleistungen unterschieden sich kaum von denen der mechanischen Armbandchronometer.

Im Jahre 1967 nahmen zum ersten (und letzten) Mal Quarzarmbanduhren an den Wettbewerben in Neuchâtel teil, bei denen es sich vermutlich um Prototypen handelte. 16 Stück waren es, hergestellt von Seiko und dem Centre Electronique Horloger (C. E. H.), denen 11 Stimmgabeluhren von den Ébauches und wieder dem C. E. H. gegenüberstanden. Im Rapport von 1967 werden die erreichten Punktzahlen der verschiedenen Uhrengattungen aufschlußreich nebeneinander gestellt: die beste Quarzuhr erreichte 0,152 Punkte, die beste Stimmgabeluhr 0,93 Punkte und die beste mechanische 1,73 Punkte. Ein eindrucksvoller Beweis für die Ganggenauigkeit der erst am Beginn ihrer Entwicklung stehenden Quarzuhr: sie hat die bei Einführung der Punktwertung nur theoretisch für möglich gehaltene ideale Punktzahl null fast erreicht. Interessant ist auch der Hinweis im Rapport von 1967 auf die Stimmgabeluhren der Ébauches: deren gutes Abschneiden zeige, daß man den Lagenfehler dieser Uhren offenbar inzwischen beherrsche.

Bei den Genfer Wettbewerben erscheinen die beiden ersten elektronischen Armbanduhren ein Jahr später als in Neuchâtel, 1967. Sie besetzen zwar die ersten Plätze, aber mit 59,62 und 59,50 Punkten ohne besonders aufregenden Vorsprung vor dem ersten mechanischen Chronometer (56,42 Punkte). Im folgenden Jahr 1968 nahmen drei Quarzuhren teil und besetzten wieder die ersten Plätze. Da die Observatoriumswettbewerbe 1967/68 beendet wurden, war die Wettbewerbskarriere der elektronischen Armbandchronometer nur von kurzer Dauer. Elektro-mechanische Armbanduhren, deren Gangleistungen kaum besser waren als die der mechanischen, sind offenbar gar nicht eingereicht worden.

Anders bei den offiziellen Schweizer Prüfbüros, bei denen elektronische Armbanduhren erstmals 1962 Zertifikate erlangten, und zwar in zunächst bescheidener Anzahl: 25 Stück von den Ébauches, wahrscheinlich mit dem Landeron-Kaliber L 4750, und eine von Zila aus La Heutte. Im Jahr darauf kamen zwei Armbanduhren von der Uhrmacherschule in St. Imier hinzu, und 1964 zwei weitere von der Uhrmacherschule Neuchâtel.

Die Tabelle 87 zeigt, daß die Anzahl (und die Prozentsätze) der elektronischen Armbandchronometer rasch stieg und 1972/73 ihren Höhepunkt erreichte. Ihr Anteil an der jährlichen Gesamtzahl der Armbandchronometer überstieg jedoch nie ein Drittel. Zwischen 1979 und 1986 sind zwar überwiegend fünfstellige Stückzahlen zu beobachten, insgesamt ist der Rückgang der Quarz-Armbandchronometer aber deutlich ablesbar. Der Grund dafür wird fehlende Nachfrage sein: da heute jede billige Quarzuhr so selbstverständlich chronometergenau geht, hat eine Chronometerprüfung mit Zertifikat für die Käufer keine Bedeutung mehr.

Zu den beteiligten Firmen ist zu sagen, daß seit Beginn der 70er Jahre wiederum Omega der Marktführer war und erst in den letzten Jahren nachließ, aber auch hier noch die Hälfte aller Quarz-Chronometer jährlich stellte. Von 1970 bis zur Mitte der 70er Jahre hat Omega nahezu ausschließlich komplizierte Quarz-Chronometer zur Prüfung eingereicht.

Das bekannteste Quarz-Chronometermodell von Omega war die 1974 auf den Markt gekommene Megaquartz 2400 »Marine-Chronometer«, eine relativ große, rechteckige Armbanduhr, deren Ganggenauigkeit mit maximal 1 sec/Monat alle damaligen Quarzarmbanduhren übertraf. Omega warb damit, daß zwei dieser Megaquartz 2400 am Observatorium Neuchâtel als erste Armbanduhren der Welt die Chronometerprüfung in der Klasse der Marinechronometer bestanden hatten. Anscheinend hat Omega für diese Uhren aber nicht in jedem Einzelfall die Chronometerprüfung bei den offiziellen Prüfbüros durchführen lassen, weshalb sie auch nicht die übliche Bezeichnung »Chronometer« auf dem Zifferblatt tragen.

87 Die offiziellen Schweizer Prüfbüros, Anteil der elektronischen Armbandchronometer an den Prüfungen sowie Anteil von Omega

Jahr	Anzahl der mechanischen Armbandchronometer	Anzahl (und Prozentsatz) der elektronischen Armbandchronometer	Anteil (und Prozentsatz) von Omega an den elektronischen Armbandchronometern
1962	125 010	26 (0,02%)	2
1965	243 142	21 (0,008%)	2 (10%)
1966	280 837	27 (0,009%)	8 (30%)
1967	321 799	532 (0,16%)	—
1968	387 543	3 279 (0,8%)	5 (0,1%)
1969	449 559	1 315 (0,3%)	8 (0,6%)
1970	424 880	7 858 (1,8%)	6 915 (88%)
1971	443 922	71 671 (16%)	66 948 (93%)
1972	364 818	122 059 (33%)	116 925 (96%)
1973	517 078	159 779 (31%)	153 933 (96%)
1982	243 715	24 328 (10%)	12 518 (51%)
1987	439 384	14 156 (3%)	6 414 (45%)
1988	454 866	4 781 (1%)	ca. 3 000 (ca. 60%)

87a Werkdetail eines LIP-Chronometer Electronic

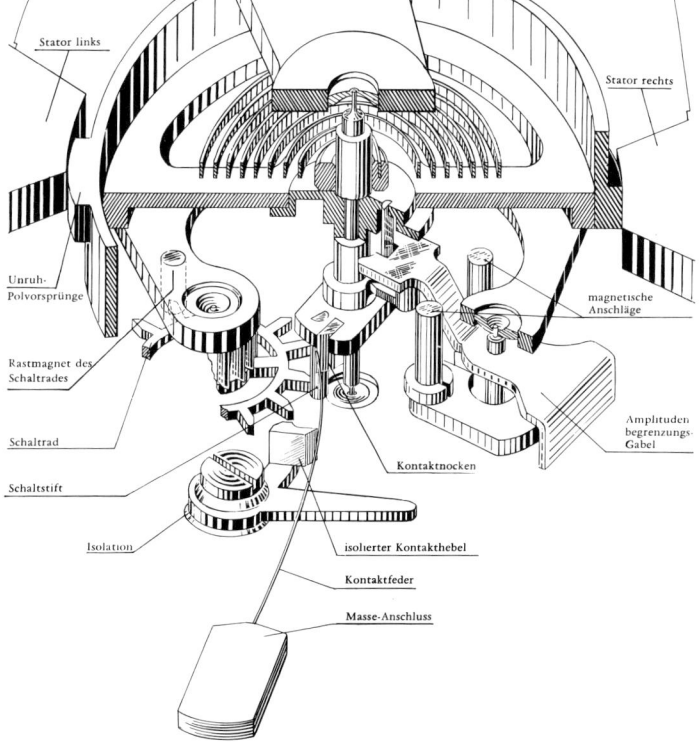

Stator links
Stator rechts
Unruh-Polvorsprünge
magnetische Anschläge
Rastmagnet des Schaltrades
Amplitudenbegrenzungs-Gabel
Schaltrad
Kontaktnocken
Schaltstift
Isolation
isolierter Kontakthebel
Kontaktfeder
Masse-Anschluss

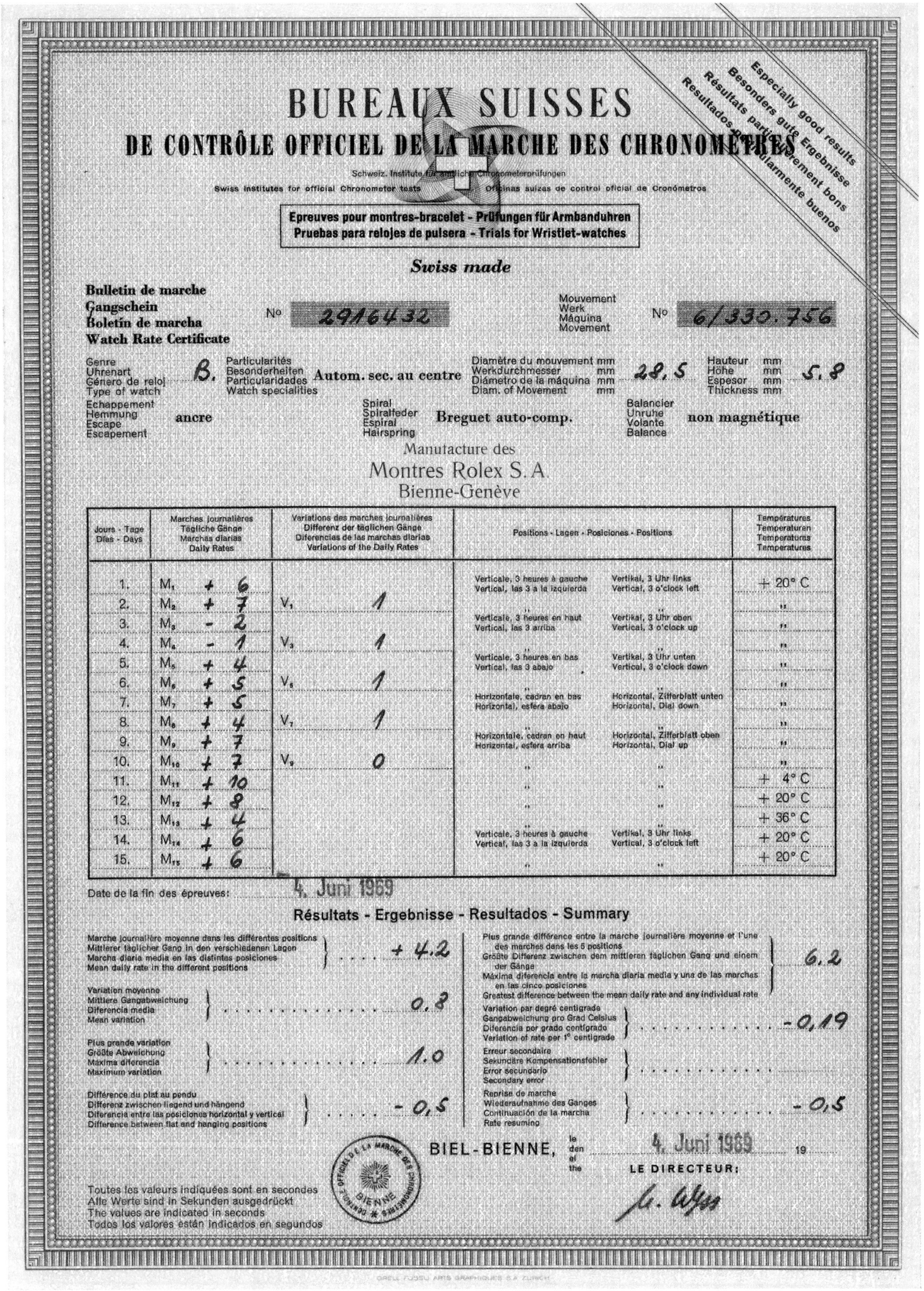

Die Uhren

Sammlerfragen, Gangleistungen von Armbandchronometern

Die Beschäftigung mit dem Thema über längere Zeit hinweg und das Sammeln von Armbandchronometern führen nahezu zwangsläufig zu der Frage, welche Gangleistungen diese Uhren wohl heute haben mögen; ob sie die Chronometerprüfung auch heute noch bestehen würden. Oder unter welchen Voraussetzungen sie sie heute noch, oder wieder, bestehen würden.

Die erste Erfahrung des Sammlers mit einem gerade erworbenen Armbandchronometer etwa aus den 50er Jahren wird nach einigen Tagen Gangbeobachtung, denen tunlichst ein Reinigen und Ölen vorausgegangen sein sollte, die sein, daß das gute Stück recht erhebliche Gangabweichungen und einen Lagenfehler von bis zu einer Minute zwischen horizontal und vertikal hat. Denn die Chronometereigenschaft bzw. die Feinstellung einer Armbanduhr ist, wie bereits in der Einleitung erwähnt, etwas Flüchtiges, das durch eine unsensible oder unerfahrene Hand im Handumdrehen zerstört werden kann. Die Wahrscheinlichkeit, daß eine über 30 Jahre alte Armbanduhr in der Zwischenzeit durch häufiges Tragen abgenutzt und ihre Reglage nicht mehr vorhanden ist, sie vielleicht sogar durch einen Fall oder durch unsachgemäße Behandlung erheblich funktionsgestört ist, daß sie einmal ins Wasser gefallen ist oder durch Kondenswasser Rost angesetzt hat, der nur teilweise entfernt wurde – diese Wahrscheinlichkeit ist ziemlich hoch.

Die zweite und positive Erfahrung ist aber, daß eine nicht mehr vorhandene Feinstellung durch einen erfahrenen Uhrmacher in den meisten Fällen wieder herstellbar ist. Man muß sich nur den richtigen Uhrmacher suchen und etwas Zeit und Geld mitbringen.

Es war daher das Ziel des Autors, jedes erworbene Armbandchronometer wieder in einen Zustand zu versetzen, der – unter Berücksichtigung des Erhaltungszustandes – das mögliche Maximum an Ganggenauigkeit erbringt; sie sollte im Idealfall der ursprünglichen Ganggenauigkeit der Uhr im fabrikneuen Zustand, die uns allerdings nicht bekannt ist, so nahe wie möglich kommen. Diese ursprüngliche Ganggenauigkeit war (ungünstigstenfalls) durch die Grenzwerte der Chronometerprüfungen bestimmt, die ja häufig geändert wurden. Der Autor hat daher bei seinen Armbandchronometern zunächst eine Überholung und wenn erforderlich (und das war meistens der Fall) Nachregulierungen und bestimmte Arbeiten wie Auswiegen der Unruh, Nacharbeiten der Unruhwellenzapfen, Korrekturen an Spirale und Rückerstiften u. a. in Verbindung mit ständigen Gangkontrollen durchführen lassen. Anschließend, wenn das Ergebnis zufriedenstellend war, wurde die Chronometerprüfung nach den zur Herstellungszeit der jeweiligen Uhr gültigen Bedingungen der Schweizer B. O. wiederholt. Die Ergebnisse dieser Arbeit werden im Anschluß vorgestellt.

Für diese Prüfung wurde ein handliches Formblatt für einen neutralen Gangschein entwickelt (siehe Tab. 107), das in der Mitte gefaltet werden kann und auf der linken Seite die Aufzeichnung der Gangbeobachtungen sowie rechts über die jeweilige Formel die Errechnung des Fehlers ermöglicht und den direkten Vergleich des Fehlers mit dem danebenstehenden zulässigen Grenzwert möglich macht. Als Grenzwerte sind in diesem Formblatt diejenigen des Prüfungszeitraumes 1961–73 angegeben, aus dem die Mehrzahl der erhaltenen Armbandchronometer stammen dürfte. Will man ein älteres oder jüngeres Armbandchronometer prüfen, so sind hier natürlich die zur Herstellungszeit der Uhr gültigen Grenzwerte aus Tabelle 39 zu übernehmen. Dieses Formblatt kann vom Leser bei Bedarf fotokopiert und für eigene Gangkontrollen benutzt werden. Es ist deswegen ganz neutral gehalten, damit es nicht mit einem der offiziellen Gangscheine verwechselt werden kann. Denn es sei hier hinzugefügt, daß eine Armbanduhr, die heute nach den Bedingungen der Prüfbehörden geprüft wird, auch dann nicht zu einem Chronometer wird, wenn sie diese Prüfung besteht. Chronometer ist oder wird eine Armbanduhr nur dann, wenn sie die Prüfung bei einem der offiziellen Prüfbüros bestanden und von dort einen Gangschein erhalten hat.

Die Fehlerarten

Zuvor ist es jedoch notwendig, die den Prüfungen zugrundeliegenden und bisher schon häufiger zur Sprache gekommenen Fehlerarten etwas näher zu betrachten. Denn das Verständnis der Fehlerarten macht den Umgang mit ihnen bei der Prüfung leichter.

Der Sinn dieser genau definierten Fehlerarten ist leicht einsehbar: er dient der Schaffung einer für den Vergleich mit anderen Uhren notwendigen Vergleichsbasis. Diese theoretischen Fehlerdefinitionen sind, wenngleich sie die Situation der getragenen Uhr möglichst realistisch nachvollziehen sollten, immer etwas praxisfern; müssen dies notgedrungen sein, denn die Praxis läßt sich im Prüflabor nur bedingt simulieren. Sie stellen also Kompromisse dar. Dies muß man sich, wenn man einmal über den Sinn oder Nutzen des einen oder anderen Fehlers nachdenkt, immer vor Augen halten.

Bei den Prüfungen der Schweizer B. O. hatte man sich auf zunächst sechs, ab 1961 dann sieben Fehlerarten geeinigt (siehe Tab. 39). An den Observatorien Genf und Neuchâtel wurden zehn bzw. elf Fehlerarten geprüft, an dem speziellen Genfer Prüfbüro waren es acht Fehlerarten (siehe Tab. 68). Wir wollen uns hier auf die sieben Fehlerarten der Schweizer B. O. konzentrieren, weil sie sich bei Prüfungen von Armbanduhren international durchgesetzt haben.

1.) Der mittlere tägliche Gang

Wenn der Stand einer Uhr die momentane Zeigerstellung ist, so ist der tägliche Gang die Differenz der Standunterschiede innerhalb von 24 Stunden. Bei den Prüfungen der B. O. wurde als mittlerer täglicher Gang das Mittel der Gänge der ersten zehn Prüfungstage gewertet, an denen die Uhren für jeweils zwei Tage fünf verschiedenen Lagen ausgesetzt waren. Dieser Wert ist der für den Träger der Uhr wichtigste,

89 Goldenes Armbandchronometer von Zenith, um 1960, 13liniges rhodiniertes Werk des Kalibers 135 mit Genfer Streifen, Werk-Nr. 4 250 915, 19 Steine.

Stand	täglicher Gang	tägliche Gangabweichung	Lage	Temp. °C	Art des Fehlers	Fehler	Grenzwert mit / ohne Auszeichnung
$E_1 = +2,50$					1.) mittlerer täglicher Gang in den 5 Lagen	$+0,90$	$-3,00/+12,00$ / $-3,00/+12,00$
$E_2 = +7,00$	$M_1 = +4,50$		9 re	20°			
$E_3 = +11,00$	$M_2 = +4,00$	$V_1 = 0,50$	9 re	20°	2.) mittlere tägliche Gangabweichung in den 5 Lagen	$0,60$	$4,00$ / $6,00$
$E_4 = +5,00$	$M_3 = -6,00$		9 u	20°			
$E_5 = -1,00$	$M_4 = -6,00$	$V_3 = 0$	9 u	20°			
$E_6 = -2,00$	$M_5 = -1,00$		9 o	20°	3.) größte Gangabweichung	$1,00$	$7,00$ / $10,00$
$E_7 = -2,00$	$M_6 = 0$	$V_5 = 1,00$	9 o	20°			
$E_8 = 0$	$M_7 = +2,00$		Z u	20°	4.) Differenz zwischen horizontal (Zo) und vertikal (9 re)	(o)	—
$E_9 = +3,00$	$M_8 = +3,00$	$V_7 = 1,00$	Z u	20°			
$E_{10} = +7,00$	$M_9 = +4,00$		Z o	20°	5.) größte Differenz zwischen dem mittleren täglichen Gang und einem der Gänge in den 5 Lagen	$-6,90$	$\pm16,00$ / $\pm22,00$
$E_{11} = +11,50$	$M_{10} = +4,50$	$V_9 = 0,50$	Z o	20°			
$E_{12} = +12,00$	$M_{11} = +0,50$		Z o	4°			
$E_{13} = +16,50$	$M_{12} = +4,50$		Z o	20°	6.) Primärer Kompensationsfehler pro °C	$+0,18$	$\pm0,70$ / $\pm1,00$
$E_{14} = +23,00$	$M_{13} = +6,50$		Z o	36°			
$E_{15} = +26,00$	$M_{14} = +3,00$		9 re	20°	7.) Wiederaufnahme des Ganges	$-0,25$	$\pm\ 7,00$ / $\pm10,00$
$E_{16} = +30,00$	$M_{15} = +4,00$		9 re	20°			

da eine Uhr um so genauer die richtige Zeit anzeigt, je niedriger ihr täglicher Gang ist.

2.) Die mittlere tägliche Gangabweichung in den fünf Lagen

Die Gangabweichung ist die Differenz der täglichen Gänge. Sie wird auch Gangschwankung oder -variation genannt. Sie zeigt an, ob die Uhr konstant vor- oder nach- oder richtig geht, oder ob sie mal schneller, mal langsamer ist. Mehr als der tägliche Gang entlarvt dieser Fehler die Qualität und Zuverlässigkeit, die dauerhafte Gangleistung einer Uhr. Bei Marinechronometern, die längere Zeit ohne Vergleichsmöglichkeit mit einer Normaluhr auf See waren, war dies der wichtigste Fehler. Denn wenn sie eine konstante und bekannte Gangabweichung hatten, so konnte der jeweilige Stand, also die Uhrzeit, errechnet werden. Bei der mittleren täglichen Gangabweichung wird der Mittelwert aus den fünf Einzelwerten genommen, die sich bei den jeweils zweitägigen Perioden in den Lagen ergeben. Eine zuverlässige Aussage über die Gangabweichung einer Uhr ist mit so wenigen Werten natürlich nicht möglich, denn zu viele Einflüsse können den einzigen Wert in jeder Lage verfälschen.

Ein guter, möglichst konstanter Wert für die Gangabweichung hat für den Träger der Uhr den Nachteil, daß der konstante Fehler, auch wenn er niedrig ist, sich gnadenlos tagtäglich zu einer schließlich doch spürbaren Standabweichung summiert. Wogegen ein schlechter, das heißt schwankender Wert für den Träger der Uhr den Vorteil hat, daß der Fehler durch ständigen Ausgleich niedrig bleiben kann.

3.) Die größte Gangabweichung

Dies ist der größte der in den fünf Lagen ermittelten Einzelwerte.

4.) Die Differenz zwischen horizontal (Zifferblatt oben) und vertikal (die 9 rechts)

Für die Ermittlung des Lagenfehlers gibt es mehrere Wege. Der eine ist der hier gewählte, nämlich die Ermittlung der Gangunterschiede zwischen den beiden Hauptlagen. Dieser Lagenfehler wurde daher an der Deutschen Seewarte auch Hauptlagenfehler genannt. Die zweite Art, den Lagenfehler auszudrücken, ist

5.) Die größte Differenz zwischen dem mittleren täglichen Gang und einem der Gänge in den fünf Lagen.

Durch 4.) wird der mittlere Lagenfehler ausgedrückt, durch 5.) der größte Lagenfehler. Letzterer war immer eine erhebliche Hürde für alle Armbanduhren und daher mit den höchsten Grenzwerten von allen versehen: In dem Prüfungszeitraum 1932–42 betrug er 50 Sekunden, wurde bei der nächsten Änderung 1942 aber auf die Hälfte gesenkt. Auch bei den heutigen, seit 1973 geltenden Grenzwerten ist er mit 10 Sekunden der höchste (siehe Tab. 39). Eine andere, wahrscheinlich realistischere Methode zur Ermittlung des größten Lagenfehlers wäre die Feststellung der größten Differenz zwischen den

90 Armbandchronometer im Stahlgehäuse von Girard-Perregaux, Typ Chronometer HF (high frequency, d. h. Schnellschwinger) mit 36 000 Halbschwingungen pro Stunde, um 1975. Rhodiniertes Automatikwerk Nr. 421 783 mit kugelgelagertem Rotor (Gyromatik), 39 Steine

Stand	täglicher Gang	tägliche Gangabweichung	Lage	Temp. °C
$E_1 = +5,20$				
$E_2 = +7,30$	$M_1 = +2,10$		9 re	20°
$E_3 = +9,40$	$M_2 = +2,10$	$V_1 = 0$	9 re	20°
$E_4 = +8,50$	$M_3 = -0,90$		9 u	20°
$E_5 = +6,90$	$M_4 = -1,60$	$V_3 = 0,70$	9 u	20°
$E_6 = +13,50$	$M_5 = +6,60$		9 o	20°
$E_7 = +19,10$	$M_6 = +5,60$	$V_5 = 1,00$	9 o	20°
$E_8 = +22,20$	$M_7 = +3,10$		Z u	20°
$E_9 = +25,80$	$M_8 = +3,60$	$V_7 = 0,50$	Z u	20°
$E_{10} = +24,80$	$M_9 = -1,00$		Z o	20°
$E_{11} = +25,00$	$M_{10} = +0,20$	$V_9 = 1,20$	Z o	20°
$E_{12} = +24,40$	$M_{11} = -0,60$		Z o	4°
$E_{13} = +25,80$	$M_{12} = +1,40$		Z o	20°
$E_{14} = +25,50$	$M_{13} = -0,30$		Z o	36°
$E_{15} = +33,80$	$M_{14} = +8,30$		9 re	20°
$E_{16} = +36,80$	$M_{15} = +3,00$		9 re	20°

Art des Fehlers	Fehler	Grenzwert $\frac{\text{mit}}{\text{ohne}}$ Auszeichnung
1.) mittlerer täglicher Gang in den 5 Lagen	+1,98	$\frac{-1,00/+10,00}{-3,00/+12,00}$
2.) mittlere tägliche Gangabweichung in den 5 Lagen	0,68	$\frac{2,20}{3,20}$
3.) größte Gangabweichung	1,20	$\frac{6,00}{9,00}$
4.) Differenz zwischen horizontal (Zo) und vertikal (9 re)	+2,50	$\frac{\pm\,8,00}{\pm 12,00}$
5.) größte Differenz zwischen dem mittleren täglichen Gang und einem der Gänge in den 5 Lagen	+4,62	$\frac{\pm 12,00}{\pm 18,00}$
6.) Primärer Kompensationsfehler pro °C	+0,009	$\frac{\pm 0,60}{\pm 1,00}$
7.) Wiederaufnahme des Ganges	+0,90	$\frac{\pm 5,00}{\pm 9,00}$

Gängen in zwei verschiedenen Lagen. Dieser von der früheren Deutschen Seewarte als Gesamtlagenfehler bezeichnete und ausgedrückte Wert wurde unseren Armbandchronometern in der Beschreibung immer beigegeben. Daß man in der Schweiz die Definition nach 5.) wählte, hat vielleicht optische Gründe, denn diese Werte sind immer niedriger als diejenigen für die tatsächlich größte Differenz, nämlich die zwischen den Gängen in zwei verschiedenen Lagen.

6.) Der primäre Kompensationsfehler pro °C
Damit wird der Temperaturfehler einer Uhr ausgedrückt, und zwar nicht als absoluter Wert, sondern als Wärmefaktor, das heißt als Gangfehler für 1 °C Temperaturänderung. Wie bei dem größten Lagenfehler wird auch diese Fehlerdefinition teilweise optische Gründe gehabt haben, denn so ist der Temperaturwert, da nur auf 1 °C bezogen, immer wohltuend niedrig! Der mit diesem Faktor erweckte Eindruck, daß sich der Temperaturfehler gleichmäßig mit der Tem-

peratur ändert, ist jedoch stark vereinfacht. Denn wir wissen, daß dies nur für die beiden Prüftemperaturen +4° (Kälte) und +36° (Wärme) gilt, für welche die Uhren geeicht sind. In dem Bereich zwischen diesen beiden Grenztemperaturen und jenseits davon kann der Temperaturfehler ganz anders sein. Diese Erscheinung wird der sekundäre Temperaturfehler genannt, der zwar an den verschiedenen Observatorien und dem Genfer Prüfbüro geprüft wurde, nicht aber an den Schweizer B. O. und den an deren Reglement orientierten übrigen europäischen Prüfstellen.
Zur Ermittlung des sekundären Temperaturfehlers wurde die Differenz gebildet zwischen dem Gang bei Mitteltemperatur (+20°C) und dem Mittelwert der Gänge bei +36°C und +4°C:

$$\left(M_{12} - \frac{M_{13} + M_{11}}{2}\right).$$

7.) Die Wiederaufnahme des Gangs
Da eine Uhr durch die Temperaturprüfungen

erheblichen Störungen ausgesetzt ist, kann ihr Gang anschließend sehr verschieden sein von dem zu Beginn der Prüfung. Der Erfassung dieses Verhaltens, das bei einer Präzisionsuhr nicht sein dürfte, gilt die letzte Fehlerart. Man ermittelt dazu die Differenz der durchschnittlichen Gänge der ersten und letzten Periode, die die gleiche Lage und Mitteltemperatur haben. Dabei wird von der letzten Periode (M_{14}, M_{15}) nur der zweite Tag berücksichtigt, um der Uhr nach der Temperaturprüfung einen Ruhetag zu gönnen.
Nach der Erläuterung der Fehlerarten soll ein kurzer Blick auf die Grenzwerte geworfen werden (siehe auch S. 28 f.). In der Tabelle 39 ist erkennbar, daß diese bei jeder der zahlreichen Änderungen niedriger, also verschärft wurden. Das war ein Zeichen für die ständig fortschreitenden Verbesserungen bei der Fertigung (durch größere Maßhaltigkeit der Einzelteile) und der Reglage von Armbanduhren. Eine Ausnahme machte hier nur der größte Lagenfehler, der

Stand	täglicher Gang	tägliche Gang-abweichung	Lage	Temp. °C
$E_1 = +0,50$				
$E_2 = -0,50$	$M_1 = -1,00$	$V_1 = 0,50$	9 re	20°
$E_3 = -1,00$	$M_2 = -0,50$		9 re	20°
$E_4 = -4,50$	$M_3 = -3,50$	$V_3 = 1,00$	9 u	20°
$E_5 = -7,00$	$M_4 = -2,50$		9 u	20°
$E_6 = -6,75$	$M_5 = +0,25$	$V_5 = 1,25$	9 o	20°
$E_7 = -7,75$	$M_6 = -1,00$		9 o	20°
$E_8 = -5,50$	$M_7 = +2,25$	$V_7 = 0,75$	Z u	20°
$E_9 = -2,50$	$M_8 = +3,00$		Z u	20°
$E_{10} = -5,25$	$M_9 = -2,75$	$V_9 = 2,75$	Z o	20°
$E_{11} = -10,75$	$M_{10} = -5,50$		Z o	20°
$E_{12} = -18,00$	$M_{11} = -7,25$		Z o	4°
$E_{13} = -24,50$	$M_{12} = -6,50$		Z o	20°
$E_{14} = -27,25$	$M_{13} = -2,75$		Z o	36°
$E_{15} = -28,25$	$M_{14} = -1,00$		9 re	20°
$E_{16} = -30,00$	$M_{15} = -1,75$		9 re	20°

Art des Fehlers	Fehler	Grenzwert mit/ohne Auszeichnung
1.) mittlerer täglicher Gang in den 5 Lagen	$-1,00$	$-1,00/+10,00$ / $-3,00/+12,00$
2.) mittlere tägliche Gangabweichung in den 5 Lagen	$1,25$	$2,20$ / $3,20$
3.) größte Gangabweichung	$2,75$	$6,00$ / $9,00$
4.) Differenz zwischen horizontal (Zo) und vertikal (9 re)	$+3,35$	$\pm 8,00$ / $\pm 12,00$
5.) größte Differenz zwischen dem mittleren täglichen Gang und einem der Gänge in den 5 Lagen	$-4,50$	$\pm 12,00$ / $\pm 18,00$
6.) Primärer Kompensationsfehler pro °C	$-0,14$	$\pm 0,60$ / $\pm 1,00$
7.) Wiederaufnahme des Ganges	$-1,00$	$\pm 5,00$ / $\pm 9,00$

zunächst trotz des hohen Grenzwertes von 25 sec offenbar ein erhebliches Hindernis war und daher 1932 kurzerhand verdoppelt wurde. Bei der nächsten Grenzwertänderung im Jahre 1942 – der drastischsten Verschärfung überhaupt, da fast alle Grenzwerte halbiert wurden – wurde er, als offensichtlich zu fabrikantenfreundlich, auf fast das alte Maß (26 sec) zurückgeführt. Dies zeigt, zusammen mit der Tatsache, daß ein Grenzwert für den mittleren Lagenfehler erst im Jahre 1961 eingeführt wurde, die schon erwähnten Schwierigkeiten, die Hersteller und Regleure mit dem Lagenfehler bei Armbanduhren hatten.

Allgemein ist die Größe der Grenzwerte im Vergleich zueinander ein Anzeichen für die Schwierigkeiten, die die Beherrschung eines Fehlers Fabrikanten und Regleuren bereitete. Nach den Lagenfehlern, die immer die höchsten Grenzwerte hatten, kam der tägliche Gangfehler mit dem nächstniedrigen Grenzwert (der in den zeitweise geführten Statistiken der B. O. mit 33% aller Versager der häufigste Fehler war), dann folgte in der Grenzwerthierarchie die maximale Gangabweichung, darauf die Wiederaufnahme des Ganges, und der Fehler mittlere Gangabweichung. Den niedrigsten Wert hatte der Temperaturfehler, weil er als Faktor für 1 °C Temperaturveränderung ausgedrückt wurde.

In der Zeit zwischen 1942 und 1973 gab es für jeden Fehler zwei Grenzwerte; einen hohen und einen niedrigen. Wurden von einer Uhr alle niedrigen Grenzwerte unterschritten, die allgemein zwischen 50 und 75% niedriger waren, so hatte diese die Prüfung mit Auszeichnung (avec mention) bestanden, bei Überschreiten eines oder mehrerer dieser niedrigen Werte, aber Unterschreiten aller hohen Grenzwerte hatte die Uhr nur »bestanden« (sans mention). Es gab also faktisch zwei Klassen von Armbandchronometern: eine schlechtere ohne und eine bessere mit Auszeichnung. Dieser Unterschied wurde zwar im Gangschein deutlich gemacht, nicht aber auf der Uhr selbst. Erst 1973 wurde diese Hierarchie aufgegeben: Eine Armbanduhr war entweder ein Chronometer, oder sie war eben keines.

Weiterhin zeigt die Tabelle 39, daß – außer bei der Gangabweichung – alle Grenzwerte ein positives und ein negatives Vorzeichen haben. Es handelt sich also genauer um Grenzwertbereiche: zum Beispiel darf bei einem Grenzwert von ± 8 sec (für Wiederaufnahme des Gangs im Zeitraum 1942–47) der Fehler zwischen +8 und −8 sec liegen; der Grenzwertbereich beträgt 16 sec. Wie in diesem Beispiel haben die meisten Grenzwerte denselben Zahlenwert im positiven und negativen Bereich, also für Vorgehen und Nachgehen. Eine Ausnahme macht hier nur der mittlere Gangfehler, bei dem der negative Grenzwert (für Nachgehen) immer niedriger war als der positive, was die bereits geschilderten Konsequenzen hatte (siehe S. 28). Es scheint, daß die Menschen lieber eine vor- als eine nachgehende Uhr haben wollen. Das zeigt außer diesen Grenzwerten auch die Beobachtung, daß fast alle Uhrmacher eine Armbanduhr

Stand	täglicher Gang	tägliche Gang-abweichung	Lage	Temp. °C	Art des Fehlers	Fehler	Grenzwert $\frac{mit}{ohne}$ Auszeichnung
$E_1 = +\ 1,25$					1.) mittlerer täglicher Gang in den 5 Lagen	$+1,85$	$\frac{-3,00/+12,00}{-3,00/+12,00}$
$E_2 = +\ 2,50$	$M_1 = +1,25$		9 re	20°			
$E_3 = +\ 5,00$	$M_2 = +2,50$	$V_1 = 1,25$	9 re	20°	2.) mittlere tägliche Gangabwei-chung in den 5 Lagen	$1,50$	$\frac{4,00}{6,00}$
$E_4 = +\ 5,00$	$M_3 = 0$		9 u	20°			
$E_5 = +\ 6,25$	$M_4 = +1,25$	$V_3 = 1,25$	9 u	20°			
$E_6 = +\ 5,50$	$M_5 = -0,75$		9 o	20°	3.) größte Gangabweichung	$2,00$	$\frac{7,00}{10,00}$
$E_7 = +\ 6,25$	$M_6 = +1,25$	$V_5 = 2,00$	9 o	20°			
$E_8 = +12,25$	$M_7 = +6,00$		Z u	20°	4.) Differenz zwischen horizontal (Zo) und vertikal (9 re)	$(+2,00)$	—
$E_9 = +20,00$	$M_8 = +7,75$	$V_7 = 1,75$	Z u	20°			
$E_{10} = +20,50$	$M_9 = +0,50$		Z o	20°	5.) größte Differenz zwischen dem mittleren täglichen Gang und einem der Gänge in den 5 Lagen	$+5,90$	$\frac{\pm16,00}{\pm22,00}$
$E_{11} = +19,75$	$M_{10} = -0,75$	$V_9 = 1,25$	Z o	20°			
$E_{12} = +25,75$	$M_{11} = +6,00$		Z o	4°			
$E_{13} = +22,75$	$M_{12} = -3,00$		Z o	20°	6.) Primärer Kompensationsfehler pro °C	$-0,23$	$\frac{\pm0,70}{\pm1,00}$
$E_{14} = +21,25$	$M_{13} = -1,50$		Z o	36°			
$E_{15} = +23,25$	$M_{14} = +2,00$		9 re	20°	7.) Wiederaufnahme des Ganges	$+2,13$	$\frac{\pm\ 7,00}{\pm10,00}$
$E_{16} = +27,25$	$M_{15} = +4,00$		9 re	20°			

nach dem Überholen auf leichtes Vorgehen ein-regulieren, wie sie es bereits auf der Uhrma-cherschule lernen. Dies wird auf Nachfrage (wenn überhaupt) meistens damit erklärt, daß eine Uhr im Laufe der Jahre ohnehin zum Nachgehen neige, durch verdickendes Öl usw., und man dem vorbeugen wolle. Das ist aller-dings keine Erklärung dafür, daß bei der Chro-nometerprüfung über so viele Jahrzehnte hin-weg beim Grenzwert für den mittleren Gang-fehler das Vorgehen so bevorzugt wurde.

Die getesteten Armbandchronometer

Von den zwölf getesteten Armbandchronome-tern, die hier vorgestellt werden sollen, stammt eines aus den 20er Jahren. Zwei sind in den 40er und vier in den 50er Jahren entstanden, und die übrigen fünf wurden nach 1960 hergestellt. Zehn Uhren kommen aus der Schweiz, zwei aus Deutschland, und zwar von Junghans. Es

ist eine zufällige Zusammenstellung, sie kann aber dennoch die Bandbreite des Armband-chronometermarktes zu seiner Hochblütezeit ganz gut dokumentieren: von der Nobeluhr, dem Chronomètre Royal von Vacheron & Constantin, bis zur einfachen (und zweifelhaf-ten) Recta oder dem preiswerten Schnell-schwinger der 70er Jahre von Girard-Perregaux im Stahlgehäuse. Neun der Uhren haben eine Chronometerprüfung der Schweizer B. O. durchlaufen, eine (V & C) das spezielle Genfer Prüfbüro und die beiden deutschen Junghans die Prüfstelle des Landesgewerbeamtes in Stuttgart. Auf den folgenden Tabellen werden zunächst die Gangprotokolle der einzelnen Uhren sowie die aus diesen errechneten Gangergebnisse vor-gestellt. In Tabelle 105 werden dann die Gang-leistungen aller zwölf Uhren, nach der Leistung geordnet, zusammengefaßt. In dieser Reihen-folge wollen wir die Uhren auch besprechen. Die beste Leistung zeigt eine *Zenith* mit dem hervorragenden Handaufzugwerk des um 1948

entwickelten Kalibers 135, dessen konstruktive Neuerung das aus der Mittelachse des Werkes heraus versetzte Minutenrad war, weshalb Fe-derhaus und Unruh, nun nicht mehr durch das Minutentrieb behindert, ein Maximum an Grö-ße erhalten konnten: bei einem Werkdurchmes-ser von 30 mm erreicht die Unruh mit 14 mm Durchmesser fast die Größe des Werkradius. Trotz des sehr guten Erhaltungszustandes die-ser Uhr belegen zwei Uhrmachersignaturen im Gehäusedeckel, daß sie gebraucht ist. Es ist et-was schwer, sie genau abzulesen, da das kleine Sekundenblatt nur von 5 zu 5 Sekunden unter-teilt ist (Abb. 278). Damit liefert dieses Sekun-denblatt aber einen wichtigen Hinweis zur Da-tierung: nach dem im Jahre 1961 geänderten Reglement der Schweizer B. O. mußte das Zif-ferblatt eines Armbandchronometers eine 60-Minuten- und 60-Sekundeneinteilung haben. Vorher durfte das Sekundenblatt von 5 zu 5 Sekunden geteilt sein. Diese Zenith muß also vor 1961 hergestellt worden sein.

Stand	täglicher Gang	tägliche Gang-abweichung	Lage	Temp. °C
$E_1 = -9,00$				
$E_2 = -14,00$	$M_1 = -5,00$		9 re	20°
$E_3 = -20,00$	$M_2 = -6,00$	$V_1 = 1,00$	9 re	20°
$E_4 = -29,00$	$M_3 = -9,00$		9 u	20°
$E_5 = -36,00$	$M_4 = -7,00$	$V_3 = 2,00$	9 u	20°
$E_6 = -35,00$	$M_5 = +1,00$		9 o	20°
$E_7 = -32,50$	$M_6 = -2,50$	$V_5 = 1,50$	9 o	20°
$E_8 = -21,00$	$M_7 = +11,50$		Z u	20°
$E_9 = -11,50$	$M_8 = +9,50$	$V_7 = 2,00$	Z u	20°
$E_{10} = -3,00$	$M_9 = +8,50$		Z o	20°
$E_{11} = +3,50$	$M_{10} = +6,50$	$V_9 = 2,00$	Z o	20°
$E_{12} = -4,50$	$M_{11} = -8,00$		Z o	4°
$E_{13} = +5,50$	$M_{12} = +10,00$		Z o	20°
$E_{14} = +22,50$	$M_{13} = +17,00$		Z o	36°
$E_{15} = +13,50$	$M_{14} = -9,00$		9 re	20°
$E_{16} = +7,50$	$M_{15} = -6,00$		9 re	20°

Art des Fehlers	Fehler	Grenzwert mit/ohne Auszeichnung
1.) mittlerer täglicher Gang in den 5 Lagen	+1,25	$\frac{0/+15,00}{0/+15,00}$
2.) mittlere tägliche Gangabweichung in den 5 Lagen	1,70	$\frac{4,00}{7,00}$
3.) größte Gangabweichung	2,00	$\frac{8,00}{12,00}$
4.) Differenz zwischen horizontal (Zo) und vertikal (9 re)	(−13,0)	—
5.) größte Differenz zwischen dem mittleren täglichen Gang und einem der Gänge in den 5 Lagen	−10,25	$\frac{\pm 16,00}{\pm 26,00}$
6.) Primärer Kompensationsfehler pro °C	+0,78	$\frac{\pm 0,80}{\pm 1,40}$
7.) Wiederaufnahme des Ganges	+0,50	$\frac{\pm 8,00}{\pm 14,00}$

Nach den 1955 bis 1961 gültigen Grenzwerten hätte sie mit den heutigen Leistungen die Chronometerprüfung souverän mit Auszeichnung bestanden, ebenso hätte sie die heute gültigen Grenzwerte unterschritten. Nur zwei Fehler sind überhaupt höher als 1,00 sec. Die auch im Bereich der Lagen sehr guten Gangwerte sind zweifellos auf die sehr große, monometallische Schraubenunruh dieses Uhrentyps zurückzuführen. Ein Zeichen dafür, daß auch im Zeitalter der elektronischen Auswuchtung und der modernen Werkstoffe die Größe der Unruh eine wichtige Rolle gespielt hat. Der größte Lagenfehler dieser Uhr (zwischen den senkrechten Lagen 9 rechts und 9 unten) beträgt immerhin 10,00 sec. Die Gesamtabweichung der Zenith im 15tägigen Prüfungszeitraum betrug 27,50 sec.

Die zweitbeste Uhr ist wesentlich jünger: ein sogenannter Schnellschwinger von *Girard-Perregaux* aus den 70er Jahren, der nach seinem ausgezeichneten Erhaltungszustand (ohne Uhrmachersignaturen) und seiner modernen Bauweise zu schließen eigentlich genauer hätte sein sollen als die Zenith. Er hat ein typisches Großserienwerk mit der spezifischen, ernüchternden Einfachheit der monometallischen Ringunruh aus Glucydur, die aber neben der erhöhten Schwingungszahl einer der Gründe für die ausgezeichneten Gangleistungen dieses preiswerten Armbandchronometers ist. Der sehr niedrige Wert für die Temperaturkompensation zeigt den Fortschritt in der Werkstofftechnik. Der maximale Lagenfehler dieser Uhr beträgt 8,20 sec (zwischen 9 unten und 9 oben). Die Gesamtabweichung in den 15 Prüfungstagen war 31,60 sec.

Drittbestes Chronometer war eine *Omega Constellation*, eines dieser in hohen Stückzahlen hergestellten und nur als Chronometer projektierten Modelle. Mit dieser Werk-Nummer gehört die Constellation mit monometallischer Ringunruh zu jener Serie von 100 000 Automatikmodellen, die in fortlaufender Numerierung, also ohne jeden Ausfall, zwischen Oktober 1964 und Februar 1966 die Chronometerprüfung mit Auszeichnung bestanden. Damit ist diese Constellation datiert. Ihr Erhaltungszustand ist, mit einer Uhrmachersignatur, ausgezeichnet und bedurfte keiner Korrekturen, um die Chronometerprüfung mit Auszeichnung zu bestehen. Der größte Lagenfehler (zwischen den beiden horizontalen Lagen Zifferblatt oben und unten) beträgt 8,50 sec, die Gesamtabweichung im Prüfungszeitraum 30,50 sec.

Das nächste Chronometer ist wieder ein ausgesprochenes Individuum, eine *Vacheron & Constantin* mit der Prägung »Chronomètre Royal« auf dem Rückdeckel. Diese Bezeichnung weist darauf hin, daß wir eines derjenigen Modelle von Vacheron vor uns haben, die mit einem Gangschein des Genfer »Bureau facultatif« versehen waren. Dies weist auch das Genfer Siegel auf dem Werk aus (siehe Abb. 269 c). Das schöne, sorgfältig vollendete Werk mit Genfer Streifen hat eine indirekte Zentralsekunde und

94 Armbandchronometer von Junghans im Stahlgehäuse mit Doubléhaube. Automatikwerk Kaliber J 83 mit Datum, Werk-Nr. 20 497, 29 Steine, um 1963

Stand	täglicher Gang	tägliche Gangabweichung	Lage	Temp. °C
$E_1 =$ 0				
$E_2 = -1,50$	$M_1 = -1,50$		9 re	20°
$E_3 = -6,00$	$M_2 = -4,50$	$V_1 = 3,00$	9 re	20°
$E_4 = -10,00$	$M_3 = -4,00$		9 u	20°
$E_5 = -13,00$	$M_4 = -3,00$	$V_3 = 1,00$	9 u	20°
$E_6 = -18,50$	$M_5 = -5,50$		9 o	20°
$E_7 = -24,00$	$M_6 = -5,50$	$V_5 = 0$	9 o	20°
$E_8 = -14,50$	$M_7 = +9,50$		Z u	20°
$E_9 = -6,50$	$M_8 = +8,00$	$V_7 = 1,50$	Z u	20°
$E_{10} = +6,00$	$M_9 = +0,50$		Z o	20°
$E_{11} = +0,50$	$M_{10} = +5,50$	$V_9 = 5,00$	Z o	20°
$E_{12} = -5,00$	$M_{11} = +4,50$		Z o	4°
$E_{13} = +10,00$	$M_{12} = +5,00$		Z o	20°
$E_{14} = +17,00$	$M_{13} = +7,00$		Z o	36°
$E_{15} = +14,50$	$M_{14} = -2,50$		9 re	20°
$E_{16} = +13,50$	$M_{15} = -1,00$		9 re	20°

Art des Fehlers	Fehler	Grenzwert $\frac{\text{mit}}{\text{ohne}}$ Auszeichnung
1.) mittlerer täglicher Gang in den 5 Lagen	+0,05	$\dfrac{-1,00/+10,00}{-3,00/+12,00}$
2.) mittlere tägliche Gangabweichung in den 5 Lagen	2,10	$\dfrac{2,20}{3,20}$
3.) größte Gangabweichung	5,00	$\dfrac{6,00}{9,00}$
4.) Differenz zwischen horizontal (Zo) und vertikal (9 re)	-6,00	$\dfrac{\pm\ 8,00}{\pm 12,00}$
5.) größte Differenz zwischen dem mittleren täglichen Gang und einem der Gänge in den 5 Lagen	+9,55	$\dfrac{\pm 12,00}{\pm 18,00}$
6.) Primärer Kompensationsfehler pro °C	+0,08	$\dfrac{\pm 0,60}{\pm 1,00}$
7.) Wiederaufnahme des Ganges	+2,00	$\dfrac{\pm 5,00}{\pm 9,00}$

eine etwas kompliziert aussehende, über dem Werk angeordnete Konstruktion zum Anhalten der monometallischen Schraubenunruh über die gezogene Krone. Die Uhr hat zwei Uhrmacherzeichen im Gehäusedeckel, was ihrem perfekten Erhaltungszustand mit voll erhaltener Reglage aber keinen Abbruch tut.

Bei dieser wie den folgenden Armbanduhren ist in Tabelle 105 der Wert für den mittleren Lagenfehler in Klammern gesetzt, da er zur Herstellungszeit dieser Uhr noch nicht geprüft wurde (siehe Tab. 39). Da die Daten vorhanden waren, wurde er zwar mit ermittelt, aber ohne Wertung. Diese Vacheron hat die Prüfung (nach den Bedingungen der B. O.) souverän und mit Auszeichnung bestanden. Sie hätte sie ebenso nach den heutigen Grenzwerten mit Auszeichnung bestanden wie nach denen des speziellen Genfer Büros ab 1957 (einschließlich des sekundären Temperaturfehlers, der – nach der Formel $M_{13}+M_{11}/2-M_{12}$ ermittelt –, +5,15 sec beträgt). Ihr größter Lagenfehler

(zwischen horizontal, Zu und vertikal, 9 oben) betrug 8,50 sec, die Gesamtabweichung war 26,00 sec.

Das in unserer Reihenfolge fünfte Armbandchronometer stammt wieder von *Omega* und hat dieses typische Kaliber-30-mm-Werk, mit dem Omega bis in die 50er Jahre seine Observatoriumsrekorde erzielte. Es wurde 1949 hergestellt, zu einer Zeit, als Omega erst wenige Armbanduhren jährlich zur Prüfung durch die B. O. einreichte (1948 waren es nur 40 Stück, 1949 bereits 1144) und sich noch überwiegend auf die Observatoriumswettbewerbe konzentrierte. Dieses Werk hat die Kaliberbezeichnung 30 T2 Rg, das bedeutet: Werkdurchmesser 30 mm, zweite Modelländerung (transformation), Reglage. Das Kaliber 30 Rg wurde in genau dieser Form im Journal suisse d'Horlogerie No. 10–11 / 1944 als neues Kaliber vorgestellt (Abb. 95). Das Werk hat noch eine zweiteilige, bimetallische Kompensationsunruh mit Masseschrauben und eine gebläute Spirale mit Phil-

ippsscher Endkurve. Schön ist das knappe Einpassen des Werkes in das Goldgehäuse, mit nur ganz schmalem Rand: Bei einem Durchmesser des Werkes von 30 mm beträgt der Außendurchmesser der Uhr nur 33 mm. Dadurch ist sie so klein wie möglich (Abb. 197).

Acht Uhrmachersignaturen im Gehäusedeckel weisen schon darauf hin, daß diese Uhr intensiv und lange benutzt worden ist. Wenn man ein Reinigungsintervall mit zwei Jahren annimmt, so könnte sie rund 16 Jahre getragen worden sein. Dieser Gebrauch hatte am Werk, weniger am Gehäuse, deutliche Spuren hinterlassen. Ein Unruhwellenzapfen war eingelaufen, die Unruh war unrund, hatte einen Knick und tanzte regelrecht. Sie war außerdem immer wieder bearbeitet worden und das nicht zu ihrem Vorteil, wie zugesetzte Schraubenlöcher und deutliche Feilspuren an der Unterseite belegen. Außerdem, und damit sind nur die gravierendsten Fehler genannt, war eine Ankerpalette beschädigt. Entsprechend schlecht und unregelmäßig

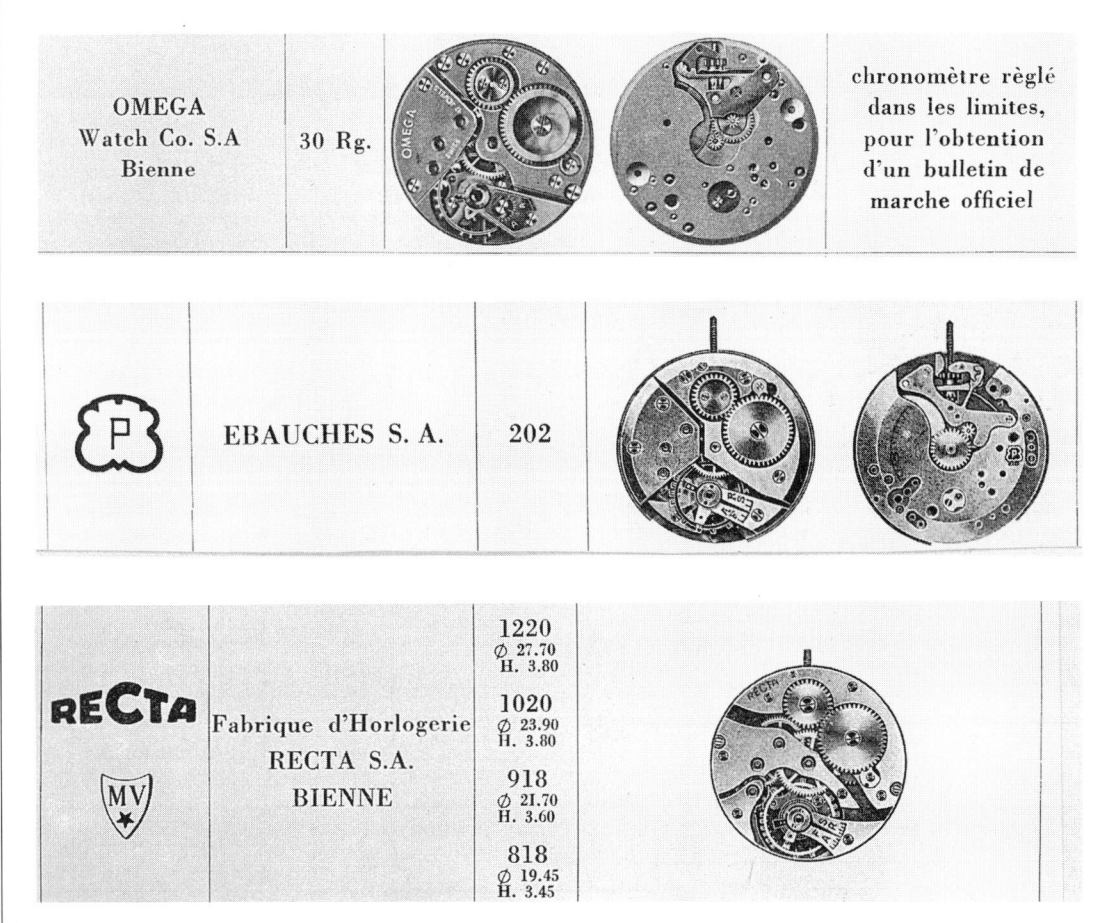

OMEGA Watch Co. S.A Bienne	30 Rg.		chronomètre règlé dans les limites, pour l'obtention d'un bulletin de marche officiel
℗	EBAUCHES S.A.	202	
RECTA ⬥MV⬥	Fabrique d'Horlogerie RECTA S.A. BIENNE	1220 Ø 27.70 H. 3.80 1020 Ø 23.90 H. 3.80 918 Ø 21.70 H. 3.60 818 Ø 19.45 H. 3.45	

95 Einführung des Omega-Kalibers 30 Rg (Journal suisse d'Horlogerie No. 11–12/1944).

96 Einführung des Peseux-Kalibers 202 (Journal suisse d'Horlogerie No. 9–10/1941).

97 Einführung des Recta-Kalibers 1220 (Journal suisse d'Horlogerie No. 11–12/1941).

98 Vorstellung des automatischen Zenith-Kalibers 133 im Jahre 1951 (Journal suisse d'Horlogerie No. 1–2/1951).

FABRIQUE DES MONTRES ZÉNITH S.A., LE LOCLE

Zénith-Automatic

La montre automatique Zénith (calibre 133) réalise ce que le monde horloger cherchait : réunir l'avantage indéniable d'un remontage automatique à celui des meilleures conditions de réglage.

Il fallait aussi trouver la solution d'un mouvement relativement bas et par là-même, permettre de présenter des montres au profil aminci.

Les caractéristiques du mouvement sont les suivantes :

Le mouvement, particulièrement bas, se fait exclusivement avec seconde au centre directe. Son balancier est muni du dispositif antichocs. Les organes réglants (balancier et spiral) sont antimagnétiques. L'axe de suspension de la masse de remontage est particulièrement solide. Sa longueur, spécialement étudiée, lui confère une grande résistance à l'usure.

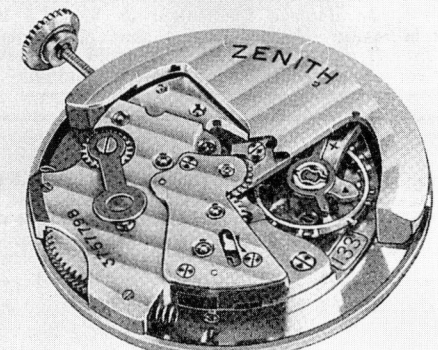

Le calibre Zénith 133 (agrandi)

Une solution brevetée a permis de situer le barillet en position débordante, dans le secteur occupé par les butées. Cette disposition nouvelle est particulièrement heureuse. Elle permet le déportement du barillet et du rouage vers l'extérieur, libérant ainsi un espace précieux pour y loger un balancier de grandes dimensions qui fait de ce mouvement un véritable chronomètre. C'est un produit digne en tous points de la tradition Zénith.

---

waren auch die Gangleistungen: ein Lagenfehler von einer Minute und erhebliche Gangabweichungen, die beim Doppelten des zulässigen Grenzwertes lagen. Es bedurfte längerer Zeit, bis alle gangrelevanten Fehler erkannt und behoben waren. Erneuert werden mußten lediglich die Unruhwelle und eine Ankerpalette. Danach erreichte diese Omega wieder eine angesichts ihres Alters und ihrer intensiven Benutzung erstaunlich gute Gangleistung: sie bestand die Prüfung nach den Grenzwerten der Zeit von 1947 bis 1955 mit Auszeichnung und hätte sie – bis auf den Temperaturfehler – auch nach den heutigen Grenzwerten bestanden. Der Temperaturfehler ist nach der Recta der höchste von allen, da nach der umfangreichen Reparatur noch keine erneute Temperaturregulierung durchgeführt wurde. Sicherlich ist der Temperaturfehler dieser arg strapazierten Kompensationsunruh noch durchaus verbesserbar. Der größte Lagenfehler (zwischen vertikal, die 9 unten und horizontal, Zifferblatt unten) beträgt

mit 20,50 sec immerhin mehr als das Doppelte der bisherigen Uhren. Die Gesamtabweichung während der Prüfungszeit (16,50 sec) ist hier nicht aussagekräftig, da sie auf dem Ausgleich positiver und negativer Tagesgänge beruht. Dies war bei den bisherigen vier Uhren nur in geringem Maße der Fall.

Diese Omega von 1949 ist wohl das klassische Beispiel für die schon mehrfach vorgetragene Beobachtung, daß die Reglage eines Armbandchronometers durch Gebrauch und Abnutzung restlos verloren gehen kann – und durch intensive Instandsetzung wiederholbar ist.

In der Qualitätsrangfolge folgt ein deutsches Armbandchronometer von *Junghans* mit dem Automatikkaliber J 83, »Glanzstück und Spitzenprodukt im Armbanduhrenbau des Hauses Junghans und wahrscheinlich der deutschen Nachkriegsproduktion« (Gisbert L. Brunner in AU 4/1982). Trotz deutlicher Gebrauchsspuren mußte bei dieser Junghans nur die Stellung der Rückerstifte korrigiert werden, wonach sie ei-

nen voll befriedigenden Gang zeigte und die Prüfung mit Auszeichnung bestand. Bei den Werten für die mittlere und größte Gangabweichung wurde es allerdings knapp; eine deutliche Folge einer gewissen Abnutzung. Der größte Lagenfehler (zwischen horizontal, Zifferblatt unten und vertikal, die 9 oben) beträgt 15,00 sec. Die Gesamtabweichung während der Prüfungszeit (13,50 sec) ist auch hier wegen des Ausgleichs positiver und negativer Tagesgänge nicht aussagekräftig. Diese Tatsache, daß ähnlich hohe Vor- und Nachgänge sich aufheben, verfälscht auch den mittleren täglichen Gang erheblich: Nimmt man einmal, ohne Berücksichtigung der Vorzeichen, das Mittel aus der Summe der echten Tagesgänge, so beträgt es 4,75 sec anstatt der 0,05 sec. Aber dieser Ausgleich war bei den Prüfungsbedingungen offenbar gewollt, denn er bewirkt ja, daß der Stand der Uhr immer wieder korrigiert wird.

Das nächstgenaue Armbandchronometer in unserer Reihenfolge stammt von *Rolex,* dem ne-

99 Goldenes Armbandchronometer von Rolex, Typ Oyster Perpetual. Automatikwerk des Kalibers 1030, Werk-Nr. 632 644, 25 Steine, zwischen 1955 und 1959

Stand	täglicher Gang	tägliche Gang-abweichung	Lage	Temp. °C
E_1 = +18,00				
E_2 = +14,50	M_1 = −3,50		9 re	20°
E_3 = +7,50	M_2 = −7,00	V_1 = 3,50	9 re	20°
E_4 = −1,50	M_3 = −9,00		9 u	20°
E_5 = −7,00	M_4 = −5,50	V_3 = 3,50	9 u	20°
E_6 = −15,00	M_5 = −8,00		9 o	20°
E_7 = −17,50	M_6 = −2,50	V_5 = 5,50	9 o	20°
E_8 = −10,50	M_7 = +7,00		Z u	20°
E_9 = +0,50	M_8 = +11,00	V_7 = 4,00	Z u	20°
E_{10} = +8,75	M_9 = +8,25		Z o	20°
E_{11} = +18,00	M_{10} = +9,25	V_9 = 1,00	Z o	20°
E_{12} = +38,00	M_{11} = +20,00		Z o	4°
E_{13} = +41.00	M_{12} = +3,00		Z o	20°
E_{14} = +44,00	M_{13} = +3,00		Z o	36°
E_{15} = +34,00	M_{14} = −10,00		9 re	20°
E_{16} = +26,00	M_{15} = −8,00		9 re	20°

Art des Fehlers	Fehler	Grenzwert $\frac{\text{mit}}{\text{ohne}}$ Auszeichnung
1.) mittlerer täglicher Gang in den 5 Lagen	0	$\frac{-3,00/+12,00}{-3,00/+12,00}$
2.) mittlere tägliche Gangabweichung in den 5 Lagen	3,50	$\frac{4,00}{6,00}$
3.) größte Gangabweichung	5,50	$\frac{7,00}{10,00}$
4.) Differenz zwischen horizontal (Zo) und vertikal (9 re)	(−14,00)	—
5.) größte Differenz zwischen dem mittleren täglichen Gang und einem der Gänge in den 5 Lagen	+9,25	$\frac{\pm16,00}{\pm22,00}$
6.) Primärer Kompensationsfehler pro °C	−0,50	$\frac{\pm0,70}{\pm1,00}$
7.) Wiederaufnahme des Ganges	−2,75	$\frac{\pm\,7,00}{\pm10,00}$

ben Omega größten Armbandchronometer-Hersteller der Welt. Es ist eine kleine goldene Oyster Perpetual, also Gehäuse und Krone wasserdicht verschraubt, mit einer Rotorautomatik; eine von jenen Uhren mit dem 28,5-mm-Werk des Kalibers 1030, von denen Rolex in den 50er Jahren rund 30 000 bis 40 000 Stück jährlich und damit rund 50% der jährlichen Gesamtchronometerzahl der Schweiz herstellte. Sie hat eine monometallische Schraubenunruh und, seltsamerweise, eine offenbar nicht selbst kompensierende gebläute Stahlspirale mit aufgebogener Endkurve. Eine für die Zeit etwas altertümliche Spirale. Mit der Referenznummer 6593 ist diese Rolex zwischen 1955 und 1959 hergestellt worden. Fünf Uhrmachersignaturen belegen eine längere Benutzung mit mehreren Überholungen. Sie hatte zunächst einen zwar regelmäßigen Gang mit geringen Gangabweichungen, aber einen für ein Chronometer nicht akzeptabel hohen Lagenfehler von max. 58 sec zwischen senkrecht, 9 unten und waagerecht,

Zifferblatt unten. Der Fehlerwert für den mittleren Lagenfehler (−14,00 sec) hätte diese Rolex die Prüfung nicht bestehen lassen, wenn es diese Fehlerart zur Zeit ihrer Herstellung schon gegeben hätte. Auch der Temperaturfehler ist recht hoch mit 0,50 sec für 1 °C, was wohl eine Folge der nicht selbst kompensierenden Stahlspirale ist. Die Gesamtabweichung während der Prüfungszeit ist auch hier mit 8,00 sec wegen des Ausgleichs positiver und negativer Tagesgänge nicht aussagekräftig. Da dies auch für die folgenden Uhren zutrifft, wird dieser Wert künftig nicht mehr angegeben.

Das achte Armbandchronometer in unserer Reihenfolge stammt von *Ulysse Nardin* aus Le Locle, jenem unbestrittenen Marktführer an hochpräzisen Schweizer Marine- und Bordchronometern, der sich auch auf dem Markt der Armbandchronometer als ein schon 1927 beginnender und beständiger Produzent von allerdings nur geringen Stückzahlen erwies. Vermutlich hat Nardin hier, anders als bei den

Marinechronometern, weitgehend auf fremde Rohwerke zurückgegriffen. Auch dieses Werk, das nur aus geradlinig begrenzten Kloben zusammengesetzt ist und daher ungewöhnlich steif wirkt, stammt nicht von Nardin selbst: es ist ein um 1940 eingeführtes Ébauche-Kaliber von Peseux (siehe Abb. 96), einer auf flache Armbanduhrkaliber spezialisierten Firma. Dieses Werk ist bei Nardin sehr qualitätvoll terminiert und mit Sonnenschliff unter der Unruh und sonst mit Genfer Streifen verziert worden (Abb. 260). Die Unruh ist eine monometallische Schraubenunruh, die Spirale aus gebläutem Stahl mit aufgebogener Endkurve. Nicht oft findet man wie hier ein doppelt gehaltenes Decksteinplättchen für den Deckstein der Ankerradwelle. Dieses kleine 25,5-mm-Werk ist mit nur 3,5 mm Bauhöhe (incl. Zifferblatt) außerdem besonders flach, weshalb die Uhr mit 8,5 mm Gesamtdicke 1 bis 2 mm flacher ist als die meisten Handaufzuguhren. Ungefähr zu datieren ist diese Nardin wegen des (wie bei der

100 Goldenes Armbandchronometer von Ulysse Nardin, Le Locle. Rhodiniertes, sehr flaches Handaufzugwerk mit kleiner Sekunde, Werk-Nr. 544 613, um 1955

Stand	täglicher Gang	tägliche Gang-abweichung	Lage	Temp. °C
$E_1 = -18,00$				
$E_2 = -16,50$	$M_1 = +1,50$		9 re	20°
$E_3 = -13,00$	$M_2 = +3,50$	$V_1 = 2,00$	9 re	20°
$E_4 = -13,00$	$M_3 = 0$		9 u	20°
$E_5 = -15,00$	$M_4 = -2,00$	$V_3 = 2,00$	9 u	20°
$E_6 = +0,50$	$M_5 = +15,50$		9 o	20°
$E_7 = +14,50$	$M_6 = +14,00$	$V_5 = 1,50$	9 o	20°
$E_8 = +22,00$	$M_7 = +7,50$		Z u	20°
$E_9 = +30,00$	$M_8 = +8,00$	$V_7 = 0,50$	Z u	20°
$E_{10} = +50,00$	$M_9 = +22,00$		Z o	20°
$E_{11} = +74,00$	$M_{10} = +24,00$	$V_9 = 2,00$	Z o	20°
$E_{12} = +87,50$	$M_{11} = +13,50$		Z o	4°
$E_{13} = +108,50$	$M_{12} = +21,00$		Z o	20°
$E_{14} = +124,50$	$M_{13} = +16,00$		Z o	36°
$E_{15} = +123,00$	$M_{14} = -1,50$		9 re	20°
$E_{16} = +117,50$	$M_{15} = -5,50$		9 re	20°

Art des Fehlers	Fehler	Grenzwert $\frac{\text{mit}}{\text{ohne}}$ Auszeichnung
1.) mittlerer täglicher Gang in den 5 Lagen	+9,20	$\frac{-3,00/+12,00}{-3,00/+12,00}$
2.) mittlere tägliche Gangabweichung in den 5 Lagen	1,60	$\frac{4,00}{6,00}$
3.) größte Gangabweichung	2,00	$\frac{7,00}{10,00}$
4.) Differenz zwischen horizontal (Zo) und vertikal (9 re)	(-20,50)	—
5.) größte Differenz zwischen dem mittleren täglichen Gang und einem der Gänge in den 5 Lagen	+14,80	$\frac{\pm 16,00}{\pm 22,00}$
6.) Primärer Kompensationsfehler pro °C	+0,08	$\frac{\pm 0,70}{\pm 1,00}$
7.) Wiederaufnahme des Ganges	-8,00	$\frac{\pm 7,00}{\pm 10,00}$

Zenith Kaliber 135) nur von 5 zu 5 sec geteilten kleinen Sekundenblattes auf die Zeit vor 1961.

Dies war die erste Armbanduhr, bei der zunächst gewisse Zweifel an der Chronometereigenschaft bestanden: Das kleine und sehr flache Werk sprach gegen Präzision, und die Chronometerbezeichnung stand nur auf dem vermutlich aufgearbeiteten Zifferblatt. Die Zweifel vergingen jedoch, als sich herausstellte, daß die Uhr ohne größere Vorarbeiten die Prüfung nach den von 1955 bis 1961 geltenden Bedingungen bestand, allerdings nicht mehr wie die bisherigen Chronometer mit Auszeichnung, wegen des hohen Fehlers für Wiederaufnahme des Gangs. Der hohe mittlere Lagenfehler, der vor 1961 noch nicht geprüft wurde, ist zurückzuführen auf einen sehr hohen Lagenfehler in der horizontalen Lage Zo, der zu einem größten Lagenfehler von 26 sec (zwischen 9 unten und Zo) führt. Dagegen ist der Lagenfehler in der nicht zu den Prüflagen gehörenden Lage senkrecht, 9 links (bzw. 12 oben) so niedrig wie bei

9 rechts. Das ist bemerkenswert, denn normalerweise ist bei den Armbandchronometern der Lagenfehler in dieser Lage besonders groß, da die Regleure den nicht zu beseitigenden Restlagenfehler gewöhnlich in diese Lage bringen, da sie nicht zum Prüfprogramm gehört.

Die gleiche Kombination von monometallischer Schraubenunruh und etwas altmodischer, gebläuter Stahlspirale mit Endkurve, die bei der Rolex für einen recht hohen Temperaturfehler sorgte, führt bei dieser Nardin zu einem sehr niedrigen Temperaturfehler, der im Bereich von hundertstel Sekunden pro °C liegt. Das nächste Armbandchronometer, wieder von *Zenith*, haben wir bereits früher erwähnt (siehe Tab. 41) als Beispiel dafür, daß automatische Armbanduhren für die Prüfung erheblich vorgehen müssen, um die Prüfungsbedingungen zu erfüllen. Sie ist außerdem ein Beispiel für die »Gutmütigkeit« der Grenzwerte, wie sich noch zeigen wird. Aber zunächst die Charakterisierung dieser Uhr. Es handelt sich um eine automatische Ze-

nith des Kalibers 133.8. Die Automatik, mit einer Schwungmasse mit Federpuffern, zieht nur in einer Richtung auf. Das qualitätvoll vollendete 30-mm-Werk (Werk-Nr. 4 591 837) mit 20 Steinen ist, außer einer Incabloc-Stoßsicherung für die Unruhwelle, insgesamt federnd gelagert mit einer aus dem Werk emporragenden Feder, die gegen den verschraubten Gehäusedeckel drückt. Eine einfache und wirksame Lösung, obwohl das Verschrauben des Gehäusedeckels durch den entgegenwirkenden Federdruck etwas mühevoll ist. Der Gangregler besteht aus einer monometallischen Schraubenunruh mit selbstkompensierender Flachspirale. Die Uhr ist um 1955 entstanden. Zenith hat das Automatikkaliber 133, dessen Unruh 18 000 Halbschwingungen/Stunde ausführte, im Jahre 1951 auf den Markt gebracht (siehe Abb. 98) und es um 1955 abgelöst durch das baugleiche Kaliber 133.8, das wir hier vor uns haben; dessen Schwingungszahl wurde erhöht auf 21 600 Halbschwingungen/Stunde.

Stand	täglicher Gang	tägliche Gang-abweichung	Lage	Temp. °C
$E_1 = -10,50$				
$E_2 = -11,50$	$M_1 = -1,00$		9 re	20°
$E_3 = -12,00$	$M_2 = -0,50$	$V_1 = 0,50$	9 re	20°
$E_4 = -47,00$	$M_3 = -35,00$		9 u	20°
$E_5 = -80,00$	$M_4 = -33,00$	$V_3 = 2,00$	9 u	20°
$E_6 = -70,50$	$M_5 = +9,50$		9 o	20°
$E_7 = -61,00$	$M_6 = +9,50$	$V_5 = 0$	9 o	20°
$E_8 = -59,50$	$M_7 = +1,50$		Z u	20°
$E_9 = -58,50$	$M_8 = +1,00$	$V_7 = 0,50$	Z u	20°
$E_{10} = -58,00$	$M_9 = +0,50$		Z o	20°
$E_{11} = -60,00$	$M_{10} = -2,00$	$V_9 = 2,50$	Z o	20°
$E_{12} = -59,50$	$M_{11} = +0,50$		Z o	4°
$E_{13} = -60,50$	$M_{12} = -1,00$		Z o	20°
$E_{14} = -59,50$	$M_{13} = +1,00$		Z o	36°
$E_{15} = -61,50$	$M_{14} = -2,00$		9 re	20°
$E_{16} = -62,00$	$M_{15} = -0,50$		9 re	20°

Art des Fehlers	Fehler	Grenzwert $\frac{\text{mit}}{\text{ohne}}$ Auszeichnung
1.) mittlerer täglicher Gang in den 5 Lagen	+4,90	$\frac{-3,00/+12,00}{-3,00/+12,00}$
2.) mittlere tägliche Gangabweichung in den 5 Lagen	1,10	$\frac{4,00}{6,00}$
3.) größte Gangabweichung	2,50	$\frac{7,00}{10,00}$
4.) Differenz zwischen horizontal (Zo) und vertikal (9 re)	(0)	—
5.) größte Differenz zwischen dem mittleren täglichen Gang und einem der Gänge in den 5 Lagen	+39,9	$\frac{\pm 16,00}{\pm 22,00}$
6.) Primärer Kompensationsfehler pro °C	+0,01	$\frac{\pm 0,70}{\pm 1,00}$
7.) Wiederaufnahme des Ganges	+0,25	$\frac{\pm 7,00}{\pm 10,00}$

Trotz nur einem Uhrmacherzeichen machte diese Zenith einen intensiv gebrauchten, wenn auch gepflegten Eindruck. Die erste Ahnung, diese Uhr müsse genommen werden, wie sie ist, durch Nachregulieren werde sie sich nicht mehr verbessern lassen, stellte sich schließlich als richtig heraus.

Nach einer Überholung wurde ein erster Prüfungsdurchgang gemacht, ausgehend von einem Tagesgang von ca. +8,00 sec in der Lage Zo, was einem täglichen Gang von ca. +3,00 sec im Tragen entsprach. Dabei ging die Uhr jedoch in den senkrechten Lagen derart nach, daß der Grenzwert für den mittleren täglichen Gang nicht erreicht wurde. Die erneute Prüfung nach einem auf deutliches Vorgehen gestellten Rücker ergab dann das vorliegende Gangbild.

Es zeigt die hohen Toleranzen, die bei den – zumindest älteren – Grenzwerten möglich waren: Diese Zenith bestand die Chronometerprüfung (allerdings ohne Auszeichnung), obwohl ihr höchster Tagesgang +37,00 sec, der größte Lagenfehler +32,00 sec, der mittlere Lagenfehler 22,00 sec und der mittlere tägliche Gang +15,00 sec betrugen. Die hohen Lagenfehler zusammen mit den hohen Werten für die Gangabweichung und die Wiederaufnahme des Gangs sind bei dieser Uhr zweifellos auf Abnutzungserscheinungen zurückzuführen, weil diese am meisten die Gleichmäßigkeit des Gangs beeinflussen. Dafür sind besonders die beiden letzteren Werte charakteristisch.

Für das Tragen mußte die Zenith nach der Prüfung wieder auf Nachgang korrigiert werden. Der mittlere tägliche Gang ist nun im Tragen, über einen Zeitraum von drei Wochen beobachtet, mit Schwankungen zwischen maximal −0,50 sec und +5,50 sec, erfreulich konstant; desgleichen die mittlere tägliche Gangabweichung mit 1,40 sec.

Die letzten drei der zwölf Armbandchronometer haben die Prüfung nicht bestanden.

Das erste von diesen ist eine *Junghans* mit dem Handaufzugkaliber J 82/1, dem ersten von Junghans entwickelten Armbandchronometerwerk, das aber auch als normale Armbanduhr ohne Chronometergenauigkeit hergestellt wurde. Es hat eine mit der Krone anhaltbare Unruh, eine indirekte Zentralsekunde und eine Glucydur-Schraubenunruh mit flacher Nivarox-Spirale. Es wird um 1958 hergestellt worden sein.

Diese Junghans, die in einem guten Erhaltungszustand ist, zeigte insgesamt sehr niedrige Gangraten bei den Gangabweichungen, dem Temperaturfehler und der Wiederaufnahme des Gangs; hier ist sie den besten unserer Chronometer gleichwertig. Sie hatte jedoch einen einsamen, großen Lagenfehler in der senkrechten Lage 9 unten. Der mit −4,90 sec etwas zu große mittlere tägliche Gang wäre mit dem Rücker leicht zu korrigieren. Aber dies würde den Fehler der größten Differenz, der mit +39,9 sec den Grenzwert weit überschreitet, nicht verbessern. Auch der größte Lagenfehler −44,50 sec zwischen den sich gegenüberliegenden senk-

102 Armbandchronometer im rechteckigen Stahlgehäuse von Movado. Rundes Handaufzugwerk Kaliber 150 MN. Gehäuse-Nr. 190 728, 15 Steine, um 1928

Stand	täglicher Gang	tägliche Gang-abweichung	Lage	Temp. °C
$E_1 = +12,00$				
$E_2 = -2,00$	$M_1 = -14,00$		9 re	20°
$E_3 = -16,00$	$M_2 = -14,00$	$V_1 = 0$	9 re	20°
$E_4 = -16,00$	$M_3 = 0$		9 u	20°
$E_5 = -14,00$	$M_4 = +2,00$	$V_3 = 2,00$	9 u	20°
$E_6 = +2,00$	$M_5 = +16,00$		9 o	20°
$E_7 = +16,00$	$M_6 = +14,00$	$V_5 = 2,00$	9 o	20°
$E_8 = +70,00$	$M_7 = +54,00$		Z u	20°
$E_9 = +117,00$	$M_8 = +47,00$	$V_7 = 7,00$	Z u	20°
$E_{10} = +159,00$	$M_9 = +42,00$		Z o	20°
$E_{11} = +206,00$	$M_{10} = +47,00$	$V_9 = 5,00$	Z o	20°
$E_{12} = +246,00$	$M_{11} = +40,00$		Z o	4°
$E_{13} = +289,00$	$M_{12} = +43,00$		Z o	20°
$E_{14} = +357,00$	$M_{13} = +68,00$		Z o	36°
$E_{15} = +334,00$	$M_{14} = -23,00$		9 re	20°
$E_{16} = +319,00$	$M_{15} = -15,00$		9 re	20°

Art des Fehlers	Fehler	Grenzwert $\frac{\text{mit}}{\text{ohne}}$ Auszeichnung
1.) mittlerer täglicher Gang in den 5 Lagen	+19,40	-10,00/+30,00
2.) mittlere tägliche Gangabweichung in den 5 Lagen	3,20	15,00
3.) größte Gangabweichung	7,00	20,00
4.) Differenz zwischen horizontal (Zo) und vertikal (9 re)	(-58,50)	—
5.) größte Differenz zwischen dem mittleren täglichen Gang und einem der Gänge in den 5 Lagen	+34,60	±25,00
6.) Primärer Kompensationsfehler pro °C	+0,90	±1,50
7.) Wiederaufnahme des Ganges	-1,00	±20,00

rechten Lagen 9 unten und 9 oben – deutet auf ein Ungleichgewicht in der Unruh hin. Da die flache, d. h. sich einseitig entwickelnde Spirale bereits so korrigiert wurde, daß ein Ausgleich zwischen den Gängen in den senkrechten und waagerechten Lagen, in der senkrechten Lage 9 oben sogar ein Vorgehen, erreicht worden ist, wird eine Korrektur des Lagenfehlers wohl nur durch eine Masse- bzw. Schwerpunktverlagerung an der Unruh möglich sein. Eine solche Korrektur wäre gerade bei dieser Uhr, angesichts ihres guten Erhaltungszustandes und der sonst sehr niedrigen Gangfehler, besonders sinnvoll.

Es soll hier nachgetragen werden – ohne allerdings die erste Gangtabelle und die Einstufung dieser Junghans zu verändern –, daß die obige Vermutung sich bestätigt hat: Nach einer kleinen Erleichterung des Unruhreifens an der richtigen Stelle, nämlich bei der 3, reduzierte sich der größte Lagenfehler auf −20,00 sec, womit er innerhalb des Grenzwertes (±22,00 sec) blieb.

Die übrigen Ergebnisse waren zwar geringfügig anders bei der erneuten Prüfung, aber nach wie vor weit unterhalb der Grenzwerte. Der mittlere tägliche Gang wurde nach Korrektur am Rücker auf +1,45 sec reduziert. Mit der neuen Fehlersumme von 33,80 wäre diese Uhr in Tabelle 105 vorgerückt an die siebte Stelle, zwischen die Junghans Kaliber J 83 und die Rolex.

Der nächste »Versager« stammt von *Movado*. Das rechteckige Zifferblatt hat die Aufschrift »Chronomètre Movado«, auf seiner Rückseite ist ein kleines rundes, 22,9 mm messendes Movadowerk mit rhodinierten Oberflächen und Genfer Streifenschliff aufgeschraubt. Es hat eine kleine Sekunde, vier Einpreßchatons und noch eine geteilte, bimetallische Kompensationsunruh mit Masseschrauben und eine Stahlspirale mit aufgebogener Endkurve. Eine Werk-Nummer ist nicht vorhanden, nur eine Kaliberbezeichnung 150 MN. Im Werk eingraviert ist neben der Signatur der Hinweis »4 Four Adj[ts]«, also vier adjustments = Regulierungen. Wenn

man davon ausgeht, daß die übliche Regulierung in zwei Temperaturen (+4 °C und +36 °C) erfolgt ist, kann die Uhr nur in zwei Lagen reguliert worden sein; vermutlich in den Hauptlagen waagerecht, Zo und senkrecht, 9 re. Spätestens seit 1942, wahrscheinlich aber schon früher, war für das Bestehen der Chronometerprüfung eine Regulierung in fünf Lagen und zwei Temperaturen erforderlich: also sieben adjustments. Über das Herstellungsdatum lassen sich nur Vermutungen anstellen, deren Darlegung aber lohnend ist. Dieser Werkstyp mit vier adjustments ist schon bei sehr früh (zu früh ?) datierten Movado-Armbandchronometern verwendet worden, nämlich bei jenen beiden Damenarmbanduhren von ca. 1910 und 1915 (siehe Kahlert/Mühe/Brunner Abb. 26 und 44). Dieses Werkskaliber 150 MN ist auch noch im offiziellen Katalog der Ersatzteile der Schweizer Uhr von 1949 verzeichnet. Movado hat Armbanduhren zur Chronometerprüfung durch die B. O. erst ab 1950 regelmäßig eingeliefert, da-

Stand	täglicher Gang	tägliche Gang-abweichung	Lage	Temp. °C
$E_1 = +28,00$				
$E_2 = -12,50$	$M_1 = -40,50$		9 re	20°
$E_3 = -44,00$	$M_2 = -31,50$	$V_1 = 9,00$	9 re	20°
$E_4 = -116,00$	$M_3 = -72,00$		9 u	20°
$E_5 = -179,00$	$M_4 = -63,00$	$V_3 = 9,00$	9 u	20°
$E_6 = -167,00$	$M_5 = +12,00$		9 o	20°
$E_7 = -155,00$	$M_6 = +12,00$	$V_5 = 0$	9 o	20°
$E_8 = -156,00$	$M_7 = -1,00$		Z u	20°
$E_9 = -160,00$	$M_8 = -4,00$	$V_7 = 3,00$	Z u	20°
$E_{10} = -147,00$	$M_9 = +13,00$		Z o	20°
$E_{11} = -134,00$	$M_{10} = +13,00$	$V_9 = 0$	Z o	20°
$E_{12} = -181,00$	$M_{11} = -47,00$		Z o	4°
$E_{13} = -184,00$	$M_{12} = -3,00$		Z o	20°
$E_{14} = -178,00$	$M_{13} = +6,00$		Z o	36°
$E_{15} = -235,00$	$M_{14} = -57,00$		9 re	20°
$E_{16} = -283,00$	$M_{15} = -48,00$		9 re	20°

Art des Fehlers	Fehler	Grenzwert $\frac{\text{mit}}{\text{ohne}}$ Auszeichnung
1.) mittlerer täglicher Gang in den 5 Lagen	-10,60	$\frac{0/+15,00}{0/+25,00}$
2.) mittlere tägliche Gangabweichung in den 5 Lagen	4,20	$\frac{5,00}{8,00}$
3.) größte Gangabweichung	9,00	$\frac{10,00}{16,00}$
4.) Differenz zwischen horizontal (Zo) und vertikal (9 re)	(-49,00)	—
5.) größte Differenz zwischen dem mittleren täglichen Gang und einem der Gänge in den 5 Lagen	-61,40	$\frac{\pm 16,00}{\pm 26,00}$
6.) Primärer Kompensationsfehler pro °C	-1,28	$\frac{\pm 0,80}{\pm 1,40}$
7.) Wiederaufnahme des Ganges	-12,00	$\frac{\pm\ 8,00}{\pm 14,00}$

vor nur zweimal: 1928 neun Armbanduhren und 1934 eine einzige. Es scheint wahrscheinlich, daß diese Movado um 1928 entstanden ist; zu einer Zeit, als Movado begann, an den offiziellen Prüfungen teilzunehmen. Sowohl das Werk als auch das Zifferblatt mit den sorgfältig gezeichneten arabischen Ziffern mit Betonung der Schattenkanten und den skelettierten Indexzeigern sprechen für diese Datierung. Die den wenigen offiziell geprüften gegenüberstehende, relativ große Zahl noch erhaltener früher Movado-Armbandchronometer und deren auch umfangreiche Produktion (siehe Kahlert/Mühe/Brunner Tafel 21) zeigen, daß Movado intensiven Gebrauch von der Möglichkeit der werkseigenen Chronometerprüfung machte. Dies ist also das hier älteste Armbandchronometer, und mit größter Wahrscheinlichkeit ein nicht in einem offiziellen Prüfbüro, sondern vom Hersteller selbst geprüftes.

Es war fast zu erwarten, daß die altersbedingten Abnutzungserscheinungen sowie die wahrscheinlich fehlende Reglage in drei Lagen für so hohe Lagenfehler sorgen würden, daß in diesem Punkt, und nur in diesem, der Grenzwert von ±25,00 sec mit einem Fehler von 34,60 sec erheblich überschritten wurde. Alle übrigen Werte liegen ganz erheblich unter den zwischen 1925 und 1932 gültigen Grenzwerten.

Dieser Grenzwert für den größten Lagenfehler lohnt eine kurze Betrachtung. Er war im Jahre 1925, bei Beginn der Prüfungen für Armbanduhren, mit ±25,00 sec offensichtlich aus Mangel an Erfahrung zu niedrig angesetzt worden. Es werden daher vermutlich viele Uhren, wie unsere Movado, an diesem Grenzwert gescheitert sein. Bei der nächsten Änderung der Grenzwerte im Jahre 1932 wurde er deshalb verdoppelt, und alle übrigen Grenzwerte blieben vorsichtshalber unverändert. Unsere Movado hätte also, wenn sie zehn Jahre jünger eingeschätzt würde, die Prüfung mit ihrem hohen Lagenfehler ohne weiteres bestanden! Erst bei der nächsten Änderung im Jahre 1942 wurden die Grenzwerte drastisch verringert auf die Hälfte bzw. sogar ein Drittel ihrer früheren Höhe. Dieses anfängliche Auf und Ab und die erheblichen Schwankungen der Grenzwerte zeigen deutlich die Anfangs-Unsicherheit bei der Festsetzung von Grenzwerten.

Der größte Lagenfehler dieser Movado (zwischen Zu und 9 re) betrug 68,00 sec und zeigt einmal mehr, daß der kritische Punkt bei Armbanduhren der Lagenfehler ist.

Der dritte Versager stammt von der Firma Recta aus Bienne, die in der Zeit von 1930 bis 1959 insgesamt 896 Armbanduhren durch die B. O. prüfen ließ. Anders als die vorigen war diese Armbanduhr neu und ungetragen, womit sie für unsere Tests besonders interesssant war. Ihr besonderes Kennzeichen ist das schwarze Zifferblatt mit großen, vergoldeten, gut lesbaren Ziffern. Die Zifferblattaufschrift »Recta« ist in der gleichen vergoldeten Schrift gehalten, der Zusatz »Chronometer« darunter aber in Blau. Das qualitativ gute, aber einfache Ankerwerk mit 27,7 mm Durchmesser wurde zwischen 1939 und 1941 als Kaliber 1220 neu eingeführt (Abb. 97). Es hat unbehandelte Stahloberflächen und die Firmenaufschrift »Recta« neben dem Kronrad, aber weder eine Werk-Nummer noch eine Kaliberbezeichnung; dafür ist die Firmenbezeichnung, eine Nummer (0497) und die Bezeichnung »Chronometer« an ungewöhnlicher Stelle auf der Außenseite des Rückdeckels eingraviert. Der Gangregler besteht aus einer geschlossenen, monometallischen Schraubenunruh und einer Breguet-Spirale mit Philippsscher Endkurve. Trotz ihres ausgezeichneten, nicht zu verbessernden Erhaltungszustandes hatte diese Recta außerordentlich schlechte Gangleistungen. Sie überschritt die Grenzwerte des mittleren täglichen Ganges und besonders des größten Lagenfehlers ganz erheblich, da sie einen riesigen Lagenfehler hatte: zwischen senkrecht, 9 unten und waagerecht, Zifferblatt oben beträgt er 85,00 sec. Auch der Temperaturfehler ist trotz der modernen Unruh sehr hoch, obwohl er noch innerhalb des Grenzwertes liegt: 53,00 sec, also fast eine Minute, beträgt der Gangfehler zwischen Kälte und Wärme. Da die Uhr bei Kälte nach (−47,00 sec) und bei Wärme vorgeht (+6,00 sec), überkompensiert sie in erheblichem Maße. Dieser hohe Temperaturfehler, der dennoch die Chronometerbedingungen erfüllt, zeigt einmal mehr die Gutmütigkeit mancher Grenzwerte.

Es ist kaum vorstellbar, daß diese Uhr jemals eine Chronometerprüfung bestanden hat. Höchstwahrscheinlich handelt es sich um eine Fälschung, das heißt, daß die Rückdeckelgravur und der blaue Chronometerstempel auf dem Zifferblatt nachträglich und unberechtigt angebracht worden sind.

Die »Porträts« dieser zwölf bzw. elf Armbandchronometer wurden nicht nur deshalb so ausführlich dargestellt, um zu zeigen, zu welchen Gangleistungen ältere Armbandchronometer noch (oder wieder) in der Lage sind, sondern auch, um dem Leser die Möglichkeit zu geben, sich und eine seiner eigenen Uhren in einem dieser Porträts wiederzufinden. Vielleicht dient dies auch als Anregung, anhand des Gangscheinmusters seine Uhr selbst einmal genau zu überprüfen. Diese intensive Beschäftigung mit einer Uhr hat den Vorteil, daß man sie gut kennenlernt, ihre Eigenheiten genau diagnostizieren und Rückschlüsse von der Bauart auf bestimmte Leistungen bzw. Fehler ziehen kann. Schildert man seinem Uhrmacher dann das beobachtete Gangverhalten, so kann dieser viel gezielter an eine Gangkorrektur herangehen. Das befriedigende Ergebnis wird eine Uhr sein, die genauer und gleichmäßiger ihre Arbeit verrichtet.

Über diese individuellen Vorteile hinaus lassen sich aus der Tabelle 105 aber auch allgemeine Erkenntnisse ziehen. Zum Beispiel diese: Die drei Versager sind alle am Lagenfehler gescheitert, die Recta und Junghans J 82 außerdem am mittleren täglichen Gang. Ersteres ist, wie schon mehrfach betont, ein für Armbanduhren typischer und schwer zu beseitigender Fehler. Letzteres eher ein dummer Fehler – da mit dem Rücker so leicht zu beseitigen –, der aber seine Tücken hat wegen des sehr niedrigen Grenzwertes für Nachgehen. Auf die Konsequenzen haben wir bereits hingewiesen.

Bei den B. O. und am Observatorium Neuchâtel wurden zeitweise Statistiken geführt über die Gründe des Versagens. Überraschenderweise sind bei beiden Institutionen gleichermaßen der mittlere tägliche Gang und die mittlere tägliche Gangabweichung die Hauptversagerursachen. Erst an dritter Stelle steht bei den B. O. – ab 1961, als er als Fehlerart eingeführt wurde – der mittlere Lagenfehler. In Neuchâtel ist dieser nahezu bedeutungslos; hier steht an dritter Stelle der Versagerursachen das Stehenbleiben während der Prüfung. Der größte Lagenfehler ist bei den B. O. die geringste Versagerursache. Wir haben für diese Merkwürdigkeit, daß der in der Tragepraxis so bedeutsame und so schwer zu beherrschende Lagenfehler bei den offiziellen Chronometerprüfungen offenbar eine so geringe Rolle bei den Versagerursachen spielte, keine Begründung, sondern nur die bereits geäußerte Vermutung, daß die recht hohen Grenzwerte dafür verantwortlich sein könnten. Es sei daran erinnert, daß nach der Vorstellung der dafür maßgeblichen Schweizer Uhrenfabrikanten die Chronometerprüfung an den B. O. zwar ein Nachweis der hohen Qualität ihrer Erzeugnisse, nicht aber eine schwer zu überwindende Hürde zu sein hatte.

Eine andere Schlußfolgerung aus Tabelle 105 ist die, daß das Alter eines Armbandchronometers für seine Gangqualität nicht die entscheidende Rolle zu spielen scheint, wie man vermuten könnte, obwohl natürlich eine gewisse Altersabnutzung beim Lagenfehler und der Gangabweichung oder Material und Bauart von Unruh und Spirale beim Temperaturfehler eine Rolle spielen. Wenn auch bei dieser Aussage von vergleichbaren Erhaltungszuständen ausgegangen

wurde, ist sie mit Vorsicht zu behandeln, denn für ein wirklich abgesichertes Ergebnis wäre eine viel größere Anzahl von Prüfungsuhren notwendig.

Außerdem ist festzuhalten, daß immerhin neun der zwölf Armbandchronometer – zählen wir die Recta mit hinzu –, also 75%, heute noch die Chronometerprüfung bestanden haben, und von diesen die überwiegende Mehrzahl, nämlich sieben, sogar mit Auszeichnung. Ein recht gutes Ergebnis, wenn man berücksichtigt, daß die älteste der bestandenen Uhren immerhin 40 Jahre alt ist. Dies Ergebnis zeugt einerseits von der guten Qualität dieser Armbanduhren, andererseits aber auch von den großen Toleranzen, die innerhalb der Grenzwerte möglich sind.

Von Interesse ist weiterhin das Gangverhalten der Armbandchronometer im Tragen, und zwar mit der Fragestellung, ob die bei der theoretischen Prüfung sich zeigende Gangleistung auch in der Tragepraxis bestätigt wird. Denn die Chronometerprüfung sollte ja gebrauchstüchtige Präzisionsuhren herausstellen. Neun dieser zwölf getesteten Armbandchronometer sind daher eine Weile am Arm getragen und täglich abgelesen worden. Die Beobachtungszeiten waren allerdings ziemlich kurz, zwischen sieben und zwanzig Tagen. Zu kurz, um wirklich fundierte Aussagen machen zu können, aber doch ausreichend, um eine Tendenz feststellen zu können. Diese Gangergebnisse sind in Tabelle 106 wiedergegeben, und zwar mit den wichtigsten Werten: mittlerer täglicher Gang, mittlere tägliche Gangabweichung und größte Gangabweichung. Vergleicht man die Ergebnisse der Tabelle 105 mit denen der Tabelle 106, so läßt sich feststellen, daß die Qualitätsrangfolge etwa die gleiche ist. Mit Ausnahme der Girard-Perregaux, die im Tragen etwas zu schlecht, und der Ulysse Nardin, die etwas zu gut abschneidet. Insgesamt zeigen also die Uhren, die bei der Prüfung gut abschneiden, auch im Tragen gute Gangleistungen. Damit scheint eine vorsichtige Bestätigung dafür gegeben zu sein, daß die Resultate der Chronometerprüfung einen brauchbaren Anhaltspunkt für die Beurteilung der Alltagstauglichkeit eines Armbandchronometers liefern.

Beim Vergleich, welche Gangergebnisse andere mit getragenen Armbandchronometern erzielten, ob die hier vorgestellten besonders gut, durchschnittlich oder besonders schlecht abschneiden, mußte der Autor mit Erstaunen feststellen, daß es in der zeitgenössischen Uhrenliteratur nur ganz wenige Veröffentlichungen über die Gangleistungen von Armbandchronometern gibt und noch weniger Veröffentlichungen, die die Gangleistungen während der Prüfung vergleichen mit denen im Tragen. Die wenigen gefundenen Berichte seien hier kurz erwähnt.

Einer stammt vom damaligen Direktor des Observatoriums Neuchâtel, *Edmond Guyot,* der 1947 drei Armbandchronometer, eine Longines und zwei Omega, nach bestandener Chronometerprüfung für 80 bzw. 148 und 68 Tage im Tragen beobachtet hat und daraus die Schlußfolgerung zog, daß im Tragen der mittlere tägliche Gang konstanter ist, die mittlere Gangabweichung aber höher. Bei der Longines betrugen der größte und der kleinste Tagesgang +6,07 sec und +3,90 sec und die mittlere Gangabweichung 0,81 sec. Die erste, am längsten getragene Omega zeigte als größten und kleinsten Tagesgang −2,82 sec und −0,37 sec und eine mittlere Gangabweichung von 0,22 sec. Die zweite Omega schließlich hatte maximale Tagesgänge von +4,57 sec und −0,92 sec und eine mittlere Gangabweichung von 0,75 sec. Dies waren wohlgemerkt observatoriumsgeprüfte, das heißt besonders sorgfältig feingestellte Chronometer (Edmond Guyot JSH No. 7−8/ 1950).

Die gegenteilige Erfahrung hatte einige Zeit zuvor der Direktor der Uhrmacherschule in Bienne, *G.-Albert Berner,* gemacht, der zwei Jahre lang (1945 und 1946) ein automatisches Armbandchronometer getragen und beobachtet hatte, das im Jahresmittel 1945 einen mittleren täglichen Gang im Tragen von zwischen +6,00 und +8,00 sec hatte, bei der Prüfung aber +4,10 sec. Die mittlere Gangabweichung betrug im Tragen 0,95 sec, bei der Prüfung 2,20 sec (G.-Albert Berner JSH No. 7−8/ 1946).

Hans Jendritzki legte 1958 die Gangaufzeichnungen eines Bahnbeamten vor, der sein Armbandchronometer im Jahre 1955 einen Monat lang zweimal täglich abgelesen und festgestellt hat, daß die Uhr am Tage im Tragen nachging (im Mittel −5,80 sec in zwölf Stunden), nachts im Liegen aber vor (im Mittel +6,10 sec in zwölf Stunden). Die Uhr hatte also einen respektablen Lagenfehler, der aber bei nur einmaligem Ablesen täglich gar nicht sichtbar geworden wäre, da die Fehler sich gegenseitig aufgehoben hätten: Der mittlere tägliche Gang hätte +0,30 sec betragen, obwohl der maximale Gang einer zwölfstündigen Tagesperiode −26,00 sec betrug. Im gleichen Aufsatz legte Jendritzki die

104 **Gangergebnisse der Prüfung des Armbandchronometers von Zenith Kaliber 135 (siehe Abb. 89) im Jahre 1990 unter den Bedingungen des Observatoriums Neuchâtel.**

			Grenzwert:
1.)	Mittlere Abweichung des täglichen Gangs	±0,376 sec	±0,75 sec
2.)	Primärer Kompensationsfehler pro °C	+0,035 sec	±0,20 sec
3.)	Sekundärer Kompensationsfehler	+0,870 sec	±4,50 sec
4.)	Wiederaufnahme des Gangs	−1,820 sec	±3,50 sec
5.)	Differenz der mittleren täglichen Gänge zwischen horizontal (Zo) und vertikal (9 re)	−1,150 sec	±5,00 sec
6.)	Differenz der mittleren täglichen Gänge zwischen den horizontalen Lagen Zo und Zu	+0,310 sec	±5,00 sec
7.)	Mittlere Gangabweichung entsprechend dem Lagenwechsel	±2,140 sec	±3,00 sec

Gangergebnisse eines 17 Tage lang beobachteten automatischen Armbandchronometers dar, das die Prüfung am B. O. in Bienne und am DHI in Hamburg mit Auszeichnung bestanden hatte. Der mittlere tägliche Gang dieser Uhr betrug im Tragen +1,90 sec, der maximale Tagesgang +5,00 sec (Hans Jendritzki JSH No. 4/1959).

Die längste und am sorgfältigsten ausgewertete Gangbeobachtung hat *Horst Ponnet* vorgelegt. Sie dauerte mit nur kurzen Unterbrechungen sieben Jahre, von 1971 bis 1977, und wurde mit einer IWC Yachtclub vorgenommen, also einer Armbanduhr, die keine Chronometerprüfung durchlaufen hatte, wie es bei der IWC üblich war. Die mittleren täglichen Gänge im Jahresmittel betrugen: +1,20 sec, +2,20 sec, +2,40 sec, +2,90 sec, +4,10 sec, +4,50 sec und +2,70 sec. Zusammen mit einer kaum glaubhaften mittleren Gangabweichung von −0,001 sec, die jedem modernen Marinechronometer Ehre machen würde, ergibt sich das Bild einer wohl einmalig genau und vor allem konstant gehenden Armbanduhr (Horst Ponnet, Alte Uhren 1/1979).

Wir können bei unseren neun getragenen Armbandchronometern weder die Erfahrung Guyots noch die Berners bestätigen. Die mittleren Gänge wie die mittleren Gangabweichungen im Tragen waren mal höher, mal niedriger als die Prüfungswerte, ohne daß eine Tendenz sichtbar wurde. Dies mag wohl auch an der kurzen Beobachtungsdauer gelegen haben.

Es zeigt sich aber, daß die Gangleistungen unserer neun Armbandchronometer, mit Ausnahme dieser phänomenalen IWC Yachtclub, durchaus mit den in den Veröffentlichungen genannten

mithalten können, ja überwiegend besser sind als jene. Diese IWC zeigt aber, daß eine gute, also genau, zuverlässig und konstant gehende mechanische Armbanduhr nicht unbedingt ein Chronometer sein mußte. Außer der IWC haben auch andere renommierte Hersteller von Präzisionsarmbanduhren weitgehend auf Chronometerprüfungen verzichtet, haben diese nur auf ausdrücklichen Kundenwunsch durchführen lassen, wie es IWC tat. Bei dieser Firma kamen auf diese Weise zwischen 1945 und 1966 insgesamt nur 491 geprüfte Armbandchronometer zusammen, also im Mittel 23 Stück pro Jahr. Andere Firmen wie Eterna, Zenith, Vacheron & Constantin oder Jaeger-Le Coultre schickten nur einen kleinen Teil ihrer Produktion durch Chronometerprüfungen, weil sie darauf vertrauen konnten, daß es genügend Kunden gab, denen bei der Kaufentscheidung der renommierte Name einer Manufaktur als Qualitätsbeweis ausreichte, die aber dennoch nicht völlig auf das Werbeargument des geprüften Chronometers verzichten wollten.

Ein weiterer interessanter Punkt wäre es daher, zu untersuchen, in welchem Umfang Nicht-Chronometer die Gangleistungen von Chronometern erreichen, also die Chronometerprüfung der B. O., vielleicht sogar die der Observatorien, bestehen würden. Wir haben diesen Vergleich nicht systematisch durchgeführt, sondern lediglich stichprobenartig vier Armbanduhren geprüft: drei sehr qualitätvolle Stükke, nämlich eine rechteckige IWC mit einem Formwerk Kaliber 87 aus dem Jahre 1937, eine IWC Yachtclub Kaliber 8541 mit Reglagehinweis (5 positions) von 1966, eine Jaeger-

105 Heutige Gangleistungen von zwölf älteren Armbandchronometern (Angaben in Sekunden)

	Zenith Kal. 135 um 1960	Girard-Perregaux HF um 1975	Omega Constellation um 1965	Vacheron & Constantin 1956	Omega 30 T2 Rg 1949	Junghans Kal. J 83 um 1963	Rolex Kal. 1030 um 1955	U. Nardin um 1955	Zenith Kal. 133.8 um 1955	Junghans Kal. J 82 um 1958	Movado Kal. 150 MN um 1928	Recta um 1940
1.) mittlerer täglicher Gang	+0,90[xx]	+1,98[xx]	−1,00[xx]	+1,85[xx]	+1,25[xx]	+0,05[xx]	0 [xx]	+9,20[xx]	+15,00	−4,90−	+19,40[x]	−10,60−
2.) mittlere tägliche Gangabweichung	0,60[xx]	0,68[xx]	1,25[xx]	1,50[xx]	1,70[xx]	2,10[xx]	3,50[xx]	1,60[xx]	3,20[xx]	0,90[xx]	3,20[xx]	4,20[x]
3.) größte Gangabweichung	1,00[xx]	1,20[xx]	2,75[xx]	2,00[xx]	2,00[xx]	5,00[xx]	5,50[xx]	2,00[xx]	6,50[xx]	2,00[xx]	7,00[xx]	9,00[xx]
4.) Differenz der mittleren Gänge zwischen horizontal und vertikal	(0)	+2,50[xx]	+3,35[xx]	(+2,00)	(+2,00)	−6,00[xx]	(−14,00)	(−20,50)	(−22,25)	(0)	(−58,5)	(−49,00)
5.) größte Differenz zwischen dem mittleren täglichen Gang und einem der Gänge in den 5 Lagen	−6,90[xx]	+4,62[xx]	−4,50[xx]	+5,90[xx]	−10,25[xx]	+9,55[xx]	+9,25[xx]	+14,80[xx]	+19,00[x]	−30,10−	+34,60−	−61,40−
6.) primärer Kompensationsfehler pro °C	+0,18[xx]	+0,009[xx]	−0,14[xx]	−0,23[xx]	+0,78[xx]	+ 0,08[xx]	−0,50[xx]	+0,08[xx]	+0,03[xx]	+0,01[xx]	+0,90[x]	−1,28[x]
7.) Wiederaufnahme des Gangs	−0,25[xx]	+0,90[xx]	−1,00[xx]	+2,13[xx]	−0,50[xx]	+2,00[xx]	−2,75[xx]	−8,00[x]	−13,00[x]	+0,25[xx]	−1,00[xx]	−12,00[xx]
Fehlersumme Gesamtwertung	9,83 [xx]	11,89 [xx]	14,09 [xx]	15,61 [xx]	18,48 [xx]	24,68 [xx]	35,50 [xx]	56,18 [x]	78,98 [x]	38,16 −	124,60 −	147,48 −

Die Zeichen bedeuten: − (nach der Zahl) nicht bestanden   ( ) nicht berücksichtigter Wert, da noch nicht zum Prüfprogramm gehörend
[x] bestanden
[xx] mit Auszeichnung bestanden
+ Vorgang
− (vor der Zahl) Nachgang

106 Heutige Gangleistungen im Tragen von neun der zwölf Armbandchronometer der Tabelle 105 (Angaben in Sekunden)

	tägliche Gänge	mittl. tägl. Gang	mittl. tägl. Gangabweichung	größte Gangabweichung
Zenith Kal. 135	+0,50 +1,00 +0,50 −0,50 −0,50 −2,00 −1,00 −3,00 −1,00	−0,70	1,00	2,00
Girard-Perregaux HF	+3,50 +2,00 +3,00 +1,50 +3,20 +0,80 +0,60 +1,00 +3,50	+2,10	1,30	2,50
Omega Constellation	+1,00 +1,00 +3,00 +1,00 −1,50 −3,00 −1,00 −0,50 +1,00	+0,10	1,50	2,50
Vacheron & Constantin	+1,00 0 +2,00 +0,50 +0,50 −1,00 −1,00 +1,00 −1,00 0 +0,50 +2,50	+0,40	1,20	2,00
Omega 30 T 2 Rg	+1,75 +1,75 +1,50 +3,50 +1,00 +1,50 0	+1,60	1,10	2,50
Junghans Kal. J 83	+1,00 +3,00 +0,50 +2,50 +2,00 0 +4,50 +3,50 +2,00 0 −0,50 −1,00	+1,50	1,70	4,50
Rolex Kal. 1030	−1,50 +1,00 +3,50 +1,50 +5,50 +4,00 +4,50 +3,00	+2,70	2,00	4,00
Ulysse Nardin	+1,00 +0,50 +0,50 −1,00 +1,00 −1,50 +1,00	+0,20	1,50	2,50
Zenith Kal. 133.8	−0,50 +2,00 +2,50 +3,50 +2,00 +1,00 +0,50 +1,00 +2,00 +3,50 +4,00 +2,00 +1,50 +1,50 +5,50 +1,50 −0,50 +2,00 +1,50 +2,50	+1,90	1,40	4,00

Gangschein für Armbandchronometer

Ergebnisse:

Uhr:

Fabrikat ———————— Typ/Kal. ————— Werk-Nr. ————————

(Angaben in Sekunden)   Zeitraum der Prüfung: Bestanden / mit Auszeichnung bestanden

Stand	täglicher Gang	tägliche Gang-abweichung	Lage	Temp. °C
$E_1 =$				
$E_2 =$	$M_1 =$		9 re	20°
$E_3 =$	$M_2 =$	$V_1 =$	9 re	20°
$E_4 =$	$M_3 =$		9 u	20°
$E_5 =$	$M_4 =$	$V_3 =$	9 u	20°
$E_6 =$	$M_5 =$		9 o	20°
$E_7 =$	$M_6 =$	$V_5 =$	9 o	20°
$E_8 =$	$M_7 =$		Z u	20°
$E_9 =$	$M_8 =$	$V_7 =$	Z u	20°
$E_{10} =$	$M_9 =$		Z o	20°
$E_{11} =$	$M_{10} =$	$V_9 =$	Z o	20°
$E_{12} =$	$M_{11} =$		Z o	4°
$E_{13} =$	$M_{12} =$		Z o	20°
$E_{14} =$	$M_{13} =$		Z o	36°
$E_{15} =$	$M_{14} =$		9 re	20°
$E_{16} =$	$M_{15} =$		9 re	20°

Art des Fehlers	Formel	Fehler	Grenzwert $\frac{\text{mit}}{\text{ohne}}$ Auszeichnung
1.) mittlerer täglicher Gang in den 5 Lagen	$\dfrac{E_{11}-E_1}{10}$		$\dfrac{-1,00/+10,00}{-3,00/+12,00}$
2.) mittlere tägliche Gangabweichung in den 5 Lagen	$\dfrac{V_1+V_3+\dots V_9}{5}$		$\dfrac{2,20}{3,20}$
3.) größte Gang-abweichung	größter der Werte $V_1, V_3, \dots V_9$		$\dfrac{6,00}{9,00}$
4.) Differenz zwischen horizontal (Zo) und vertikal (9 re)	$\dfrac{M_1+M_2}{2} - \dfrac{M_9+M_{10}}{2}$		$\dfrac{\pm\ 8,00}{\pm 12,00}$
5.) größte Differenz zwischen dem mittleren täglichen Gang und einem der Gänge in den 5 Lagen	größte Differenz zwischen 1.) und $M_1, M_2, \dots M_{10}$		$\dfrac{\pm 12,00}{\pm 18,00}$
6.) Primärer Kompensationsfehler pro °C	$\dfrac{M_{13}-M_{11}}{36°-4°}$		$\dfrac{\pm 0,60}{\pm 1,00}$
7.) Wiederaufnahme des Ganges	$M_{15} - \dfrac{M_1+M_2}{2}$		$\dfrac{\pm 5,00}{\pm 9,00}$

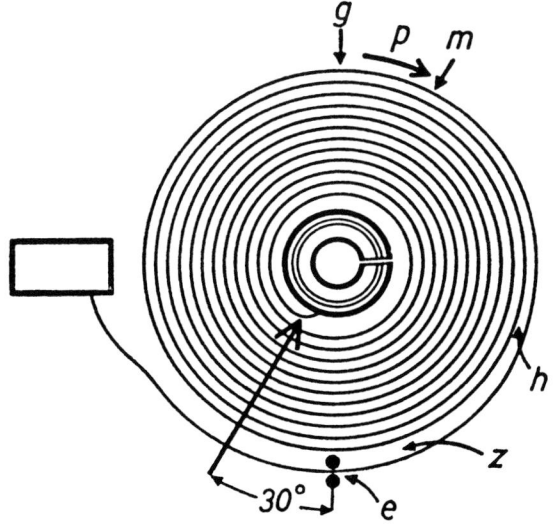

107a Veränderung der Lage des inneren Ansteckpunktes der Spiralfeder nach Alfred Helwig

**107b Testerfolgreiche Armbandchronometer (in Prozent),
bezogen auf die einzelnen Prüfungszeiträume**

**107c Versager (in Prozent), bezogen
auf die einzelnen Fehlerarten**

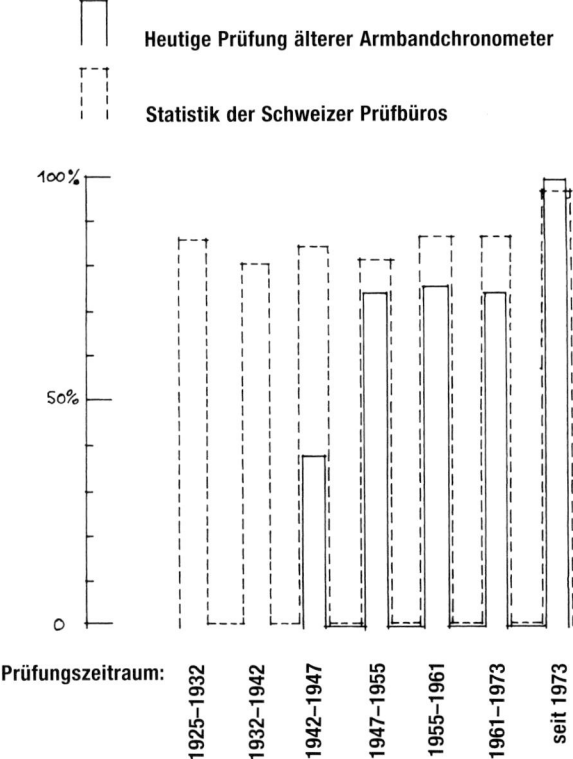

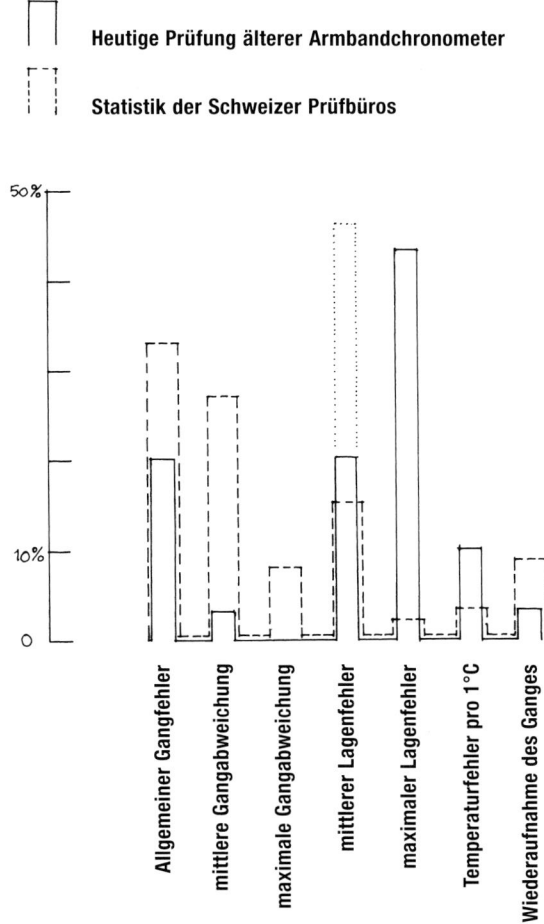

Heutige Prüfung älterer Armbandchronometer

Statistik der Schweizer Prüfbüros

107d Vergleich der Gangleistungen (mittlerer täglicher Gang und mittlere tägliche Gangabweichung) von 38 älteren Armbandchronometern im Tragen und bei der Prüfung

mittlere(r) tägliche(r) Gang	beim Tragen:		bei der Prüfung:	
	Gang	Gangabweichung	Gang	Gangabweichung
Arsa Springmaster	+2,1 sec	3,1 sec	+ 1,8 sec	4,5 sec
ASSA kal. AS 1920	+1,3	1,5	0	1,0
Bucherer kal. Felsa 1560	+1,4	1,4	+ 4,8	1,6
Bucherer kal. ETA 2522	+0,07	0,6	− 1,35	1,1
Cortébert kal. 681	−0,9	3,8	− 0,25	3,1
Ditisheim Solvil kal. ETA 1080	+0,8	1,6	− 2,0	0,3
Cyma Time-O-Vox	+6,0	2,6	− 0,1	3,8
Eternamatic kal. 1412 U	−0,8	1,8	+ 2,2	1,0
Girard Perregaux HF	+2,1	1,3	+ 1,98	0,68
Girard Perregaux HF Chron. Observ.	−1,7	1,9	+ 0,27	0,55
Jaeger LeCoultre kal. 476/3	−3,5	1,0	+14,0	3,3
Junghans Kal. J 83	+1,5	1,7	+ 0,05	2,1
Laco kal. 630 Durowe	+1,75	4,3	+ 5,1	1,6
Lanco kal. 359	+2,1	1,7	+ 2,5	1,0
Longines kal. 27,0 S	−2,3	1,8	− 1,4	1,6
Mido Oceanstar	−3,5	2,8	+ 6,5	1,3
Ulysse Nardin	+0,2	1,5	+ 9,2	1,6
Nivada kal. ETA 2452	+6,2	1,0	− 1,0	2,2
Omega kal. 30 T2 Rg	+1,2	1,0	+ 1,25	1,7
Omega kal. 30 T2 Rg SC	+6,0	0,9	+ 8,2	0,9
Omega Constellation kal. 343	−1,0	4,7	+ 3,7	1,1
Omega Constellation kal. 354	−2,3	1,1	− 1,0	1,4
Omega Constellation kal. 501	+3,7	2,45	+ 6,75	2,5
Omega Constellation kal. 505	−0,4	1,75	+ 0,6	1,6
Omega Constellation kal. 561/1	+0,1	1,5	− 1,0	1,25
Omega Constellation II kal. 561/1	+0,2	1,2	− 1,2	3,0
Omega Constellation kal. 751	+3,86	1,6	+ 9,7	3,1
Omega Constellation kal. 1001	+6,3	3,75	+ 1,35	1,5
Omega Speedmaster 125	+0,9	1,0	+ 2,6	0,6
Rolex Oyster Perpet. Ref. 2940	+6,0	3,3	+ 0,05	1,0
Rolex Oyster Perpet. kal. 1030	+2,7	2,0	0	3,5
Vacheron & Constantin	+0,4	1,2	+ 1,85	1,5
Vacuum Chronometer	−2,8	0,8	+ 0,1	1,2
Zenith kal. 71	+8,0	7,9	+13,0	1,5
Zenith kal. 133.8	+1,9	1,4	+15,0	3,2
Zenith I kal. 135	−0,7	1,0	+ 0,9	0,6
Zenith II kal. 135	+2,25	3,6	+ 0,8	1,4
Zenith Captain kal. 2542 PC	+2,9	2,0+	+ 2,1	0,6

Le Coultre des Kalibers P 540/4 C aus der Zeit um 1950 sowie als vierte eine klassisch einfache, aber sehr gut erhaltene deutsche Laco aus den 50er Jahren mit einem deutschen Durowe-Werk. Alle vier bestanden die Prüfung ohne Schwierigkeiten, aber auch ohne Auszeichnung.

Dies – besonders auf die Laco bezogen – soll nicht etwa heißen, daß die Chronometerprüfungen überflüssig waren. Es zeigt aber, daß es ohne sie sehr wohl Präzisionsarmbanduhren mit niedrigen Gangabweichungen und geringen Lagen- und Temperaturfehlern gab, die ohne weiteres Chronometerqualität besaßen. Nur: Diese ihre Eigenschaften waren für einen daran interessierten Uhrenkäufer kaum zu erkennen, und entsprechenden Beteuerungen des Verkäufers mußte man nicht unbedingt Glauben schenken. Das Risiko, ohne Zertifikat – besonders in den niedrigen bis mittleren Preislagen – eine nicht ausreichend präzise oder gar enttäuschend ungenaue Armbanduhr zu erhalten, war einfach höher. In der Minderung dieses Risikos lag der entscheidende Vorteil des geprüften Armbandchronometers mit Zertifikat.

Schließlich sind wir noch der Frage nachgegangen, wie sich ein Armbandchronometer, das die Prüfung der Schweizer B. O. bestanden hat, unter den Prüfungsbedingungen eines Observatoriums verhält, die ja allgemein als viel schwieriger galten. Also ein praktischer, empirischer Vergleich des Prüfungsniveaus und -schwierigkeitsgrades dieser beiden Institute. Es wurde schon darauf hingewiesen (S. 27), daß die schrittweise Verschärfung der Grenzwerte der B. O. schließlich ab 1961 zu nur noch geringen Unterschieden führte (siehe Tab. 39), daß also der Observatoriumsgangschein gegenüber dem eines B. O. an Wert verlor. Diese Feststellung soll mit einem solchen Vergleich anschaulich gemacht werden.

Wir haben den Vergleich angestellt mit der Zenith Kaliber 135, die bei unserer Prüfung unter den Bedingungen der B. O. am besten abgeschnitten hat (Abb. 89).

Nach der 45tägigen Prüfung unter den Bedingungen des Observatoriums Neuchâtel zeigte sich, daß die Zenith auch diese Prüfung bestanden hatte. Sie erreichte die in Tabelle 104 genannten Gangwerte.

Es ist durch Vergleich leicht festzustellen (Tab. 89), daß die Fehler dieser Uhr bei der Observatoriumsprüfung etwas höher sind als bei der B. O.-Prüfung. Dies ist wahrscheinlich zurückzuführen auf die längere Prüfungszeit am

Observatorium in jeder einzelnen Lage und Temperatur – nämlich 4 bzw. 5 Tage anstelle 1 bzw. 2 Tage.

Aus diesen Gangwerten ergibt sich die Punktzahl 21,33. Unsere Zenith hätte zwar einen Gangschein und den Titel »Chronomètre d'Observatoire« erreicht, aber keinen Preis, da für einen dritten Preis höchstens 12 Punkte erlaubt waren. (Erinnern wir uns: Das Optimum in Neuchâtel waren Null Punkte. Je weniger Punkte eine Uhr bekam, um so besser war sie). Unter den bestandenen Armbanduhren des Jahrgangs 1960 etwa, die also am Wettbewerb teilnahmen – 163 Armbanduhren waren es insgesamt – hätte unsere Zenith nur den vorletzten Platz erreicht. Nur eine Armbanduhr war, mit 22,9 Punkten, noch schlechter.

Unter den Bedingungen des Observatoriums Genf (hier war die optimale Punktzahl 60) hätte sie mit diesen Gangergebnissen 32,81 Punkte erreicht. In der Liste der Wettbewerbsteilnehmer des Jahrgangs 1960 hätte sie auch hier nur den vorletzten Platz eingenommen und ebenfalls keinen Preis erreicht. Die letztplazierte Armbanduhr hatte 25,24 Punkte.

Wahrlich keine gute Plazierung. Aber halten wir uns vor Augen, daß dies eine rund 30 Jahre alte, getragene Armbanduhr ist, die zu keiner Zeit, auch direkt nach ihrer Herstellung nicht, jene sorgfältige Reglage durch einen hervorgenden Regleur erhalten hat, die bei den Wettbewerbsuhren üblich war. Vielmehr ist sie kurz vor den Prüfungen lediglich normal überholt worden. Angesichts dieser Erschwernisse ist die Tatsache, daß diese Zenith des Kalibers 135 die Observatoriumsprüfung anstandslos bestanden und alle Grenzwerte mit großem Abstand unterschritten hat, ein Beweis für die hervorragende Qualität dieses Armbandchronometers.

Mit dem Ergebnis dieser einen Armbanduhr von Zenith können wir bestätigen, daß um 1960 die Unterschiede zwischen Observatoriums- und B. O.-Prüfungen nicht mehr sehr groß waren.

Mit den Gangergebnissen der zwölf Armbandchronometer, deren »Porträts« hier vorgestellt wurden, ließen sich damals (1990) kaum allgemeingültige Erkenntnisse beschreiben; dazu war die Datenbasis zu schmal.

Inzwischen (1994) wurde eine etwa fünffache Anzahl von Armbandchronometern geprüft, so daß eine breitere Datenbasis zur Verfügung steht. Es ist nun zwar nicht mehr möglich, Por-

träts all dieser Uhren in der damaligen Ausführlichkeit vorzustellen, denn das würde den Rahmen dieser Untersuchung sprengen und wohl auch von geringem Interesse sein. Insofern können die damaligen zwölf Uhrenporträts als exemplarisch betrachtet werden. Jedoch erlaubt auch eine summarische Zusammenfassung der Gangergebnisse, die die ersten zwölf mit einbezieht, interessante Schlußfolgerungen.

Zunächst die Gesamtübersicht: Von insgesamt 63 geprüften Armbandchronometern haben 46 die Prüfung bestanden, also 73%.

Des weiteren ist es lohnend zu beobachten, wie sich das Alter der Uhren auf ihre Ganggenauigkeit auswirkt (Tab. 107b). Zunächst kann der zu erwartende Trend – daß die Uhren nämlich um so seltener die Prüfung bestehen, je älter sie sind – bestätigt werden. Bei den frühen Chronometern ist diese Aussage aber nicht repräsentativ, da mir zu wenig Uhren zur Verfügung standen: für den Prüfungszeitraum 1925–32 waren es nur drei (die alle durchfielen), für 1932–42 stand gar keine Uhr zur Verfügung.

Überraschend ist demgegenüber der nahezu konstant hohe Prozentsatz an Chronometern von jeweils rund 75%, hergestellt in dem sehr langen Zeitraum von 1947 bis 1973, die heute noch die Chronometerprüfung bestanden haben. Als mögliche Gründe für dieses erstaunlich konstante Ergebnis können zwei Thesen angeboten werden: Die eine ist, daß vielleicht in dem prosperierenden Zeitraum nach dem Zweiten Weltkrieg auch in der Schweiz als Hauptproduktionsland nun qualitativ besonders hochwertige Armbanduhren hergestellt wurden. Der zweiten Erklärungsmöglichkeit zufolge sind die besseren und konstanten Gangleistungen auf die Ablösung der geteilten, bimetallischen Kompensationsunruh durch die geschlossene, temperaturkonstante Ringunruh zu Ende der 40er Jahre zurückzuführen.

Die Tabelle 107b zeigt weiter, daß es bei den neueren, nach 1973 entstandenen Uhren keinen einzigen Versager mehr gab. Wenn man einmal den durchschnittlichen Prozentsatz der testerfolgreichen Armbandchronometer auf der Basis der jährlichen Statistiken der Schweizer B. O. darstellt (gestrichelte Säulen in Tab. 107b), so zeigt sich ein gleichbleibend hohes Niveau von zwischen 80 und 90% erfolgreichen Uhren, was auch nachvollziehbar ist, da diese Prüfungen immer an fabrikneuen Uhren durchgeführt wurden, im Gegensatz zu den bis zu 70 Jahre alten Prüflingen unseres Tests, von denen nur zwei Exemplare fabrikneu waren.

Eine nächste interessante Frage ist: An welchen Fehlern sind unsere gebrauchten Armbandchronometer hauptsächlich gescheitert? Bereits auf der Basis der zwölf ersten Uhren war festgestellt worden, daß die Lagenfehler die bedeutendste Fehlerquelle waren. Würde sich dieser Trend auch nach über 60 Prüfungen bestätigen lassen? Um es vorwegzunehmen: Auch nach so vielen weiteren Prüfungen bleibt es bei der eindeutigen Feststellung, daß bei diesen gebrauchten Chronometern die beiden Lagenfehler mit zusammen zwei Dritteln aller Versagerursachen die wichtigste Fehlerquelle sind. Eine gewisse Bedeutung hat noch der mittlere Gangfehler, der ebenso häufig vorkommt wie der mittlere Lagenfehler. Die übrigen Fehler wie Gangabweichung, Temperatur- und Reproduktionsfehler sind nahezu bedeutungslos.

Mit der in Tabelle 107c punktierten Verlängerung der Säule für den mittleren Lagenfehler hat es folgende Bewandtnis: Dieser Fehler wurde erst 1961 in die Chronometerprüfung eingeführt. Über die Hälfte der von mir geprüften Uhren ist aber älter als 1961. Daher wurde zum Vergleich der Fehlerhäufigkeit mit dem punktierten Säulenteil der mittlere Lagenfehler der vor 1961 entstandenen Uhren berücksichtigt.

Wie schon erwähnt führten die Schweizer Prüfbüros in den 60er Jahren Statistiken über die damaligen Versagergründe. Wenn man diese vergleicht mit jenen unserer Chronometer (gestrichelte Säulen in Tab. 107c), so fallen die erheblichen Unterschiede deutlich ins Auge. Am extremsten sind sie bei den Lagenfehlern, besonders dem maximalen: heute mit über 40% der häufigste Einzelfehler, damals mit 2% der niedrigste. Zwei Gründe scheinen dafür verantwortlich zu sein:

1.) Die von den B.O. geprüften Uhren waren fabrikneu mit neuer Reglage, die von mir geprüften aber mehrere Jahrzehnte alt und getragen, ihre Reglage nur noch eingeschränkt vorhanden. Da die meisten Reglageeingriffe sich auf das Gangverhalten in den verschiedenen Lagen beziehen, ist es einleuchtend, daß Lagenfehler bei gebrauchten Uhren häufiger und höher sind als bei neuen. Außerdem kamen die hohen Grenzwerte für die Lagenfehler besonders den fabrikneuen, frisch terminierten und regulierten Uhren zugute.

2.) Verstärkend kommt hinzu, daß lange Zeit gelaufene Uhren häufig Einlaufschäden an den Wellenzapfen (besonders der am schnellsten drehenden Unruhwelle) haben, wodurch ungünstigere Reibungsverhältnisse in den Lagern entstehen, die besonders nachteilig bei den senkrechten Lagen sind.

Auffällig ist auch der erhebliche Unterschied bei dem mittleren Gangabweichungsfehler als Versagergrund: bei den B.O. mit über 30% der zweithäufigste Fehler, heute mit knapp 2% fast bedeutungslos. Da eine niedrige Gangabweichung besonders von der Zuverlässigkeit einer Uhr, von ihrer Herstellungsqualität abhängig ist, ist die niedrige heutige Fehlerrate vielleicht darauf zurückzuführen, daß die von mir geprüften Chronometer im Durchschnitt von höherer Qualität sind, als es die damals zur Prüfung eingereichten waren. Denn der Autor kann ja auswählen, mit welchen Uhren er die Prüfung nachvollziehen will, die B.O. konnten das damals nicht: sie hatten alle Uhren zu prüfen, die ihnen vorgelegt wurden. Auch die Porträts der zwölf anfangs geprüften Armbandchronometer bestätigen diese Vermutung (Tab. 105): alle drei durchgefallenen Uhren stammen aus dem Bereich der auch damals preisgünstigen Stücke; ein Trend, den auch die inzwischen geprüften weiteren 51 Uhren bestätigen. Dieser bereits früher erkannte Zusammenhang war ein Argument der Kritiker der Armbandchronometerprüfung; sie behaupteten, daß diese hauptsächlich dazu diente, billige Uhren ohne großen Aufwand attraktiver und teurer zu machen. Daraufhin verzichteten die Hersteller teurer und qualitativ hochwertiger Uhren teilweise auf die Prüfung mit dem Argument, die Präzision und Gangkonstanz ihrer Uhren seien ohnedies gegeben und außerdem bekannt.

Sodann soll der bereits angesprochenen (S. 74, Tab. 106) Frage der Gangleistungen älterer Armbandchronometer im Alltag, am Arm getragen, nachgegangen werden, und zwar auf der Basis der Ergebnisse von nunmehr 38 Uhren, welche die Prüfung bestanden haben (Tab. 107d). Die Uhren wurden an mindestens 10 und höchstens 30 Tagen getragen und täglich abgelesen, danach wurden die beiden in der Praxis wichtigsten Werte a) mittlerer täglicher Gang und b) mittlere tägliche Gangabweichung ermittelt. Ein Lagenfehler läßt sich ja im Tragen nicht ermitteln. Die Ergebnisse der Tabelle 106 sind in diese Untersuchung einbezogen. Zwei Zusammenhänge sind relativ leicht erkennbar:

1.) Es gibt nur eine Minderzahl von Uhren (11) mit negativen Gängen, die alle recht niedrig sind: nur 5 von ihnen unterschreiten −2 sec/Tag; der größte negative Gang beträgt −3,5 sec, gegenüber +8 sec bei den positiven Gängen. Das ist eine noch heute spürbare Folge der Prüfungsgrenzwerte, die im negativen Bereich immer sehr knapp waren.

2.) Aber auch die positiven Tagesgänge sind überwiegend erstaunlich niedrig: nur 13 Uhren (damit weniger als die Hälfte der Uhren mit positiven Tagesgängen) hatten mittlere tägliche Gänge von mehr als +2 sec, und nur eine geringe Zahl von 5 Uhren überschritt +5 sec/Tag. Eine recht gute Bilanz für bis zu 48 Jahre alte Armbanduhren.

Sehr interessant ist auch der Vergleich dieser Gangleistungen im Tragen mit den entsprechenden bei der Prüfung, die in der Übersicht (Tab. 107d) hinzugefügt wurden. Bildet man die Summe aus mittlerem täglichem Gang und Gangabweichung, so schneiden jeweils 19 Uhren im Tragen und bei der Prüfung besser ab. Also ist insgesamt kein Unterschied erkennbar. Dieser wird erst sichtbar, wenn man zwischen Handaufzug- und Automatikuhren differenziert: Von den insgesamt 12 Handaufzuguhren waren 7 bei der Prüfung und 5 im Tragen besser. Bei den Automatikuhren war es umgekehrt: nur 12 waren bei der Prüfung besser, aber 14 im Tragen. Es wird also deutlich, daß die Handaufzuguhren bei der Prüfung genauer gehen, die Automatikuhren dagegen im Tragen. Dies hängt mit der schon erwähnten Tatsache zusammen, daß Automatikuhren bei der Prüfung ungünstigeren Bedingungen ausgesetzt sind als beim Tragen, wo die Zugfeder ständig nachgespannt wird und eine konstant hohe Spannung hat: ideale Bedingungen für eine mechanische Uhr, welche die großen Chronometriers der Vergangenheit mit aufwendigen und hochkomplizierten Zusatzkonstruktionen (Gleichmäßigkeitsaufzüge, Vorrichtung mit konstanter Kraft) zu erreichen suchten. Bei der Prüfung ruht aber die automatische Armbanduhr wie diejenige mit Handaufzug den ganzen Tag in der jeweiligen Prüflage und wird nur einmal am Tag aufgezogen. Ihre Zugfeder macht also im Laufe des Tages die unterschiedlichsten Spannungszustände durch, ganz im Gegensatz zu ihrer eigentlichen Zweckbestimmung. Für die Handaufzuguhr sind dagegen die Zugfederbedingungen völlig die gleichen, ob sie bei der Prüfung ruht oder beim Tragen bewegt wird. Logischerweise geht daher die Automatikuhr unter Prüfungsbedingungen schlechter und ungleichmäßiger, das heißt, sie geht überwiegend nach. Man wird jedoch nicht sagen können, daß es bei Handaufzuguhren – wie in diesem Test – immer umgekehrt ist. Das hängt vielmehr unter anderem von der Höhe des Lagenfehlers zwischen waagerecht und senkrecht ab, der sich besonders nachts, wenn die Uhr auf dem Nachttisch in horizontaler Lage ruht, auswirkt.

Die wichtigsten Erkenntnisse aus diesen Tests sollen noch einmal zusammenfassend wiederholt werden:

1.) Insgesamt drei Viertel dieser teilweise über 60 (mindestens aber 20) Jahre alten Uhren haben heute noch die Chronometerprüfung bestanden, und zwar nach nur gelegentlich umfangreicheren Überarbeitungen. Bei den meisten Uhren waren außer dem Reinigen, Ölen und ggf. Auswiegen der Unruh keine weiteren Eingriffe notwendig. Das heißt: Armbandchronometer behalten ihre Ganggenauigkeit, ihre werkseitige Feinreglage länger, als eigentlich zu erwarten war und überwiegend angenommen wird, bei. Diese ist nicht ganz so flüchtig und kurzlebig, wie allgemein angenommen wird. Allerdings kommt es daher sehr auf einen guten Erhaltungszustand der Uhren an.

2.) Von den Versagern ist mit etwa zwei Dritteln der größte Teil an einem der beiden Lagenfehler gescheitert. Bei der anfänglichen Prüfung dieser Uhren im fabrikfrischen Zustand durch die offiziellen Prüfbüros spielte dagegen der Lagenfehler nur eine geringe Rolle. Damals waren der mittlere Gang- und Gangabweichungsfehler die wichtigsten Versagerursachen. Das heißt: bei älteren, längere Zeit gelaufenen Armbandchronometern verstärkt sich der Lagenfehler im Laufe der Zeit mehr als alle anderen Fehler.

3.) Automatische Armbandchronometer gehen beim Tragen am Arm genauer als bei der Chronometerprüfung; bei Handaufzuguhren war es in diesem Vergleichstest umgekehrt.

Möglichkeiten des Nachregulierens

Schließlich soll noch auf die Frage eingegangen werden, wie man die Hauptfehlerquellen älterer Armbandchronometer beeinflussen bzw. beseitigen kann. Dabei soll das Folgende keineswegs in eine Arbeitsanweisung für Uhrmacher ausarten. Gute Uhrmacher wissen ohnehin, wie man die Reglage einer Uhr verbessern kann. Da dieses Buch sich vorwiegend an Sammler und Liebhaber wendet, soll vielmehr diesen ein Überblick darüber gegeben werden, was ihr

Uhrmacher alles tun kann und muß, um aus ihren guten Stücken die bestmögliche Gangleistung »herauszukitzeln«.

Dabei sollte man sich in bezug auf den Umfang der Restaurierung immer ein vernünftiges Limit setzen, für das der gegenwärtige Erhaltungszustand der Uhr das entscheidende Kriterium ist. Es hat zum Beispiel nur wenig Sinn, eine eigentlich verbrauchte Uhr durch das Auswechseln zahlloser Einzelteile (sofern diese noch erhältlich sind) wieder auf fast neu trimmen zu wollen. Denn für den kundigen Betrachter gibt es in jedem Fall genug Stellen, an denen man den Abnutzungsgrad erkennen kann und seien es nur bei dem perfekt aufpolierten Goldgehäuse die eben dadurch abgeschliffenen Stempel und Punzen. Da sollte man lieber warten, bis man ein Exemplar des gleichen Uhrentyps in besserem Erhaltungszustand findet. Natürlich ist das Problem der Grenzen der Restaurierung bei höchstens 70 Jahre alten Armbandchronometern nicht so kompliziert und vielfältig wie bei Taschenuhren, die bis zu 500 Jahre alt sein und mitunter einen hohen historischen Wert haben können. Dennoch sollte man auch hier in jedem Einzelfall überlegen, wie weit man mit dem Auswechseln von Teilen, dem Aufpolieren, Nachvergolden usw. gehen kann. Denn auch die mechanische Armbanduhr ist inzwischen vom reinen Gebrauchsgegenstand zum historisch wichtigen Belegstück avanciert. Zunächst einmal sollte die Uhr ganz sorgfältig überholt werden, so daß am Schluß »alles in Ordnung« ist. Also reinigen und ölen – und zwar im zerlegten Zustand. Dies wird auch dann angeraten, wenn man die Uhr bei einer Auktion in gereinigtem und optisch sauberem Zustand erworben hat. Denn die Werkstatt eines Auktionators kann bei der Überholung von 800 Uhren in begrenztem Zeitraum naturgemäß nicht mit der gleichen Sorgfalt vorgehen wie ein Uhrmacher mit einer einzelnen Uhr. Daher werden die Uhrwerke dort meist in unzerlegtem Zustand im Ultraschallbad gereinigt und anschließend nur die gut zugänglichen Lager geölt. Die von den Wellenzapfen in den Lagern eingeklemmten Schmutzpartikel oder Haare bleiben dagegen erhalten und die nicht geölten, da schlecht zugänglichen Wellen laufen weiterhin trocken in ihren Lagern. Außerdem bleiben eventuelle Schäden am Räderwerk unentdeckt. Besonders sorgfältig sollten auch alle anderen Maßnahmen wie zum Beispiel das Überprüfen des Sitzes der Zeiger und ihres Abstandes untereinander und zum Glas, Kontrolle und Korrektur der Zapfen-

luft, Abwiegen der Unruh, Nachpolieren eingelaufener oder gegrateter Zapfen bis zum eventuellen Auswechseln einer nicht mehr reparablen Unruhwelle, Ordnen und genaues Einstellen von Hemmung und Spirale, Überprüfen und notfalls Auswechseln der Zugfeder und der Stellung sowie der richtigen Weite des Rückerschlüssels durchgeführt werden. Danach wird die Uhr wahrscheinlich immer noch einen erheblichen Lagenfehler haben – um so größer, je älter sie ist. Aber jetzt sollte man bereits eine »Probeprüfung« machen, um zu sehen, ob die Uhr sich innerhalb der Grenzen der zur Zeit ihrer Herstellung gültigen Grenzwerte hält, denn besser und genauer muß sie nicht werden. Und diese Werte dürfen ganz erheblich sein (siehe z. B. Tab. 39).

Für die Korrektur zu hoher Lagenfehler gibt es mehrere Möglichkeiten. Die erste ist, den Lagenfehler als Schwerpunktfehler der Unruh zu behandeln, auch wenn er keiner ist, und ihn durch Verlagerung des Unruhschwerpunktes gezielt zu beeinflussen. Das bedeutet, daß man der Unruh bewußt einen Schwerpunktfehler zufügt, um das von der Ankerhemmung und der vergrößerten Zapfenreibung verursachte Nachgehen in den senkrechten Lagen zu korrigieren. Das geht aber nur bei Schraubenunruhen mit Regulierschrauben, die sehr selten waren. Etwa bei dem deutschen Laco-Chronometer mit dem Kaliber 630 von Durowe (Abb. 165), einigen Schweizer Schuluhren, der Gyromax-Unruh von Patek Philippe, den meisten Unruhen von Rolex oder einigen Kalibern von IWC mit Exzenterschrauben auf den Unruhschenkeln. Für die bis in die 50er Jahre üblichen Schraubenunruhen mit lediglich Masseschrauben empfahl Alfred Helwig, diese Masseschrauben zur Schwerpunktverlagerung entweder an den richtigen Stellen auf der Unterseite durch Abfeilen zu erleichtern oder durch kleine Unterlegscheibchen zu beschweren. Eine andere Möglichkeit der Erleichterung der Masseschrauben ist das Auffeilen oder Aussenken des Schraubenschlitzes.

Welches sind aber die »richtigen« Stellen an der Unruh für den erwünschten Effekt einer Schwerpunktveränderung? Die Unruh hat in derjenigen senkrechten Lage der Uhr, bei der das größte Nachgehen auftritt, oben ein Übergewicht. Wenn man also diese Lage durch Gangbeobachtung herausgefunden hat, so muß eine der oberen Schrauben erleichtert und zugleich die gegenüberliegende untere etwas beschwert werden.

Aber bei den meisten, besonders den jüngeren Armbanduhrunruhen scheidet dies wegen des Fehlens von Reguliermöglichkeiten aus. Einige Firmen haben sich bei schraubenlosen Ringunruhen damit beholfen, diese auf der Unterseite anzufeilen. Das ist aber eine zweifelhafte und von den meisten Uhrmachern abgelehnte Maßnahme, weil sie irreversibel ist und die Unruh schwächt. Helwig schlug in diesen Fällen vor, die Unruhschwingungen in den senkrechten Lagen zu beschleunigen, da deren Verlangsamung die Quelle des Lagenfehlers ist. Dazu gibt es zwei Möglichkeiten:

1.) Die Anordnung des inneren Ansteckpunktes der Spirale (bei Flachspiralen, siehe Abb. 107a) zwischen Spiralklötzchen und den Rückerstiften, und zwar etwa 30° von den Rückerstiften entfernt. Bei Unruhen mit Breguetspiralen kann man die aufgebogene Endkurve derart berichtigen, daß die größte Entwicklung der Spirale sich gegenüber ihrem inneren Ansteckpunkt befindet. Das sind aber sehr diffizile Arbeiten.

2.) Ein leichtes Verbiegen der Rückerstifte derart, daß die Spiralfederklinge nur am äußeren Rückerstift anliegt. Dadurch werden die großen Schwingungen der Unruh in den horizontalen Lagen, die sonst zum Vorgehen der Uhr führen, verlangsamt und das Vorgehen im Liegen tritt nicht mehr auf.

Das Sammeln von Armbandchronometern

Als in sich geschlossenes Sammelgebiet sind Armbandchronometer eine reizvolle Angelegenheit, besonders für Techniksammler und »Genauigkeitsfanatiker«. Denn einerseits haben Armbandchronometer meist sehr schöne, sorgfältig gearbeitete, qualitätvolle Werke, die für sich schon ein optischer Genuß sind. Mit ihrer äußeren Schlichtheit und Zurückhaltung sind sie, von wenigen Ausnahmen abgesehen, echte Understatement-Uhren, denen man nicht ansieht, welche hohen Qualitäten in ihnen stecken. Und es ist andererseits eine befriedigende Sache, einem älteren Armbandchronometer in geduldiger und häufig auch langwieriger Kleinarbeit – die aus wiederholtem Überarbeiten des Werkes mit anschließenden Probeprüfungen besteht – allmählich wieder zu Gangleistungen zu verhelfen, die ihn die Chronometerprüfung mit den Grenzwerten zu seiner Herstellungszeit bestehen lassen. Hierfür ist

auch das Gangscheinmuster (Tab. 107) als Hilfsmittel gedacht. Daß solche Stücke dann im Alltagsgebrauch für den Normalmenschen durchaus den modernsten Quarzuhren ebenbürtig sein können – und ihnen in der Lebensdauer wahrscheinlich weit überlegen sind –, konnte in mehreren Vergleichstests nachgewiesen werden (siehe z. B. Fritz von Osterhausen, Mechanisch contra elektrisch, in: Uhren Heft 2/1994) und erhebt diese Uhren außerdem über ihre Funktion als Sammlungs- und historisch wichtiges Belegstück hinaus zum täglichen Gebrauchsgegenstand.

Das Sammelgebiet Armbandchronometer kann außerordentlich umfangreich sein. Zum Beispiel haben über 280 Schweizer Firmen Armbandchronometer hergestellt, außerdem 7 deutsche und rund 20 französische Firmen. Allein die Firma Omega, einer der größten Armbandchronometerhersteller, hat insgesamt 45 Armbandchronometer-Werkskaliber entwickelt, die in vielen verschiedenen Referenzen und Typen (Constellation, Seamaster, Speedmaster, Speedsonic) in den Handel kamen, so daß ein auf Omega spezialisierter Armbandchronometersammler rund 150–200 Uhren zusammentragen müßte, um auf diesem Gebiet eine komplette Sammlung zu haben. Ähnlich umfangreich dürfte die Anzahl der Chronometermodelle von Rolex sein, von denen Kreuzers lückenhaftes Kaliberverzeichnis allein 75 verschiedene Werkskaliber seit 1932 aufführt (Anton Kreuzer/Gisbert A. Joseph, Rolex, Klagenfurt 1991). Ein Omega- oder Rolexsammler könnte also eine umfangreiche Spezial-Chronometersammlung zusammentragen, die im Fall von Rolex wegen der sehr hohen Marktpreise auch einen erheblichen materiellen Wert darstellen würde. Um kurz in diesem sehr profanen Bereich zu bleiben: Das Erfreuliche an dem Sammelgebiet Armbandchronometer ist, daß der größte Teil der Objekte immer noch ziemlich wohlfeil ist. Ein sehr seltenes Stück einer kleinen ausgefallenen, aber unbekannten Firma im bescheidenen Stahlgehäuse kann man immer noch für weit unter 1000,–DM bekommen. Es muß ja nicht gerade eine Kultuhr wie die Rolex Prince sein oder ein Kienzle-Superior-Chronometer; dieses ist wegen seiner Seltenheit und Qualität ein absoluter Geheimtip und hat deshalb unter Kennern Preise, die auch Rolex- und Patek Philippe-Sammlern nicht unbekannt sind.

Ein Höhepunkt ist es, wenn einem dann einmal eines der raren Observatoriumschronometer über den Weg läuft, die – zahlenmäßig ohnehin

sehr begrenzt – meist bei der Firma verblieben und von denen nur vereinzelte Stücke auf den Markt kamen, die dann, wenn zudem ein berühmter Name dahintersteht, exorbitante Preise haben. Wie etwa die von dem berühmten André Zibach regulierte Patek Philippe von 1954, die auf einer Genfer Auktion im Jahre 1990 einen Zuschlag von 550000,–Schweizer Franken erzielte.

Mit etwas Glück kann man allerdings auch preiswertere Observatoriumschronometer bekommen und hat dann ein absolut einzigartiges, vielleicht noch von einem berühmten Regleur feingestelltes Stück; es ist wegen dieser Umstände schon heute ein bedeutendes historisches Belegstück und wird für die kommenden Generationen vielleicht einen vergleichbaren Wert haben wie für uns heute eine Taschenuhr von Thomas Tompion, Daniel Quare oder Philipp Matthäus Hahn. Es wird aus der Masse der Abermillionen Armbanduhren – selbst die in den Prüfbüros geprüften Armbandchronometer zählen bereits mehrere Millionen – noch weiter herausragen als eine Taschenuhr eines berühmten Meisters aus der Masse der damals einzeln von Hand gefertigten anonymen Stücke. Bei diesen seltenen Observatoriumschronometern wird also die Individualität des einzelnen Objektes tatsächlich wieder so bedeutsam, wie es die Einzelstücke aus der Frühzeit der Taschenuhren waren. Wer könnte sich diesem Reiz wohl entziehen?

Möchten Sie einen Tip haben? Nun, ich bin kein Hellseher, aber ich könnte mir vorstellen, daß in Deutschland die qualitätvollen Junghans-Armbandchronometer an Wert zulegen werden, einen guten Erhaltungszustand vorausgesetzt. Dies sind ganz typische Vertreter der »Wirtschaftswunderjahre« zwischen 1950 und 1960, die inzwischen bereits eine historische Epoche sind. Die etwa gleichzeitigen Chronometer der Glashütter GUB scheinen ja nach dem Ende der DDR bisher keinen nostalgischen Aufschwung erlebt zu haben, was ihre geringe Qualität auch nicht rechtfertigen würde. Für noch steigerungsfähig halte ich die Armbandchronometer von Omega, unter denen es besonders in den 40er Jahren mit dem Kaliber 30 T2 Rg wunderschöne Exemplare gibt, Rolex scheint mir jedoch am Ende der Steigerungsskala angelangt zu sein.

Inzwischen hat die Renaissance der derzeitigen neuen mechanischen Armbanduhren auch die Chronometer erreicht, von denen hier nur kurz die Rede sein soll. Trotz der Vielfalt der Firmen, die inzwischen wieder mechanische Armbanduhren zur Chronometerprüfung bei den Schweizer Prüfbüros einreichen (nämlich insgesamt 25 im Jahre 1991), ist die Beschränkung auf nur wenige Werkskaliber von Valjoux und hauptsächlich ETA enttäuschend und paßt so gar nicht zu der lebhaften Szene während der »historischen« Epoche mit der großen Zahl von Kalibern. In einem Vergleichstest wurde zum Beispiel deutlich, daß von 14 derzeitigen Armbandchronometermodellen allein 8 das gleiche ETA-Kaliber haben. In einer Sammlung historischer mechanischer Armbandchronometer haben diese neuen Stücke wohl nichts zu suchen.

Fälschungen

Da das Armbandchronometer meist nur durch eine entsprechende Zifferblattaufschrift ausgewiesen ist, ist seine Fälschung kinderleicht: Man muß nur auf dem Zifferblatt einer guten Armbanduhr die zusätzliche Aufschrift »Chronometer« oder französisch »Chronomètre« aufbringen. Für einen Fachmann mit dem richtigen Stempel eine einfache Sache. Eine solche Fälschung ist nur dann zu erkennen, wenn man sie eindeutig als nachträglich identifizieren kann; wenn sie zum Beispiel in Schriftqualität oder -duktus deutlich von der übrigen Beschriftung abweicht, oder wenn es andere Unstimmigkeiten gibt. Auch bei insgesamt restaurierten Zifferblättern ist Vorsicht geboten, denn wenn ohnehin alle Beschriftung erneuert wird, fällt ein zusätzliches Wort nicht auf.

Hier drei Beispiele für Fälschungen. Das erste betrifft einen auf einer Auktion beobachteten Universal-Chronographen Unicompax, der auf dem Zifferblatt die Aufschrift »Chronometre« hatte, auf dem Werk aber unübersehbar den Zusatz »unadjusted«. Ein nicht feingestelltes Werk wird die Chronometerprüfung höchstens zufällig bestehen können. Und es ist sehr unwahrscheinlich, daß ein Uhrenhersteller wie Universal sich auf einen solchen möglichen Zufall verlassen hat. Sehr viel wahrscheinlicher ist das Zifferblatt dieser Unicompax eine Fälschung, das heißt, die Aufschrift »Chronometre« wird nachträglich aufgebracht worden sein. Da Chronographen mit Chronometerqualität sehr selten sind, hat der Fälscher mit diesem zusätzlichen Wort eine normale Serienuhr zum seltenen Einzelstück gemacht. Es kann allerdings nicht ganz ausgeschlossen werden, daß dieses »unadjusted« nur aus zollrechtlichen

Gründen auf ein in Wahrheit regliertes Werk gestempelt wurde, wie es bei Exportuhren in die USA häufig üblich war. Ob es sich um eine solche Exportuhr handelt, erkennt man an einer dreistelligen Buchstabenkombination auf dem Unruhkloben. Es bleibt jedoch eine erhebliche Unsicherheit.

Ein anderer Fall einer Fälschung war eine Omega Seamaster, bei der die Zifferblattaufschrift »Omega Seamaster Automatic« einen normalen, scharfkantigen Duktus zeigte, während die Schrift »Chronometer offecially certified« deutlich fettere Buchstaben mit unscharfen Kanten hatte – sowie den Schreibfehler »offecially« anstelle »officially« aufwies. Da das Modell Seamaster nur selten als Chronometer hergestellt wurde, liegt auch hier eine Wertsteigerung durch die gefälschte Chronometeraufschrift vor.

Waren dies recht ungeschickte, einfach zu durchschauende Fälschungen, so ist man im Fall der bereits beschriebenen Recta (Abb. 236 a, b) geschickter vorgegangen, da der andersfarbige Chronometeraufdruck nicht zur Anpassung der gefälschten Schrift zwingt.

Sehr hilfreich ist es, wenn die Chronometeraufschrift nicht nur auf dem Zifferblatt, sondern auch auf dem Werk vorhanden ist. Denn deren Fälschung, das heißt das Einschlagen oder Eingravieren der Aufschrift auf eine zuvor ausgebaute Werkplatine oder -brücke, ist aufwendig und daher vermutlich selten. Das Fehlen einer Chronometeraufschrift auf dem Werk, bei gleichzeitigem Vorhandensein auf dem Zifferblatt, ist allerdings kein Hinweis auf eine Fälschung, denn dies kommt bei nachgewiesenen Chronometern sehr häufig vor.

Der oft anzutreffende Hinweis auf Anzahl und Art von Adjustierungen gibt eine gewisse Sicherheit, daß diese Uhr nach ihrer Feinstellung auch wahrscheinlich bei einer Chronometerprüfung war. Ein solcher Hinweis (meist in Englisch) lautet zum Beispiel »Adjusted five (5) positions and temperature« und entspricht in diesem Fall auch exakt den Prüfungsanforderungen der Schweizer Prüfbüros, nämlich der Prüfung in fünf Lagen und bei drei verschiedenen Temperaturen.

Eine Bedingung für die Annahme einer Uhr zur Prüfung war, daß die Werk-Nummer gut sichtbar auf der Werkplatte oder einer Hauptbrücke eingraviert oder eingeschlagen sein mußte. Uhrwerke, bei denen die Werk-Nummer fehlt, haben also mit Sicherheit keine offizielle Chronometerprüfung absolviert. Dies gilt allerdings

nur eingeschränkt für Schweizer Armbanduhren vor 1952, für welche eine Prüfung nur im Herstellerwerk durchaus zulässig war. Die größte Wahrscheinlichkeit, wirklich ein geprüftes Chronometer und keine Fälschung vor sich zu haben, besteht dann, wenn das Uhrenmodell selbst zum größten Teil nur als Chronometer in den Handel kam, wie beispielsweise die Rolex Oyster- oder Prince-Modelle, die Omega Constellation oder eine Junghans mit einem der Werkskaliber J 83 oder J 85. Bei diesen Modellen ist nämlich die Chronometereigenschaft keine wertsteigernde Seltenheit.

Generell gilt auch hier die allgemeine Erfahrung, daß der Anreiz zu einer Fälschung der Chronometereigenschaft durch eine zusätzliche Aufschrift um so größer wird, je mehr diese Eigenschaft wertsteigernd wirkt. Da Fälscher ökonomisch vorgehen und die Kosten ihrer Arbeit in Relation setzen zur dadurch erzielten Wert- und Preissteigerung, kann man annehmen, daß – bei dem geringen Aufwand der zusätzlichen Zifferblattaufschrift – auch eine geringe Wertsteigerung bereits einen Anreiz zur Fälschung gibt, wie zum Beispiel die vorgestellte Recta zeigt.

108 a, b   Armbandchronometer bezeichnet ARSA, 1957.
Rundes, nicht wasserdichtes Goldgehäuse 18 kt. mit aufgesprengtem Rückdeckel, Gehäusenummer 23.244.
Handaufzugswerk 12‴, 19 Steine, Werknummer 20.286, Ébauche-Werk von Unitas, Tramelan, Kaliber 276. Monometallische Schraubenunruh mit Incabloc-Stoßsiche-

rung, Flachspirale, einfacher Rücker, kleine Sekunde. Verschraubtes Decksteinplättchen für die Ankerradwelle.

Der Name »Arsa« ist eine Fabrikmarke der Firma A. Reymond in Tramelan, die 1932 zugleich mit Unitas den Ébauches eingegliedert wurde.

Nach dem vorliegenden Gangschein vom 20.11.1957 hat diese Uhr die Chronometerprüfung im November 1957 bestanden und zwar ohne Auszeichnung, da der Fehler der Wiederaufnahme des Ganges mit −9,0 sec zu hoch war.

109 a, b   Armbandchronometer von ARSA, Modell Springmaster, mit springender Zentralsekunde, um 1959.
Rundes, wasserdichtes Stahlgehäuse mit aufgesprengtem Rückdeckel nach Schweizer Patent Nr. 313.813, Durchmesser 33 mm, Gehäusenummer 62512 M.
Handaufzugswerk 12′′′, 21 Steine, Ébauche-Kaliber 7400 von Chézard, 1949 in Deutschland patentiert. Eines von mehreren Kalibern mit springender Zentralsekunde in unterschiedlichen Konstruktionsformen dieser Firma. Werknummer 21902. Verschraubtes Decksteinplättchen für die Hemmungsradwelle, monometallische Schraubenunruh mit Incabloc-Stoßsicherung, Flachspirale, einfacher Rücker, Unruhstop durch Ziehen der Krone.

110 a–d   Zwei Zifferblattansichten, Werk- und Unter-Zifferblattseite eines Armband-chronometerwerkes von AUDEMARS PIGUET. Rhodiniertes Handaufzugswerk mit Genfer Streifen, Größe 13‴, Kaliber VZSS, 18 Steine, Werknummer 73.010, kleine Sekunde. Reglagehinweis (adjusted to temperature and 4 positions). Monometallische Glucydur-Schraubenunruh mit gebläuter Breguetspirale, Incabloc-Stoßsicherung, Feinregulierung.

Audemars Piguet hat das Werkskaliber VZSS – das es auch mit Zentralsekunde gab und dann VZSSC (für Seconde au centre) bezeichnet wurde – in dem langen Zeitraum zwischen 1940 und 1963 hergestellt.

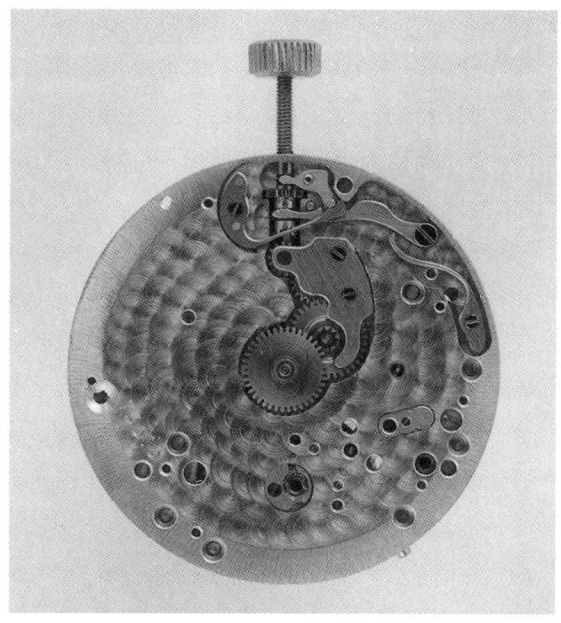

110 e   Zifferblattansicht einer Armbanduhr von AUDEMARS PIGUET mit der Aufschrift »Précision«, die nach Auskunft des Herstellers ein Chronometer ist. In zwei Fällen (siehe Abb. 110a–c) ist die Signatur in einem den Chronographen-Hilfszifferblättern ähnlichen kleinen Kreis angebracht, so wie es auch Patek Philippe bei seinen Chronomètres d'Observatoire machte (siehe Abb. 224, 227).

◁ III a, b Armbandchronometer bezeichnet BAYLOR, um 1970.
Wasserdicht verschraubtes Stahlgehäuse, Leuchtzeiger, Zentralsekunde.
Rundes, gelbvergoldetes Automatikwerk $11^1/_2'''$, AS-Kaliber 2062, Werknummer 879, 17 Steine, in beiden Richtungen aufziehender Zentralrotor, Glucydur-Ringunruh mit Nivarox-Flachspirale, Incabloc-Stoßsicherung, einfacher Rücker ohne Zeiger.

112 a, b Armbandchronometer von ▷
BIFORA, Modell »Unima« mit kleiner Sekunde, um 1957.
Rundes, nicht wasserdichtes Plaquégehäuse mit aufgesprengtem Stahlboden, Durchmesser 33 mm, Gehäusenummer 2453.
Vergoldetes Handaufzugswerk $11^1/_2'''$, Kaliber 720 (B), Werknummer 2453 (nummerngleich mit Gehäuse). 18 Steine, verschraubtes Decksteinplättchen für die Ankerradwelle. Monometallische Beryllium-Schraubenunruh mit Incabloc-Stoßsicherung, Nivarox-Flachspirale, Schwanenhals-Feinregulierung.
Frühes Bifora-Chronometer mit der wahlweise erhältlichen kleinen Sekunde. Der Name »Bifora« ist eine Fabrikmarke der deutschen Firma J. Bidlingmaier in Schwäbisch Gmünd (siehe auch Abb. 75), die ab 1956 Armbandchronometer unter der Bezeichnung »Bifora Unima« herstellte und nach Junghans der zweitgrößte deutsche Hersteller von Armbandchronometern war.

113 a, b Armbandchronometer von BIFORA, Modell »Unima«, um 1965. Rundes, nicht wasserdichtes Goldgehäuse 14 kt. mit aufgesprengtem Rückdeckel, Durchmesser 35 mm, Gehäusenummer 4230. Vergoldetes Handaufzugswerk 12½''' mit indirekter Zentralsekunde, Kaliber 120, Werknummer 4230 (nummerngleich mit Gehäuse), 18 Steine, verschraubtes Deck-steinplättchen für Ankerradwelle. Unruhstop bei gezogener Aufzugskrone. Monometallische Schraubenunruh mit Flachspirale und Incabloc-Stoßsicherung, Schwanenhals-Feinregulierung.

114 a, b Armbandchronometer von ERNEST BOREL, Neuchâtel, 50er Jahre. Rundes, nicht wasserdichtes Rotgoldgehäuse 18 kt. mit aufgesprengtem Rückdeckel. Durchmesser 35 mm. Gehäusenummer 369043 / 14331.

Rundes Handaufzugswerk 11¼''' mit Distanzring, Rohwerk von FHF Kaliber 175, Werknummer 5025, 17 Steine, Reglagehinweis (adjusted five 5 positions and temperature), verschraubtes Decksteinplättchen für die Hemmungsradwelle, spezielle Unruh mit Flachspirale, patentierte Feinregulierung mit Spiralklötzchen »Incastar«, keine Stoßsicherung.

115 a, b Armbandchronometer von ▷ BUCHERER, um 1953.

Rundes Goldgehäuse 18 kt., verschraubt und wasserdicht, Durchmesser 34 mm. Gehäusenummer 80.028. Rotvergoldetes Automatikwerk von Felsa, 11¼''', Kaliber 1560, 25 Steine, Werknummer 80.028. Monometallische Schraubenunruh mit Breguetspirale, Incabloc-Stoßsicherung, einfache Rückerregulierung. Automatik mit beidseitig wirksamem Zentralrotor (Bidynator), indirekte Zentralsekunde.

Die Nummerngleichheit von Werk und Gehäuse ist bei Armbanduhren selten. Der patentierte, beidseitig wirkende »Bidynator« bezeichnete Zentralrotor von Felsa, 1942 eingeführt, war der erste dieser Art.

116 a, b Zifferblattansichten von zwei ▷▷ Armbandchronometern von BUCHERER, 60er Jahre.

Beide Uhren – in runden Goldgehäusen mit Zentralsekunde und mit Datums- bzw. Wochentags- und Datumsangabe – sind mit ETA-Werken ausgestattet.

◁ 117 a, b Armbandchronometer von
CERTINA (Kurth Frères), um 1955.
Rundes, nicht wasserdichtes Gelbgoldgehäuse 14 kt. mit aufgesprengtem Rückdeckel, Gehäusenummer 107.703, Durchmesser 33 mm. Automatikwerk 12½′′′, Kaliber 28–45, keine Werknummer, 21 Steine.
In beiden Richtungen aufziehender
Zentralrotor. Glucydur-Schraubenunruh
mit Flachspirale, Incabloc-Stoßsicherung,
Exzenter-Feinregulierung.

118 a, b Armbandchronometer von   ▷
CERTINA, um 1970.
Rundes, wasserdichtes Stahlgehäuse mit
verschraubtem Rückdeckel, Durchmesser
35 mm.
Automatikwerk 11½′′′, Kaliber 25–651,
Werknummer 102.110, 27 Steine. In beiden
Richtungen aufziehender Zentralrotor, Da-
tumsanzeige. Selbstkompensierende Ring-
unruh, Nivarox-Flachspirale, Incabloc-
Stoßsicherung, Exzenter-Feinregulierung.

119 a, b   Armbandchronometer von CHRONOSWISS (Gerd-Rüdiger Lang, München), 1991/92.
Rundes, wasserdichtes (bis 3 atü) Stahlgehäuse mit Goldlünette, verschraubtem und verglastem Rückdeckel, Durchmesser 38 mm. Guillochiertes Silberzifferblatt mit äußerem Minuten- und innerem Stundenkreis, Fenster für Datum bei der Sechs. Automatikwerk 12¹/₂''' (mit Distanzring) mit Zierschliff, Kaliber ETA 2892-2, Werknummer 0001, in beiden Drehrichtungen aufziehender, kugelgelagerter Zentralrotor, Reglagehinweis (5 Lagen justiert). Etachron-Exzenterfeinregulierung. Ringunruh mit Flachspirale und Incabloc-Stoßsicherung.

◁ 120 a, b Armbandchronometer von CONSUL, um 1955.
Rundes, wasserdichtes Plaquégehäuse mit verschraubtem Stahl-Rückdeckel, Ref. 2053/169, Durchmesser 33,5 mm, kleine Sekunde.
Handaufzugswerk 10¼‴ mit Distanzring, Kaliber Consul 100, Werknummer 169. 21 Steine, darunter 3 Decksteine in verschraubten Plättchen für Hemmungs-, Sekunden- und Zwischenradwelle. Selbstkompensierende monometallische Schraubenunruh, Flachspirale, Incabloc-Stoßsicherung, einfacher Rücker.

121 a, b Armbandchronometer von ▷
CORTÉBERT (Juillard & Co., Cortébert), 40er Jahre.
Glattes, rechteckiges Gelbgoldgehäuse 18 kt. mit aufgesprengtem Deckel, 29 × 29 mm, Gehäusenummer 16.088.61.
Goldene Werkkapsel mit Wolkenschliff. Rundes Handaufzugswerk 11½‴, Kaliber 681 mit massiven Kupferplatinen (Exportwerk für die USA). 17 Steine, davon 3 in Einpreßchatons, Werknummer 136. Monometallische Schraubenunruh mit Breguetspirale, keine Stoßsicherung, einfacher Rücker.

122 a, b   Armbandchronometer von
CORTÉBERT, vor 1952.
Rundes, wasserdichtes Goldgehäuse 14 kt.
mit aufgesprengtem Rückdeckel mit Dichtung (Patenthinweis). Rhodiniertes Handaufzugswerk mit Genfer Streifen 11‴, Kaliber 689 A, 17 Steine, keine Werknummer.
Monometallische Schraubenunruh ohne
Stoßsicherung, Flachspirale, direkte Zentralsekunde. Verschraubtes Decksteinplättchen
für die Ankerradwelle. Spezielle Regulie-
rungsvorrichtung »Spirofix« an der Spirale
(Hinweis auf dem Zifferblatt).

Die fehlende Werknummer weist darauf hin,
daß diese Uhr vermutlich vor 1952 im
Herstellerwerk eine Chronometerprüfung
bestanden hat. Alle in den B. O. geprüften

Armbandchronometer mußten eine Werknummer aufweisen.

123 a, b Armbandchronometer von
CORTÉBERT, 50er Jahre.
Rundes, nicht wasserdichtes Rotgoldgehäuse 18 kt. mit aufgesprengtem Rückdeckel, Durchmesser 33 mm. Gehäusenummer 1.627.700. Verkupfertes Zifferblatt mit
goldenen Balkenziffern.
Rundes, rhodiniertes Handaufzugswerk
11 3/4''' ohne Werknummer, Kaliber 677 S,
17 Steine, indirekte Zentralsekunde, monometallische Schraubenunruh mit gebläuter
Breguetspirale, keine Stoßsicherung, einfacher Rückerzeiger. Fein vollendetes Werk.

124 a, b Armbandchronometer von
CYMA, 30er Jahre.
Rechteckiges Stahlgehäuse mit aufgespreng-
tem Rückdeckel mit Werkkapsel, nicht was-
serdicht, 37 × 22 mm. Zweifarbig versilbertes
Zifferblatt, keine Sekundenanzeige.
Rhodiniertes Handaufzugs-Formwerk mit
Genfer Streifen 24,5 × 15 mm, Ref. 0.63,
Werknummer 260442, Einpreßchatons,
15 Steine, monometallische Schraubenunruh
mit Flachspirale, keine Stoßsicherung, einfa-
cher Rückerzeiger.

125 a, b Armbandchronometer von CYMA,
um 1940.
Rechteckiges Weißgoldfilled-Gehäuse in
Tank-Form mit aufgesprengtem Deckel,
23,5 × 30 mm, Gehäusenummer 50527.
Zifferblatt aufgearbeitet, originale Zeiger.
Kleines, rundes, rhodiniertes Werk mit Genfer Streifen 8 1/2''', Kaliber 836. 15 Steine,
4 goldene Einpreßchatons, 3 adjustments.
Geteilte bimetallische Kompensationsunruh
mit Schrauben und Flachspirale, keine Stoßsicherung, einfacher Rücker.

126 a, b Armbandchronometer von CYMA
mit kleiner Sekunde und Wecker, Modell
»Time-O-Vox, Cymaflex«, 50er Jahre.
Rundes, nicht wasserdichtes Gelbgoldgehäuse 14 kt. mit aufgesprengtem Rückdeckel und besonders geformten Bandanstößen, Gehäusenummer 50/4/6525/08,
Durchmesser 34 mm.
2 Drücker seitlich bei der Zwei und Vier.
Verkupfertes, rundes Handaufzugswerk
12 3/4''' mit 2 Viertelplatinen, Kaliber R 464,
speziell geformter Unruhkloben. Werknummer 1938, 17 Steine, 5 Adjustierungen. Geschlossene Gyromax-Unruh mit Flachspirale

und spezieller Cyma-Stoßsicherung, einfacher Rücker. Nur ein Federhaus für Geh-
und Weckerwerk, Umschaltung durch seit-
liche Drücker. Schlag mit poliertem, halb-
zylindrischem Hammer auf eine außen um
das Werk herumgeführte Tonfeder.
Einziges bekanntes Armbandchronometer
mit Weckerwerk in ungewöhnlicher Konstruktion.

127 a, b   Armbandchronometer von
CYMA-TAVANNES CO. (Schwob Frères,
La Chaux-de-Fonds), um 1950.
Rundes Golddoublégehäuse mit aufgesprengtem Stahlboden. Gehäusenummer
755.561. Signiert auf Zifferblatt »Cyma«, auf
Werk »Cyma« und »Tavannes Watch Co.«.
Ref. 216. Rhodiniertes Handaufzugswerk
mit Genfer Streifen 11½''', 15 Steine, Werknummer 419.366. 4 Rubine in goldenen
Einpreßchatons. Monometallische Schraubenunruh mit Breguetspirale, keine Stoßsicherung. Kleine Sekunde, einfache Rückerregulierung und Exzenter-Feinregulierung
zum Richten des Abfalls.

◁   128   Armbandchronometer von CYMA
mit Handaufzug und kleiner Sekunde im
nicht wasserdichten 18-kt.-Goldgehäuse.
Werk identisch mit der Uhr auf Abb. 127.

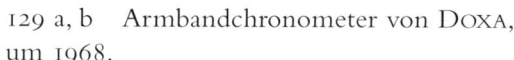

129 a, b   Armbandchronometer von DOXA,
um 1968.
Wasserdicht verschraubtes, kissenförmiges
Gelbgoldgehäuse, goldfarbenes, gebürstetes
Zifferblatt, Datumsfenster bei der Drei.
Rundes Automatikwerk 11½‴, Kaliber
Doxa 36 (vermutlich AS-Rohwerk), Werk-
nummer 1216, in beiden Richtungen aufzie-
hender Zentralrotor, schnellschwingende
(36000 A/h), schraubenlose Glucydur-
Unruh mit Nivarox-Flachspirale, Incabloc-
Stoßsicherung, spezielle Feinregulierung,
Sekunde anhaltbar durch Ziehen der Krone.

130 a, b   Armbandchronometerwerk
»Automatic« von EBEL, 50er Jahre.
Rundes Automatikwerk 11½‴ mit in beiden Drehrichtungen aufziehendem Zentralrotor. AS-Rohwerk, Werknummer 11213,
20 Steine, Zentralsekunde, monometallische
Schraubenunruh mit Nivarox-Flachspirale,
Incabloc-Stoßsicherung, einfacher Rückerzeiger.

131 a, b   Armbandchronometer von
EBERHARD & CO, 50er Jahre.
Rundes, nicht wasserdichtes Roségoldgehäuse 18 kt. mit aufgesprengtem Rückdeckel, versilbertes Zifferblatt mit kleiner
Sekunde.
Rundes, rhodiniertes Handaufzugswerk
9½''', Werknummer 277917, 18 Steine,
Glucydur-Schraubenunruh mit Flachspirale,
keine Stoßsicherung, einfacher Rückerzeiger.

132 a, b   Armbandchronometer der ÉCOLE
D'HORLOGERIE (Uhrmacherschule Genf)
mit Werk von PATEK PHILIPPE & CO., um
1945.
Rundes, verschraubtes und wasserdichtes
Stahlgehäuse mit Staubschutzdeckel.
Deckelinschrift Vacuum FB 2509/62137.
Sehr qualitätvolles, rhodiniertes Handaufzugswerk mit Genfer Streifen 12''', Kaliber
120 von Patek Philippe & Co., Werknummer (der Uhrmacherschule) 79, 18 Steine,
5 Steine in goldenen Einpreßchatons, kleine
Sekunde. Signiert auf Zifferblatt und Werk
»École D'Horlogerie Genève«. Genfer Siegel. Große, monometallische Schraubenunruh mit Parechoc-Stoßsicherung, Breguetspirale, Feinregulierung mit Schwanenhalsfeder.

133 a, b   Armbandchronometer von ELECTION (La Chaux-de-Fonds), 30er Jahre.

Rechteckiges Sterlingsilbergehäuse mit seitlichen Gravuren, 25 × 32 mm, Gehäusenummer 15171. Scharnier-Gehäuseboden.
Rundes, rhodiniertes Handaufzugswerk 10½''' mit Genfer Streifen und kleiner Sekunde. 15 Steine, keine Werknummer. Bimetallische, geteilte Kompensationsunruh mit Masseschrauben, keine Stoßsicherung, Breguetspirale, einfacher Rücker.

134 a–c   Armbanduhr der Firma ENICAR, Modell »Supertest«, 60er Jahre (unten).

Rundes, wasserdichtes Golddoublégehäuse (20 mikron) mit Bajonettverschluß, Durchmesser 35 mm, Gehäusenummer 145/001.
Vergoldetes Automatikwerk 11¾''', Kaliber Enicar 1124, 30 Steine, Automatik mit in beiden Richtungen aufziehendem, kugelgelagerten Zentralrotor, direkte Zentralsekunde, Werknummer 110.335. Monometallische Ringunruh mit Flachspirale und Incabloc-Stoßsicherung, bewegliches Spiralklötzchen, einfacher Rücker.

Diese Armbanduhr der Firma Enicar aus Lengnau ist kein Chronometer, wenn auch die Modellbezeichnung »Supertest« etwas ähnliches nahelegen soll. Denn sie hat keine Ganggenauigkeitsprüfung einer offiziellen Prüfstelle oder nach den Kriterien einer solchen bestanden, sondern nur eine einfache werkseigene Prüfung von drei Tagen Dauer in drei Lagen sowie eine nicht genau definierte Temperaturprüfung.

135 a, b   Armbandchronometer von ETERNA, nach 1950.
Rundes, wasserdichtes Stahlgehäuse mit verschraubtem Rückdeckel, Gehäusenummer 3.512.262, Durchmesser 35 mm. Rundes Handaufzugswerk 13′′′, Kaliber 1117 T, Werknummer 3.544.882. Direkte Zentralsekunde, Glucydur-Schraubenunruh mit Flachspirale, Eterna-Stoßsicherung, einfacher Rücker.

136 a, b   Armbandchronometer von
ETERNA (Eterna-Matic), um 1955.
Rundes, verschraubtes und wasserdichtes
Stahlgehäuse, Gehäusenummer 4.343.416.
Automatikwerk 12¼''', Werknummer
4.441.564. In beiden Richtungen aufziehen-
der, kugelgelagerter Zentralrotor (Patenthin-
weis auf dem Werk), Zentralsekunde. Mono-
metallische Schraubenunruh, Flachspirale,
Feinregulierung mit Mikrometerschraube.

137 a, b   Armbandchronometer von
ETERNA (Eterna-Matic), Mitte 50er Jahre.
Rundes, verschraubtes, wasserdichtes Stahlgehäuse mit rotvergoldeter Stirnseite,
Durchmesser 35 mm, Gehäusenummer
3.805.030, rotvergoldetes Zifferblatt.
Bei dieser Uhr mit dem Werkskaliber
1412 U handelt es sich um das gleiche Modell wie Abb. 136, jedoch anderes Material.

138 a, b   Armbandchronometer von
ETERNA (Eterna-Matic) mit Datumsanzeige,
um 1957.
Rundes, wasserdichtes Gelbgoldgehäuse
18 kt. mit verschraubtem Rückdeckel,
Durchmesser 34,5 mm. Datumsanzeige im
Fenster bei der Drei.
Rundes Automatikwerk 12½‴, Kaliber
1422 U mit kugelgelagertem, in beiden

139 a, b   Armbandchronometer von
ETERNA, Modell »Eterna-Matic 3000«,
um 1970.
Flaches, wasserdicht verschraubtes rundes
Roségoldgehäuse 18 kt., Durchmesser
34 mm, Ref. 729 T.
Rundes, flaches Automatikwerk 13‴,
Kaliber 1466 U, Werknummer 5.189.061,
21 Steine, kugelgelagerter, in beiden Rich-

Drehrichtungen aufziehendem Zentralrotor.
Werknummer 4.091.733, 21 Steine, direkte
Zentralsekunde. Glucydur-Schraubenunruh
mit Flachspirale, Eterna-Stoßsicherung,
Mikrometer-Feinregulierung.
Das Werk unterscheidet sich von denen der
Abb. 136 und 137 nur durch die Datumsan-
zeige.

tungen aufziehender Zentralrotor, direkte
Zentralsekunde. Werkhöhe nur 3,6 mm,
schraubenlose Glucydur-Ringunruh mit
Nivarox-Flachspirale, Eterna-U-Stoßsiche-
rung, Feinregulierung mit Exzenterschraube.

140 a–d Drei Armbandchronometer des jungen Genfer Uhrmachers JEAN CHRISTOPHE FORGET, 1988/89:

a Die Ref. A 002 im wasserdichten Stahlgehäuse mit Chronograph, Datum und Mondphase und kleiner Sekunde.

b Die Ref. C 001 im wasserdichten Stahlgehäuse mit Wecker, Datum, Tagesanzeige und Zentralsekunde.

c Die Ref. D 011 im verzierten, wasserdichten Goldgehäuse mit Datum, Tagesanzeige und kleiner Sekunde.

d Das Werk dieser Uhren ist bei allen Modellen durch einen Saphirglasboden auf der Rückseite sichtbar. Automatisches Ankerwerk mit 21 Steinen, jedes Werk ist numeriert. In beiden Richtungen aufziehender Zentralrotor, monometallische Ringunruh mit Flachspirale.

◁ 141 a, b Armbandchronometer von
GIRARD-PERREGAUX, um 1967.
Rundes, wasserdicht verschraubtes Stahlgehäuse.
Rundes, rhodiniertes Handaufzugswerk
11½''', Kaliber 13683, Werknummer 307716,
17 Steine, Zentralsekunde. Ungewöhnliche
Verzahnung: Ankerrad mit 21 Zähnen,
Sekundenrad mit 100 Zähnen (üblich sind
15:70). Kleine, monometallische Ringunruh
mit großer Flachspirale, Incabloc-Stoßsicherung, spezielle Feinregulierung.

142 a, b Observatoriums-Armband-   ▷
chronometer von GIRARD-PERREGAUX
mit Datum und Zentralsekunde, Modell
»Gyromatic«, 1967.
Rundes, wasserdichtes Gelbgold-Monobloc-
Gehäuse 18 kt., Durchmesser 33,7 mm.
Automatikwerk 11½''' mit kugelgelager-
tem, in beiden Drehrichtungen aufziehen-
dem Zentralrotor und schnellschwingender
Unruh HF (36.000 A/h), Kaliber 32 A 567,
Werknummer 12.889. 39 Steine, davon
2 Blindsteine. Monometallische Glucydur-
Ringunruh mit Incabloc-Stoßsicherung und
Flachspirale, Feinregulierung mit Wurm-
schraube. Dieses Chronometer bestand im
Jahre 1967 die Chronometerprüfung am
Observatorium in Neuchâtel mit 17,3
Punkten und erreichte damit den 667. Platz
von insgesamt 906 erfolgreichen Uhren.
Girard-Perregaux brachte im Jahre 1965 als
erste Firma eine Armbanduhr mit der
Maximalzahl von 36000 Halbschwingun-
gen/Stunde heraus, genannt Chronometer
HF (= Hochfrequenz). Im Jahr danach, 1966,
nahm G-P mit einer großen Zahl dieser
neuen Armbanduhren an den Chronometerwettbewerben des Observatoriums
Neuchâtel teil und erreichte mit 39 von
ihnen einen Gangschein, aber nur mit einer,
mit der Werknummer 5.528, bei 6,02 Punkten einen Preis.

143 a, b Armbandchronometer von GIRARD-PERREGAUX, um 1975. Verschraubtes, wasserdichtes Stahlgehäuse, Durchmesser 34,5 mm. Automatikwerk 13‴, in beiden Richtungen aufziehender Zentralrotor »Gyromatic« mit Kugellager, Datum und direkte Zentralsekunde, 39 Steine, Werknummer 27.661. Monometallische Ringunruh mit selbst-kompensierender Flachspirale, Incabloc-Stoßsicherung.

◁◁ 144 a, b Armbandchronometer von GIRARD-PERREGAUX »Chronometer HF / Gyrodate«, 70er Jahre.
Rundes, wasserdichtes Stahlgehäuse mit gedrückter Werkkapsel. Durchmesser 35 mm. Schwarzes Zifferblatt, Datum (mit Schnellschaltung) im Fenster bei der Drei. Außen feststehender Ring mit Wochentagen, äußere Drehlünette mit Datumsindikationen, um Wochentag und Datum von Hand einstellen zu können.
Automatikwerk 12''' mit Zierschliff. In beiden Drehrichtungen aufziehender Zentralrotor mit Kugellager, direkte Zentralsekunde. 39 Steine, Werknummer 40.424. Monometallische, schnellschwingende Ringunruh mit selbstkompensierender Flachspirale, Incabloc-Stoßsicherung, Feinregulierung mit Wurmschraube.

◁ 145 a, b Präzisionsarmbanduhr von LANGE VEB GLASHÜTTE, nach 1949.
Rundes Chromgehäuse mit aufgesprengtem Rückdeckel, versilbertes Zifferblatt, rote Zentralsekunde.
Rhodiniertes Handaufzugswerk 12''', Werknummer 122630, Kaliber 28.1, 16 Steine, indirekte Zentralsekunde, monometallische Schraubenunruh, antimagnetische Flachspirale, keine Stoßsicherung, einfacher Rückerzeiger. Auf Zifferblatt und Werk Qualitätsbezeichnung Q 1.
Diese Uhr ist nicht als Chronometer bezeichnet, dürfte wegen der Bezeichnung Q 1 für höchste Qualität aber den Chronometerbedingungen entsprochen haben. Die Uhr entstand in dem Zeitraum zwischen Kriegsende und Gründung der GUB im Jahre 1951. Das Werk ist eine maßstäbliche Verkleinerung des Kalibers 48/1 der Lange-Fliegeruhr.

◁ 146 Präzisionsarmbanduhr der GUB GLASHÜTTE, nach 1951.
Eine Zifferblattvariante der Lange-VEB-Armbanduhr mit dem gleichen Werk des Kalibers 28.1, nach der Gründung der GUB entstanden.

147 a, b   Armbandchronometer der VEB
GLASHÜTTER UHRENBETRIEBE, vor 1960.
Rundes, wasserdichtes Plaquégehäuse mit
aufgesprengtem Stahlboden. Gehäusenummer 1156, Durchmesser 36 mm.
Handaufzugswerk 12½''' mit direkter Zentralsekunde, Werknummer 10.044, Kaliber
70.3. Monometallische Schraubenunruh
mit Flachspirale, verschraubtes Decksteinplättchen für den Ankerradwellenzapfen,
einfacher Rücker, spezielle Glashütter
Stoßsicherung.

148 a, b Armbanduhr des VEB GLASHÜTTER UHRENBETRIEBE, um 1960. Wasserdichtes Plaquégehäuse (20 Mikrometer) mit verschraubtem Stahlboden, Gehäusenummer 349.692. Handaufzugswerk 12½''' mit direkter Zentralsekunde, Kaliber 70.1, 17 Steine, verschraubtes Decksteinplättchen für den Ankerradzapfen, Werknummer 26.440, monometallische Ringunruh mit selbstkompensierender Flachspirale, einfacher Rücker, Glashütter Stoßsicherung (dem System »Durobloc« sehr ähnlich). Diese Armbanduhr aus Glashütter Nachkriegsfertigung ist eine Mariage: das Zifferblatt mit der Bezeichnung »Chronometer« und »Q I «, dem amtlichen Gütezeichen für höchste Qualität, gehört zu einem Armbandchronometer, das Werk Kaliber 70.1 ist jedoch kein Chronometerwerk. Glashütter Armbandchronometerwerke hatten ausschließlich die Kaliberbezeichnung 70.3 und unterschieden sich vom Kaliber 70.1 äußerlich durch eine monometallische Schraubenunruh (siehe Abb. 147).

◁◁ 149 a, b   Armbandchronometer von
GÜBELIN, Modell »Jubilé«, 1954.
Rundes Goldgehäuse 18 kt., Durchmesser
36,2 mm. Rhodiniertes Handaufzugswerk
13‴ mit Genfer Streifen, Rohwerk von Valjoux, Kaliber V 2 SSC, Werknummer (von
Gübelin) 63, indirekte Zentralsekunde,
19 Steine. Reglagehinweis (6 Lagen und
2 Temperaturen). Monometallische Schraubenunruh mit Breguetspirale und Incabloc-
Stoßsicherung, Feinregulierung.
Von diesem Chronometertyp wurden im
Jahre 1954 200 Stück aus Anlaß des
hundertjährigen Firmenjubiläums hergestellt. Darauf weist auch die Werksinschrift
»Gübelin 1854/1954« hin. Die Werknummer
63 bezieht sich auf diese Serie.

◁ 150 a, b   Armbandchronometer von
GÜBELIN, Modell »Jubilé« mit kleiner
Sekunde, 1954.
Rundes, nicht wasserdichtes Gelbgold-
gehäuse 18 kt. mit aufgesprengtem Rück-
deckel, Durchmesser 36 mm. Versilbertes,
guillochiertes Zifferblatt, massive Goldkrone.
Rhodiniertes Handaufzugswerk mit Genfer
Streifen 13‴ von Audemars Piguet, Kaliber
VZSS 13 (siehe auch Abb. 110), Werknum-
mer 131 (von insgesamt 200 aufgelegten
Exemplaren des Modells Jubilé), 18 Steine,
Reglagehinweis (6 positions, 2 tempera-
tures), Glucydur-Schraubenunruh mit
Breguetspirale, Incabloc-Stoßsicherung,
Feinregulierung mit Schwanenhalsfeder.
Diese Uhr wurde am 23.10.1956 nach New
York verkauft.

151 a, b   Werk eines Armbandchrono-   ▷
meters von GÜBELIN, 1958.
Kleines und besonders flaches, rhodiniertes
Handaufzugswerk von Frédéric Piguet,
Größe 9‴, Werkhöhe nur 1,7 mm (siehe
Abb. 151b), Kaliber 99, Werknummer 11.471.
18 Steine, Reglagehinweis (5 Lagen), spezielle Stoßsicherung für die Ankerradwelle,
monometallische Schraubenunruh mit
Flachspirale und einfachem Rücker. Dies
war 1958 das erste extra flache Chronometerwerk von Piguet. Es wurde bei Gübelin
terminiert und feingestellt. Das Werk ist
kaum größer als das der Damen-Constella-
tion von Omega aus dem Jahre 1966 (siehe
Abb. 209).

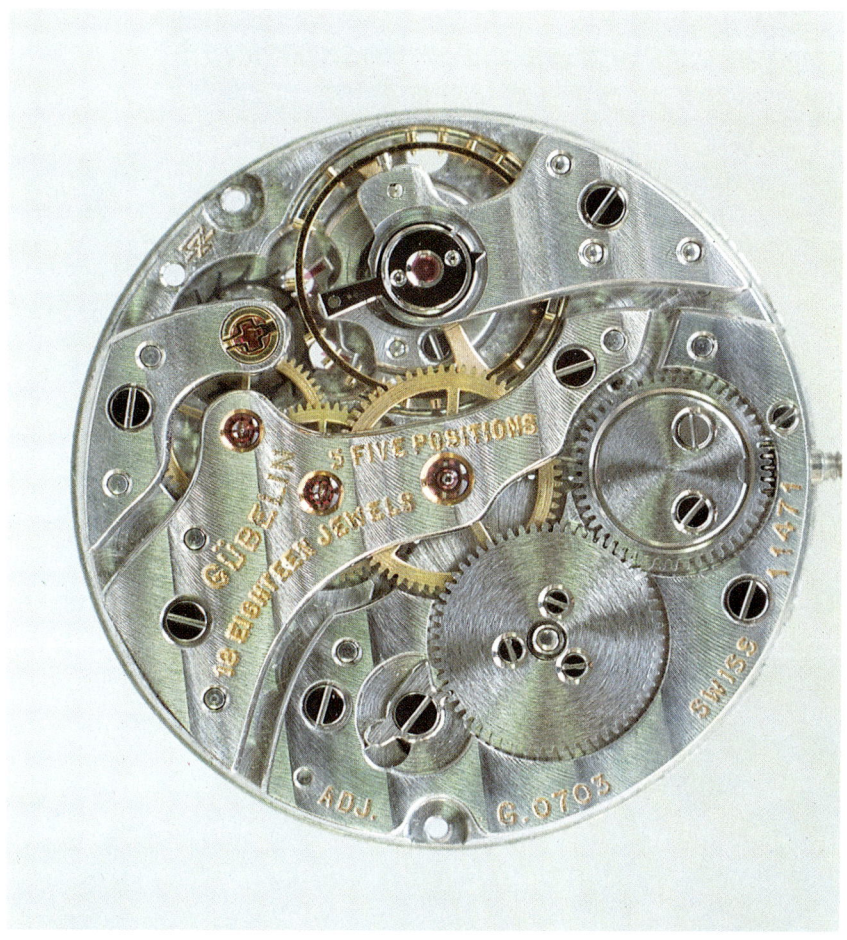

◁ ◁   152 a, b   Armbandchronometer von
INVICTA mit kleiner Sekunde, 60er Jahre.
Rundes, nicht wasserdichtes Gelbgoldgehäuse 18 kt. mit aufgesprengtem Deckel,
Gehäuse-Ref. 230 13/94.
Rotvergoldetes Handaufzugswerk, teilweise
mit Wolkenschliff, Kaliber 118, Werknummer
524. 21 Steine, davon 3 Decksteine in verschraubten Plättchen. Monometallische
Schraubenunruh mit Flachspirale und Incabloc-Stoßsicherung, Incastar-Feinregulierung ohne Zeiger.

◁   153 a, b   Armbandchronometer von
JAEGER-LeCOULTRE, um 1950.
Rundes, wasserdicht verschraubtes, schweres
Gelbgoldgehäuse 18 kt., Durchmesser
36 mm, Gehäusenummer 735.444.
Rundes, rhodiniertes Automatikwerk für
den Export mit Genfer Streifenschliff, 13''',
einseitig aufziehender Zentralrotor mit Anschlag an zwei Federpuffern, direkte Zentralsekunde. Kaliber 476/3, Werknummer
1.310.338. 17 Steine, Reglagehinweis (5 positions, temperatures). Monometallische
Schraubenunruh mit Flachspirale und
Parechoc-Stoßsicherung, einfacher Rücker.

154 a–c   Armbandchronometer von   ▷
JAEGER-LeCOULTRE, Modell »Geophysic«,
1958.
Rundes, wasserdicht verschraubtes und
antimagnetisches Goldgehäuse 18 kt.,
Durchmesser 34 mm, Ref. 2985.
Sehr qualitätvolles rhodiniertes Handaufzugswerk 12½''', Kaliber P 478/BwStr,
17 Steine, Reglagehinweis auf dem Werk
(5 Lagen und Temperatur), Vorrichtung
zum Anhalten der Unruh bei gezogener
Krone. Große, monometallische Schraubenunruh mit 4 Regulierschrauben, Parechoc-
Stoßsicherung und Breguetspirale, indirekte
Zentralsekunde. Feinregulierung mit Schwanenhalsfeder. Regulierschrauben sind an
Unruhen von Armbanduhren äußerst selten.
Nur 102 Armbanduhren des Kalibers 478
Geophysic Ref. 2985 wurden als Chronometer geprüft und erhielten 1958 einen
Gangschein des Prüfbüros in Le Sentier.

155, a, b   Armbandchronometer von JAEGER-LECOULTRE, »Geomatic«, 60er Jahre.
Rundes, wasserdicht verschraubtes Stahlgehäuse, Durchmesser 36 mm. Automatikwerk 11½''', Kaliber 881 B, Datumsanzeige, 23 Steine. Direkte Zentralsekunde, in beiden Richtungen aufziehender Zentralrotor. Stoppvorrichtung für die Unruh über die Krone. Reglagehinweis auf dem Werk (5 Lagen und Temperaturen). Monometallische Ringunruh mit Flachspirale, Parechoc-Stoßsicherung, Rückerregulierung mit Mikrometerschraube. In der Werbung wies die Firma Jaeger-LeCoultre

darauf hin, daß alle Armbandchronometer des Typs Geomatic die Chronometerprüfung mit Auszeichnung bestanden hätten.

156   Armbandchronometer von JAEGER-LECOULTRE, 1958.
Variante des Modells »Geophysic« im wasserdicht verschraubten Stahlgehäuse, Werkskaliber P 478/BwStr.

114

157 a, b   Armbandchronometer von JUNGHANS, um 1954. Rundes, wasserdicht verschraubtes Stahlgehäuse, mattweißes Zifferblatt, kleine Sekunde. Rotvergoldetes Handaufzugswerk 12½''', Kaliber J 82, Werknummer 52653, Sekundenstop bei gezogener Krone. 16 Steine, Glucydur-Schraubenunruh mit Nivarox-Flachspirale, spezielle Junghans-Stoßsicherung, Feinregulierung mit Schwanenhalsfeder.

158 a, b   Armbandchronometer von JUNGHANS, um 1956.

Rundes, Goldgehäuse 14 kt., verschraubt und wasserdicht, Gehäusenummer 20.146. Vergoldetes Handaufzugswerk 12½''', Kaliber J 82/1, 17 Steine, Werknummer 80.032. Indirekte Zentralsekunde, Werk bei gezogener Krone anhaltbar. Monometallische Schraubenunruh aus Glucydur mit flacher Nivarox-Spirale, spezielle Stoßsicherung von Junghans, Feinregulierung. Das Kaliber J 82, zunächst noch mit kleiner Sekunde, wurde ab 1952 gebaut. Modifikationen innerhalb des Kalibers bezeichnete Junghans mit Schrägstrich und Zusatzziffer, so bedeutet J 82/1 die Einführung der Zentralsekunde.

159 a, b Armbandchronometer von JUNGHANS, nach 1960. Doublégehäuse mit aufgesprengtem Stahlboden, wassergeschützt. Durchmesser 35 mm, Gehäusenummer 646.812.
Vergoldetes Handaufzugswerk 11‴, Kaliber 685, 17 Steine, Werknummer 31.731, direkte Zentralsekunde. Monometallische Ringunruh ohne Ausgleichsschrauben, flache Nivaroxspirale. Deckstein in Chaton mit Stoßsicherung für Ankerradzapfen. Junghans-Stoßsicherung, Schwanenhals-Feinregulierung. Das Kaliber 685 ist eine spätere Modifikation des 1955/56 eingeführten Handaufzugskalibers J 85, das kleiner und erheb-

160 a, b Armbandchronometer von JUNGHANS, um 1963. Doublégehäuse 20 mikron mit aufgesprengtem Stahlboden, wasserdicht, Durchmesser 34,5 mm. Gehäusenummer 98.416.
Vergoldetes Automatikwerk 12½‴, Kaliber J 83, 29 Steine, Werknummer 20.497. Direkte Zentralsekunde, Datumsanzeige, in beiden Richtungen aufziehender Zentralrotor. Werk mit gezogener Krone anhaltbar. Monometallische Ringunruh mit je zwei Abgleichschrauben auf den Schenkeln, flache Nivaroxspirale. Spezielle Junghans-Stoßsicherung, Schwanenhalsfeder-Feinregulierung, 19 800 Halbschwingungen/Stunde.

lich flacher war als J 82, sowie von dessen Weiterentwicklung J 85/10.

Junghans stellte das Automatikkaliber J 83 ab 1957 her.

116

161 Besondere Ausführung eines Armbandchronometers von JUNGHANS nach Entwurf von Max Bill, um 1963. Wasserdichtes Stahlgehäuse mit aufgesprengtem, stark gewölbtem Rückdeckel und ganz knappem Glasreif. Fein gezeichnetes und gewölbtes Zifferblatt mit kleinem Datumsfenster bei der Drei. Durchmesser 36 mm, Gehäusenummer 008.418. Vergoldetes Automatikwerk Kaliber J 83 S (siehe Abb. 160), Werknummer 26.241.

Der Maler, Architekt und Designer Max Bill (geb. 1908 in Winterthur) studierte am Bauhaus in Dessau, war seit 1929 als freier Architekt tätig und gehörte zu den Gründern der berühmten Hochschule für Gestaltung in Ulm, deren erster Rektor er 1953–57 war. 1957 verließ er die Schule nach Differenzen um den Lehrplan und entwarf im selben Jahr für Junghans mehrere Uhrenmodelle.

162 a, b   Elektromechanisches Armband-chronometer von JUNGHANS, Modell »Junghans electronic Dato-Chron«, Ende der 60er Jahre.
Rundes Goldgehäuse 14 kt., wasserdicht mit aufgesprengtem Boden, Durchmesser 36 mm, Gehäusenummer 147.035.
Vergoldetes Werk 13½''', Kaliber 600.12,

17 Steine, Werknummer 254.931. Datumsanzeige, Zentralsekunde, Flachspirale. Unruhstop bei gezogener, zwischen der Vier und Fünf angeordneter Krone. Die kontaktlos durch einen Transistor gesteuerte, scheibenförmige Unruh macht 21600 Halbschwingungen pro Stunde. Star-Shock-Stoßsicherung, Feinregulierung mit Exzenterschraube.

Die runde Öffnung in der Werkplatine gegenüber der Unruh dient der Aufnahme der Batterie.
Die kontaktlose Steuerung der Unruh durch einen Transistor war um 1955 von Junghans entwickelt worden. Das Modell Dato-Chron kam im Jahre 1967 auf den Markt.

163 a, b   Armbandchronometer von
Junghans »quartz 4 MHz«, nach 1978.
Achteckiges, vergoldetes Gehäuse.
Rundes Quarzwerk $11\frac{1}{2}'''$, Kaliber 667.26,
Werknummer 005006, 7 Steine.

164 a, b   Armbandchronometer von
Kienzle, Modell »Superia«, um 1963.
Rundes, nicht wasserdichtes, vergoldetes
Gehäuse mit aufgesprengtem Stahlboden.
Durchmesser 35 mm. Unsigniertes, vergolde-
tes Handaufzugswerk mit Zierschliff $11\frac{3}{4}'''$,
Kaliber ETA 2391, Werknummer 7863.
Glucydur-Schraubenunruh mit Flachspirale
und Incabloc-Stoßsicherung.

165 a, b   Armbandchronometer von LACO, nach 1957.

Rundes und wasserdichtes Goldgehäuse mit verschraubtem Boden, 14 kt., Durchmesser 34 mm, Gehäusenummer 5.584. Handaufzugswerk 12''', Kaliber 630 Durowe, 21 Steine, direkte Zentralsekunde, Werknummer 02509. Verschraubte Decksteinplättchen mit Decksteinen für Anker-

rad- und Kleinbodenradwelle. Monometallische Schraubenunruh aus Beryllium mit Masse- und vier Regulierschrauben, Flachspirale und Duroswing-Stoßsicherung, Schwanenhals-Feinregulierung, Unruhstop bei gezogener Krone. Der Name »Laco« ist eine Fabrikmarke der Firma E. Lacher aus Pforzheim, die 1955 mit der Herstellung von Armbandchronometern begann. Das Kaliber

630 war im Jahre 1957 neu entwickelt worden.

166 a, b   Armbandchronometer von
LANCO (Langendorf & Co. in Langendorf),
um 1958.
Rundes Goldgehäuse 18 kt., aufgesprengter
Rückdeckel, nicht wasserdicht, Durchmesser
34 mm. Vergoldetes Handaufzugswerk
12¹/₂''', Kaliber 359, Werknummer 1.305.
Große, monometallische Schraubenunruh
mit Breguetspirale, verschraubtes Decksteinplättchen für die Ankerradwelle, keine Stoßsicherung, einfacher Rückerzeiger, kleine
Sekunde.
Die Firma Langendorf hat nur in den späten
50er Jahren wenige Armbanduhren bei den
offiziellen Schweizer Prüfbüros zur Chronometerprüfung eingereicht.

167 a, b Armbandchronometer »Chro- ▽▷
nometer Maxim« von LÉONIDAS, 40er Jahre.
Rechteckiges, nicht wasserdichtes Stahlgehäuse mit Scharnier-Druckverschluß, lose
eingelegtes Werk. Größe 25,5 × 40 mm.
Rundes Handaufzugswerk mit Sonnen-
Zierschliff 10¼‴, Werknummer 33.305.
16 Steine, davon 4 in Einpreßchatons,
Reglagehinweis (six 6 adjts). Frühe Stoßsicherung »Shockabsorber« durch Federung
nur des Decksteins. Bimetallische, geteilte
Kompensationsunruh mit Flachspirale, einfacher Rücker mit Anzeige auf der Räder-
werksbrücke, kleine Sekunde.
Die beiden anderen Uhren von Léonidas
haben eine etwas unterschiedliche Gehäuse-
und Zifferblattgestaltung bei identischen
Werken.

168 a–e Armbandchronometer der französischen Firma LIP (Ernest Lipman frères
Besançon), um 1940.
Kleines rundes 18 kt. Gelbgoldgehäuse,
Durchmesser 33 mm, aufgesprengter Rückdeckel, nicht wasserdicht. Gehäusenummer
33.728.
Im Rückdeckel lose eingelegtes Werk mit
verschraubtem Schutzdeckel, der die Inschrift trägt »ne me touchez pas – portez
moi chez votre horloger / don't touch me
take me to your watchmaker« (siehe
Abb. 168 c). Handaufzugswerk 11‴ mit kleiner Sekunde, 17 Steine, verschraubtes großes
Plättchen mit Deckstein für Ankerradwelle.
Monometallische geschlossene Schraubenunruh, Flachspirale, keine Stoßsicherung,
einfacher Rücker ohne Zeiger, Wappen von
Besançon und Hinweis »unadjusted«.
Diese Uhr hat die Qualitäts- und Gangprüfung des Observatoriums Besançon dritter
Klasse bestanden, wie das eingeschlagene
Wappen von Besançon (siehe Abb. 168 e)
zeigt. Die Firma LIP war der größte französische Hersteller von Armbandchronometern. Der erschwerte Zugang zum Werk
durch den verschraubten Schutzdeckel (mit

167 a

167 b

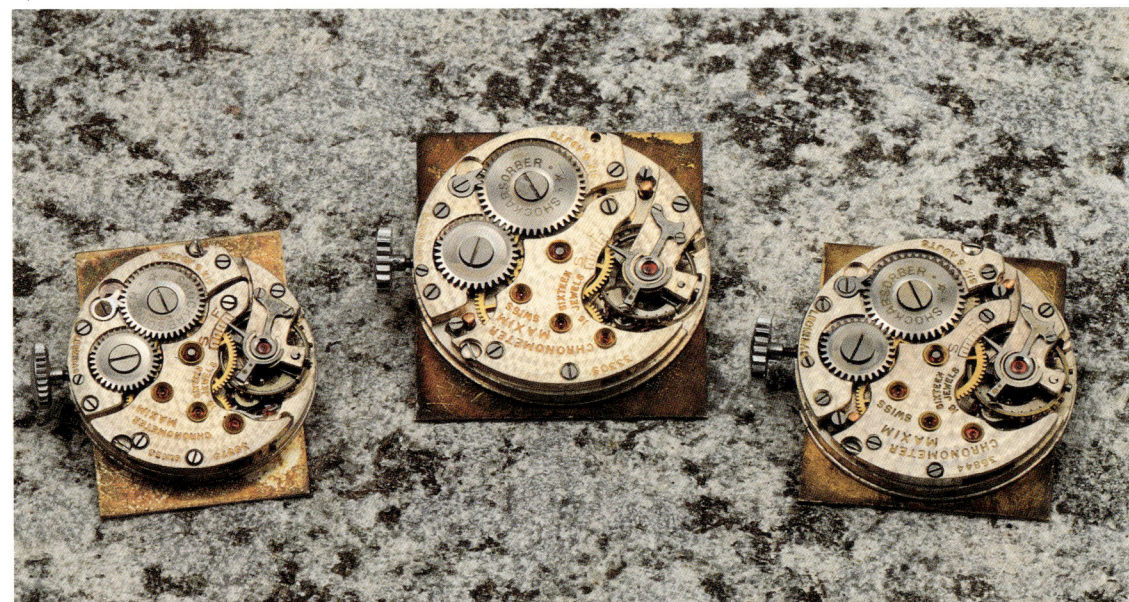

gegenläufigen Schraubgewinden) mit dem
Hinweis, die Uhr nicht selbst zu öffnen,
sondern sie zum Uhrmacher zu bringen,
findet sich mehrfach bei Uhren von LIP.

168 a–e

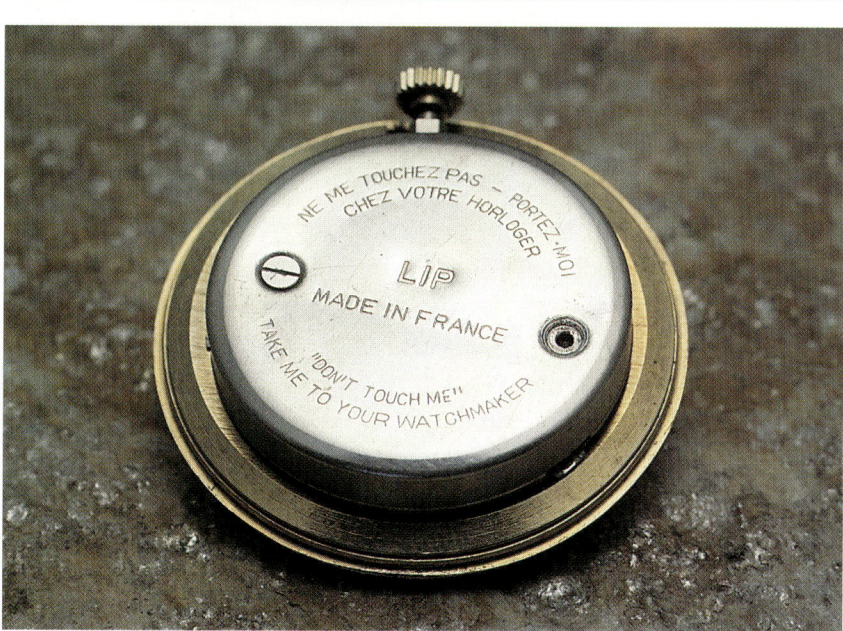

169 a, b Armbandchronometer von LIP, um 1955.

Glattes, quadratisches Doublégehäuse (40 mikron) 26 × 26 mm. Aufgesprengter Rückdeckel, nicht wasserdicht. Gehäusenummer 666.118.

Kleines tonnenförmiges Formwerk auf quadratischer Platine mit aufgeschraubtem Schutzdeckel, der die Aufschrift trägt »ne me touchez pas – portez moi chez votre horloger / don't touch me take me to your watchmaker«. Werkgröße 18 × 29 mm, Kaliber T-18 mit kleiner Sekunde, 17 Steine, Handaufzug, monometallische Schraubenunruh mit Breguetspirale, gemeinsames Decksteinplättchen für Ankerrad- und Sekundenradwelle, keine Stoßsicherung, einfacher Rücker ohne Zeiger.

Da diese Uhr keinen Prüfstempel hat, ist unklar, wo sie geprüft wurde.

170 a, b   Armbandchronometer bezeichnet »CHRONOMETRE LISA«, 30er Jahre.
Rundes, nicht wasserdichtes Silbergehäuse mit Scharnier, Emailziffer-blatt, kleine Sekunde.
Rundes, rhodiniertes Handaufzugswerk mit Sonnenschliff, keine Werknummer, 15 Steine, Reglagehinweis (3 Adj.), monometallische Schraubenunruh mit Flachspirale, keine Stoßsicherung, einfacher Rückerzeiger.

171 a, b   Armbandchronometer von LONGINES, 40er Jahre.
Rundes, nicht wasserdichtes Stahlgehäuse mit aufgesprengtem Rückdeckel, Durchmesser 36 mm.
Vernickeltes Handaufzugswerk 33 mm, Werknummer 15682, 15 Steine. Kleine Sekunde, große Glucydur-Schraubenunruh

mit Breguetspirale, keine Stoßsicherung, einfacher Rückerzeiger.
Mit Werken dieses Kalibers errang Longines in den 40er Jahren zahlreiche Erfolge bei den Observatoriums-Wettbewerben.

◁◁ 172 a, b Observatoriums-Armband-
chronometer von LONGINES im beidseitig
verglasten Prüfgehäuse, um 1950.
Metallgehäuse, Durchmesser 35 mm, mit
taschenuhrähnlich angebrachter Aufzugskrone, beidseitig verglast. Versilbertes Zifferblatt mit kleiner Sekunde bei der Neun und
rundem Firmenemblem bei der Drei.
Rhodiniertes Handaufzugswerk mit Genfer
Streifen 13‴, Werknummer 7.531.562.
Einpreßchatons für Minuten-, Zwischen-
und Sekundenradwelle, Decksteine für
Hemmungsrad- und Unruhwelle. Große bimetallische Kompensationsunruh mit
Masseschrauben, gebläute Stahlspirale mit
doppelter Endkurve, keine Stoßsicherung,
einfacher Rückerzeiger.

◁ 173 a, b Armbandchronometer
von LONGINES, um 1955.
Rundes, wasserdicht verschraubtes Gelbgoldgehäuse 18 kt., Durchmesser 35 mm,
Gehäusenummer 6923/1, Ref. 95.
Rhodiniertes Handaufzugswerk 13½‴ für
den Export, Kaliber 27.OS, Werknummer
9.784.403. 17 Steine, 4 goldene Einpreßchatons, Reglagehinweis (5 positions, temperatures). Indirekte Zentralsekunde mit
spezieller Konstruktion. Monometallische
Schraubenunruh mit Breguetspirale und
Incabloc-Stoßsicherung, einfacher Rücker.

174 a, b Armbandchronometer von ▷
LONGINES, Typ »Ultra-Chron«, 70er Jahre.
Ungewöhnlich massives, breitrechteckiges
und prismatisch vielfach gebrochenes Stahlgehäuse, Außenmaße 40 × 37 mm, Gehäusenummer 3200−1/3−72, Patenthinweis
Brevet Nr. 420.999.
Rundes Automatikwerk 11¼‴ auf ton-
neauförmiger Platine, Kaliber 6651, Werknummer 51.343.853, 25 Steine. In beiden
Richtungen aufziehender, kugelgelagerter
und teilvergoldeter Zentralrotor. Monometallische Ringunruh mit Flachspirale und
Incabloc-Stoßsicherung, einfacher Rücker
ohne Zeiger, Datumsangabe.

175 a, b   Armbandchronometer von
LONGINES, Modell »Ultra-Chron«, 70er
Jahre.
Wasserdichtes, ovales Stahlgehäuse mit verschraubtem Rückdeckel, Größe 37 × 39 mm,
Gehäusenummer 8355/3. Datum im Fenster
zwischen der Vier und Fünf.
Rundes Automatikwerk 11½''', Kaliber 431,
Werknummer 50.690.538. 25 Steine, Reglagehinweis (adjusted four 4 positions and
temperature). In beiden Drehrichtungen
aufziehender, kugelgelagerter Zentralrotor
mit äußerem Schwermetallreif. Schnellschwingende Glucydur-Ringunruh
(36000 A/h) mit Flachspirale, Kif-Ultraflex-
Stoßsicherung, Exzenter-Feinregulierung.

176 a, b   Armbandchronometer von
MARVIN, vor 1960.
Rundes, nicht wasserdichtes Gelbgoldgehäuse 18 kt. mit aufgesprengtem Rückdeckel, Durchmesser 33 mm, Gehäusenummer 105.612.
Handaufzugswerk mit Bandschliff 11½''',
Kaliber 620, Werknummer 669. 17 Steine,
Reglagehinweis (3 Adjs), direkte Zentralsekunde, verschraubtes Decksteinplättchen für
die Ankerradwelle. Monometallische Glucydur-Schraubenunruh mit Flachspirale, Incabloc-Stoßsicherung, einfacher Rücker ohne
Zeiger.

177 a, b   Armbandchronometer von   ▷
MARVIN, Modell »Victory« mit Datumsanzeige, verkauft am 3.12.1960.
Rundes, wasserdicht verschrauptes Stahlgehäuse (ohne Nummer), Durchmesser
34 mm. Datum im Fenster bei der Drei.
Rundes Handaufzugswerk mit Bandschliff
11½''', Kaliber 620 AC, Werknummer 7652.
Direkte Zentralsekunde. 17 Steine, Deckstein mit Stoßsicherung für die Ankerradwelle. Monometallische Ringunruh mit
Flachspirale und Incabloc-Stoßsicherung,
einfacher Rücker ohne Zeiger.
Das Marvin-Kaliber 620 AC unterscheidet
sich von dem Kaliber 620 A nur durch die
Datumsanzeige. Das Basiskaliber ist Nr. 620.

178 a, b   Armbandchronometer
von MARVIN, um 1960.
Rundes, nicht wasserdichtes Stahlgehäuse
mit aufgesprengtem Rückdeckel. Durchmesser 33 mm, Gehäusenummer 0.228.552.
Rundes Handaufzugswerk mit Bandschliff
11½′′′, Kaliber 620 A, Werknummer 4370.
17 Steine, direkte Zentralsekunde, Stoßsicherung für die Ankerradwelle. Monometal-

lische Glucydur-Unruh mit Flachspirale und
Incabloc-Stoßsicherung, einfacher Rücker
ohne Zeiger.

179 Drei Armbandchronometer der Modellreihen »Ocean Star« und »Commander« von MIDO aus Bienne, einem der größten Armbandchronometerhersteller in der Schweiz. Diese Modelle, die bis in die heutige Zeit gebaut werden, haben Automatik, Datums- und Tagesanzeige und Zentralsekunde.

180 a, b   Armbandchronometer von Mido, Modell »Ocean Star Datoday« mit Datum und Wochentag, um 1966.
Rundes, wasserdichtes Gelbgold-Monobloc-Gehäuse 18 kt., Gehäusenummer 3.319.097, Referenz 5049, Durchmesser 36 mm, Datum und Wochentag im Fenster bei der Drei.
Rundes, vergoldetes und fein vollendetes Automatikwerk 12½‴ mit Perlage-Zierschliff, Ébauches-Werk von AS (A. Schild Grenchen), Kaliber 1147 OCD mit 19800 A/h, direkte Zentralsekunde. Reglagehinweis (6 positions, temperature). In beiden Drehrichtungen aufziehender, kugelgelagerter Zentralrotor. Monometallische Glucydur-Ringunruh mit Flachspirale und Incabloc-Stoßsicherung, Schwanenhals-Feinregulierung.

181 a, b   Elektromechanisches Armbandchronometer von Mido, Modell »Electronic«, um 1969.
Rundes, wasserdichtes Stahl-Monobloc-Gehäuse, Durchmesser 36 mm, Gehäusenummer 3.326.834.
Elektromechanisches Ankerwerk 13½‴ mit Batterieantrieb, Kaliber 1207 EC, Werknummer 34287, Werklizenz Ato. Reglagehinweis (6 positions, temperature), 13 Steine. Scheibenförmige Unruh mit gebläuter Flachspirale, Incabloc-Stoßsicherung, Exzenter-Feinregulierung, Zentralsekunde und Datumsanzeige, Unruhstop durch Ziehen der Krone.

182 a, b   Armbandchronometer von Moeris, 50er Jahre.
Rundes, wasserdichtes Stahlgehäuse mit aufgesprengtem Rückdeckel, guillochiertes Zifferblatt mit rotgoldenen Indizes, kleine Sekunde mit Fadenkreuz.
Rundes Handaufzugswerk 13‴, Werknummer 108, 17 Steine, Decksteinplättchen für Ankerradwelle, monometallische Glucydur-Schraubenunruh mit Flachspirale, Incabloc-Stoßsicherung, einfacher Rückerzeiger.

183 a, b   Armbandchronometer von MOVADO, um 1928.
Rechteckiges, nicht wasserdichtes Stahlgehäuse mit Außenmaßen von 25 × 42 mm. Aufgedrückte Werkkapsel mit Nummer 190.728.
Rundes, rhodiniertes Handaufzugswerk mit Genfer Streifen 10′′′, Kaliber 150 MN, 15 Steine, kleine Sekunde. Laut Aufschrift

4 adjustments. Bimetallische, geteilte Kompensationsunruh mit Masseschrauben, gebläute Breguetspirale, keine Stoßsicherung, einfacher Rückerzeiger.
Movado hat dieses Kaliber bis in die 50er Jahre hergestellt.

184 a, b   Armbandchronometer von
MOVADO ohne Sekundenanzeige, um 1935.
Rechteckiges, glattes Weißgoldgehäuse
18 kt., mit Scharnieren angesetzte Werkkapsel, 23 × 37 mm, Gehäusenummer 553.975,
Referenz 6025. Zifferblatt aufgearbeitet,
dabei vielleicht die Chronometeraufschrift
fälschlich aufgebracht.
Tonneauförmiges Handaufzugs-Formwerk,
signiert, aber ohne Kaliber- und Werknummer, Größe 25 × 9/15 mm, Reglagehinweis
(Adjust temp), 17 Steine, davon 3 in verschraubten Goldchatons. Geteilte bimetallische Kompensationsunruh mit Masseschrauben und Breguetspirale, keine Stoßsicherung, einfacher Rücker.

185 a, b   Armbandchronometer von
MOVADO, Modell »Curviplan«, um 1940.
Rechteckiges, gebogenes Stahlgehäuse, nicht
wasserdicht, Außenmaße 22 × 40 mm. Aufge-
sprengter Rückdeckel, lose eingelegtes
Werk.
Gehäuse-/Werknummer 11.823/516.099.
Rhodiniertes Handaufzugs-Formwerk mit
Genfer Streifen 8³/₄ × 12''', kleine Sekunde,
15 Steine, Kaliber 510, Reglagehinweis
(4 adjustments). Bimetallische, geteilte Kom-
pensationsunruh mit Masseschrauben,
Breguetspirale, 3 Einpreßchatons, keine
Stoßsicherung, einfacher Rücker.
Das Rechteckmodell »Curviplan« wurde ab
1931 gebaut. Es gab vier verschiedene
Gehäusevarianten.

187 a, b Armbandchronometer von MOVADO, 40er Jahre.
Kleines Stahlgehäuse (Staybrite) mit aufgesprengtem Rückdeckel, nicht wasserdicht, und mit eigenwilligen großen, beweglichen Bandanstößen. Durchmesser 28,5 mm. Werk-/Gehäusenummer 188.353/11.743. Rundes, rhodiniertes Handaufzugswerk mit Genfer Streifen, Kaliber 150 MN, 10′′′, kleine Sekunde, 15 Steine. Reglagehinweis (4 adjustments), 4 goldene Einpreßchatons. Geteilte bimetallische Kompensationsunruh mit Masseschrauben, gebläute Stahlspirale, einfacher Rücker, keine Stoßsicherung. Movado hat dieses kleine zehnlinige Kaliber 150 MN mit 4 Adjustierungen in offenbar vielerlei Gehäuseformen als Chronometer auf den Markt gebracht: als Damenarmbanduhr, teils ohne Sekundenzeiger, in achteckiger und runder Form (siehe Kahlert-Mühe-Brunner Abb. 26, 44) sowie als Herrenarmbanduhr in rechteckigem (siehe Abb. 183a, b) und rundem Gehäuse.

△ 186 a, b Armbandchronometer von MOVADO, 40er Jahre.
Rundes, nicht wasserdichtes Goldgehäuse 18 kt. mit aufgesprengtem Rückdeckel, Durchmesser 32 mm, Werk-/Gehäusenummer 76.016/2.706.
Rhodiniertes Handaufzugswerk mit Genfer Streifen, Kaliber 75, 15 Steine, Reglagehinweis (4 adjustments), monometallische Schraubenunruh mit Flachspirale, Rückerregulierung.

188 Armbandchronometer von
MOVADO, um 1950.
Rundes Goldgehäuse 18 kt., Gehäusenummer 8103, Seriennummer 125 672. Silberfarbenes Zifferblatt mit Aufdruck »Chronomètre Movado, 21 jewels, Fab. Suisse«.
Kleine Sekunde.
Handaufzugswerk 12¼‴, Kaliber 126 in spezieller Chronometerausführung (Basiskaliber 125) mit Schwanenhals-Feinregulierung, Glucydur-Unruh mit Breguetspirale. Decksteinplättchen für Kleinbodenrad-, Sekundenrad- und Ankerradzapfen, Steine in Goldchatons gefaßt. Reglagehinweis (Adjusted to temperature and five 5 positions 2), 21 Steine.

189 a, b   Armbandchronometer von MOVADO, Modell »Kingmatic«, 70er Jahre. Rundes, wasserdicht verschraubtes Gelbgoldgehäuse 18 kt., Ref. 5111/12, Durchmesser 33,5 mm.
Rundes Automatikwerk 11³/₄''' für den Export, Kaliber 536, Werknummer 3002, 28 Steine, Reglagehinweis (temperature and five [5] positions). Direkte Zentralsekunde, Glucydur-Schraubenunruh mit Nivarox-Flachspirale, Incabloc-Stoßsicherung, Feinregulierung.

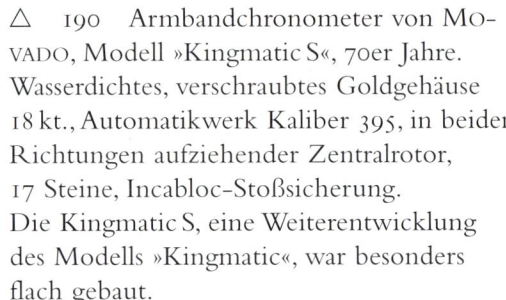

△ 190 Armbandchronometer von MO-
VADO, Modell »Kingmatic S«, 70er Jahre.
Wasserdichtes, verschraubtes Goldgehäuse
18 kt., Automatikwerk Kaliber 395, in beiden
Richtungen aufziehender Zentralrotor,
17 Steine, Incabloc-Stoßsicherung.
Die Kingmatic S, eine Weiterentwicklung
des Modells »Kingmatic«, war besonders
flach gebaut.

191 a, b Armbandchronometer von　　▷
NIVADA, Modell »Antarctic« mit Datum,
um 1960.
Rundes, wasserdichtes Stahlgehäuse mit
verschraubtem Rückdeckel, Durchmesser
34 mm, Gehäusenummer 2.810.432.
Vergoldetes Automatikwerk von ETA, Kaliber 2452, 11½′′′, Werknummer 785. In beiden Richtungen aufziehender Zentralrotor,
21 Steine, direkte Zentralsekunde. Monometallische Glucydur-Schraubenunruh mit
Nivarox-Flachspirale und Incabloc-Stoßsicherung, einfacher Rücker.

◁ 192 a, b Armbandchronometer von
OMEGA mit Zentralsekunde, ca. 1946.
Kaliber 30 T2 Rg SC (für »seconde centrale«) im nicht wasserdichten Stahlgehäuse.
Aufwendiges, feines Zifferblatt mit zweifarbiger Versilberung, aus massivem Silber be-
stehend, mit emaillierten Ziffern und Minu-
tenkranz. Werknummer 9.827.021.
Das Kaliber 30 Rg wurde 1944 serienmäßig
eingeführt. Die Kaliberbezeichnung 30 T2
Rg bedeutet: Werkdurchmesser 30 mm,
zweite Transformation (Modelländerung),
Regulateur de raquette (Rückerregler).

△ 193 Armbandchronometer von
OMEGA, 1946/47.
Zifferblattvariante des Modells 30 T2 Rg SC
(vgl. Abb. 192).

194 a, b Armbandchronometer von OMEGA mit Zentralsekunde, 1947. Rundes, nicht wasserdichtes Roségoldgehäuse 18 kt. mit aufgesprengtem Rückdeckel, Gehäusenummer 10.618.954, Durchmesser 36 mm. Massives Silberzifferblatt (auf der Rückseite bezeichnet). Rotvergoldetes rundes Handaufzugswerk 13¼''' mit Distanzring (Metall), Kaliber 30

T2 Rg SC (für »seconde centrale«), Werknummer 10.190.096.
16 Steine, keine Reglageaufschrift. Indirekte Zentralsekunde, Konstruktion mit zusätzlichem Kloben. Geteilte bimetallische Kompensationsunruh mit Masseschrauben, gebläute Stahlspirale mit Philippsscher Endkurve, Exzenter-Feinregulierung, keine Stoßsicherung.

Dies war das aufwendigste und teuerste Modell dieser Kaliber-30-mm-Chronometerserie der 40er Jahre, das damals 566.– SFR kostete plus 12,– SFR für Chronometerprüfung und Gangschein.

195 a, b   Armbandchronometer »Chronomètre d'Observatoire« mit 7½-Minuten-Tourbillon von OMEGA, 1947.
Rundes Goldgehäuse 18 kt., Durchmesser 36 mm. Zeigerverstellung mit seitlichem Drücker bei der Vier.
Handaufzugswerk mit Dreiviertelplatine aus einer Nickel-Kupfer-Legierung mit Balkenschliff, Größe 13¼‴, Werknummer 10.595.934. 23 Steine, kleine Sekunde, Drehgestell aus versilbertem Messing mit Antrieb über äußere Verzahnung, geteilte bimetallische Kompensationsunruh nach Guillaume mit 18 Gewichtsschrauben, Flachspirale mit Philippsscher Endkurve, 18 000 Halbschwingungen/Stunde, einfache und unter der asymmetrischen, durchbrochenen Unruhbrücke angeordnete Rückerregulierung.
Omega war die erste Schweizer Firma, die um 1947 – und damit 17 Jahre später als die französische Firma LIP, aber etwa zwei Jahre früher als Patek Philippe (siehe Abb. 225) – eine Armbanduhr mit Tourbillon bauen ließ. Marcel Vuilleumier, der Direktor der Uhrmacherschule in Le Sentier und Tourbillon-Spezialist, hatte für Omega ein 7½-Minuten-Tourbillon-Werk entwickelt, von dem unter J.-P. Matthey-Claudet 12 Exemplare gebaut wurden. Von diesen haben sieben an den Observatoriums-Chronometerwettbewerben teilgenommen, sind also »Chronomètres d'Observatoire«. Sechs von ihnen nahmen zwischen 1947 und 1952 unter dem Regleur A. Jaccard an den Wettbewerben des Observatoriums Genf teil und erreichten zunächst gute, vordere Plazierungen, 1950 sogar mit dem Werk Nummer 10.595.933 den ersten Platz, danach lagen sie aber nur im Mittelfeld. Diese sechs hatten die fortlaufenden Werknummern 10.595.933 bis 938. Das siebte Tourbillon war das hier abgebildete. Es erreichte 1947 in Neuchâtel mit dem 31. von 37 Plätzen keinen Preis, wurde aber 1948 am Observatorium Genf mit 834 Punkten Zweiter. In den folgenden Jahren nahm es noch mehrmals in Genf teil, verschlechterte sich aber zunehmend: 1949 der 14. Platz mit 644 Punkten, 1950 der 37. (vorletzte) Platz mit 578 Punkten und schließlich 1952 der 42. Platz mit 513 Punkten. Ein achtes Tourbillon dieser Serie, mit der Werknummer 10.595.944, ist bekannt geworden (siehe R. Meis, Das Tourbillon).

196 a, b   Armbandchronometer von ▽▷
OMEGA, 1948/49.
Rundes Stahlgehäuse mit aufgesprengtem
Rückdeckel, nicht wasserdicht, Durchmesser
33 mm. Sehr fein gezeichnetes, aufwendiges
Zifferblatt aus massivem Silber, zweifarbig
versilbert, mit emaillierten Ziffern.
Rotvergoldetes Handaufzugswerk 13¼′′′,
Kaliber 30 T2 Rg, 17 Steine, Werknummer

197 a, b   Armbandchronometer von ▷▷
OMEGA, 1949.
Rundes Goldgehäuse 18 kt., aufgesprengter
Rückdeckel, nicht wasserdicht, Durchmesser
33 mm.
Rotvergoldetes Handaufzugswerk 13¼′′′,
Kaliber 30 T2 Rg, 17 Steine, Reglagehinweis
(5 Lagen und Temperaturen). Werknummer
10.644.567. Geteilte bimetallische

Kompensationsunruh mit Masseschrauben,
gebläute Stahlspirale mit Philippsscher Endkurve. Spezielle Feinregulierung, keine
Stoßsicherung. Mit Werken dieses Kalibers
hat Omega in den 40er Jahren seine zahlreichen Observatoriumserfolge erzielt.

10.368.688. Geteilte bimetallische Kompensationsunruh, gebläute Breguetspirale, keine
Stoßsicherung. Spezielle Feinregulierung.
Im Gegensatz zur Uhr der Abbildung 197
hat dieses Modell keine Reglageaufschrift
auf dem Werk. Dennoch ist es ein gleich-
wertiges Chronometer, was durch den Zusatz »Rg« in der Kaliberbezeichnung sowie
durch die spezielle Exzenter-Feinregulierung belegt ist. Bei den Chronometer-
modellen vor der Constellation fehlte die
Reglageaufschrift häufiger (siehe auch Abbildung 195), später wurde sie bei Omega
zur Regel.

198 Armbandchronometer von ▷
OMEGA, 1949.
Eine Zifferblattvariante des Modells mit
dem ersten Automatikkaliber 343 von
Omega. Dieses Kaliber, 1942 unter der Bezeichnung Kaliber 28.10 RA auf den Markt
gebracht, war das erste Automatikkaliber
von Omega.

199 a, b Pappmodell eines Armbandchronometers von OMEGA aus den 40er Jahren.
Dieses vierfach aufklappbare Modell einer
Uhr des Kalibers 30 T2 zeigt in der Form
eines Schichtenmodells in etwas mehr als
doppelter wahrer Größe alle wichtigen Ebe-
nen der Uhr: die Zifferblattaufsicht, die Unterzifferblattansicht, den Blick ins Werk bei
abgenommenen Platinen, die Werksaufsicht
sowie die Außenseite des Rückdeckels und
seine Innenseite, die eine Beschreibung der
abgebildeten Uhr aufnimmt.

200 Armbandchronometermodell
»Constellation« von OMEGA, um 1952
(vgl. Abb. 204–206, 208–214, 220).
Frühe Luxusausführung mit Goldgehäuse
18 kt. und originalem Goldgliederarmband
mit Ziegelmuster, champagnerfarbenes
Zifferblatt.

201 a, b Armbandchronometer von
OMEGA mit Kaliber 343, 1952.
Rundes, nicht wasserdichtes Gelbgoldgehäuse 18 kt. mit aufgesprengtem Rückdeckel, Durchmesser 33 mm, Gehäusenummer 11.030.864. Zifferblatt (vergoldet)
aufgearbeitet.
Rotvergoldetes Automatikwerk 12¹⁄₂′′′, Kaliber 343-28.10 für den Export. Werknummer 12.360.694. Kleine Sekunde, Automatik
mit einseitig aufziehendem Gewicht und
verdeckten Prellfedern. 17 Steine, monometallische Glucydur-Schraubenunruh mit
Nivarox-Flachspirale und Incabloc-Stoßsicherung. Exzenter-Feinregulierung wie
bei den 30 T2 Rg-Kalibern der 40er Jahre.
Am 18. Juli 1952 an den New Yorker
Uhrenhändler Norman Morris verkauft.

198 △

200 ▽

201a △

201b ▽

202 a, b   Armbandchronometer von
OMEGA mit Zentralsekunde, 1952.
Rundes, nicht wasserdichtes Gelbgoldgehäuse 18 kt. mit aufgesprengtem Rückdeckel, Durchmesser 34 mm. Mattversilbertes
Zifferblatt mit »Fadenkreuz« und Gold-
indizes.
Rotvergoldetes Handaufzugswerk 12‴, Kaliber 372, springende Zentralsekunde, Werknummer 12201159, 17 Steine, geteilte bimetallische Kompensationsunruh mit gebläuter
Breguetspirale und Incabloc-Stoßsicherung,
Exzenter-Feinregulierung.
Das 1952 eingeführte Kaliber 372 war das
erste Armbanduhrwerk mit springender
Zentralsekunde. Omega-Armbandchrono-
meter mit diesem Werk sind äußerst selten.

203 a, b   Armbandchronometer von
OMEGA, Modell »Seamaster« mit Kaliber
354, um 1954.
Rundes, wasserdichtes Gelbgoldgehäuse
18 kt. mit aufgesprengtem Rückdeckel mit
Dichtung, Gehäusenummer 11.387.819,
Durchmesser 34 mm.
Rotvergoldetes Automatikwerk 12½‴,
Kaliber 354, Werknummer 13.761.180. Reglagehinweis (5 positions, temperature),
17 Steine, indirekte Zentralsekunde, Automatik mit einseitig aufziehendem Gewicht
und verdeckten Prellfedern. Monometallische Glucydur-Schraubenunruh mit Nivarox-Flachspirale und Incabloc-Stoßsicherung, Schwanenhals-Feinregulierung.

204 a, b   Armbandchronometer von
OMEGA, Modell »Constellation« mit Kaliber
354, um 1955.
Rundes, wasserdichtes Stahlgehäuse, Rückdeckel aufgesprengt mit Dichtung. Glasreif
und Bandanstöße gelbvergoldet. Schwarzes
Zifferblatt mit Waffelstruktur und aufgenieteten Goldziffern, Durchmesser 35 mm,
Gehäusenummer fehlt, Referenz 2782-5 SC.
Rotvergoldetes Automatikwerk 12½''',
Kaliber 354 – 28.10 SC Rg, Werknummer
14.003.270, Reglagehinweis (5 positions,
temperature), 17 Steine, indirekte Zentralsekunde. Automatik mit einseitig aufziehendem Pendelgewicht und verdeckten
Prellfedern. Monometallische Glucydur-
Schraubenunruh mit Nivarox-Flachspirale
und Incabloc-Stoßsicherung, Schwanenhals-
Feinregulierung.
Dies war das erste Modell der 1952 eingeführten Constellation-Modellgruppe.

205 a, b   Armbandchronometer von
OMEGA, Modell »Constellation« mit Kaliber
501, um 1957.
Rundes, wasserdichtes Stahlgehäuse, aufgesprengter Rückdeckel mit Dichtung.
Durchmesser 35 mm, keine Gehäusenummer, Ref. 2852 – 5 SC.
Rotvergoldetes Automatikwerk 12½''', Kaliber 501, Werknummer 15.115.726, Reglagehinweis (5 positions, temperature), 19 Steine,
indirekte Zentralsekunde. Automatik mit in
beiden Drehrichtungen aufziehendem Zentralrotor. Monometallische Glucydur-
Schraubenunruh mit Nivarox-Flachspirale
und Incabloc-Stoßsicherung, Schwanenhals-
Feinregulierung.
Das Kaliber 501 wurde zusammen mit dem
fast identischen, aber etwas kleineren Kaliber 471 im Jahre 1955/56 als erstes, in
beiden Drehrichtungen aufziehendes Automatikkaliber von Omega eingeführt.

◁ 206 a, b Armbandchronometer von OMEGA, Modell »Constellation« mit Goldband und Kaliber 505, um 1957. Rundes, wasserdichtes Gelbgoldgehäuse 18 kt. mit aufgesprengtem Rückdeckel mit Dichtung. Facettiertes Luxuszifferblatt mit Goldauflage und aufgenieteten Goldziffern. Durchmesser 35 mm, Gehäusenummer 154.820, Ref. 2852/2853 SC. Rotvergoldetes Automatikwerk 12½‴, Kaliber 505, Werknummer 15.219.220, Reglagehinweis (5 positions, temperature), 24 Steine, indirekte Zentralsekunde. Automatik mit in beiden Drehrichtungen aufziehendem Zentralrotor. Monometallische Glucydur-Schraubenunruh mit Nivarox-Flachspirale und Incabloc-Stoßsicherung, Schwanenhals-Feinregulierung.

◁ 207 a, b Pappmodell eines anderen Armbandchronometers von OMEGA, hier einer frühen Constellation aus den 50er Jahren mit einseitig aufziehender Automatik und Zentralsekunde.

208 a, b Armbandchronometer von ▷ OMEGA, Modell »Constellation«, 1963. Rundes Stahlgehäuse mit Doubléhaube, verschraubter wasserdichter Rückdeckel, Gehäusenummer 167.005, Durchmesser 34 mm. Rotvergoldetes Automatikwerk 12½‴, Kaliber 1/551, 24 Steine, Werknummer 20.300.925. Indirekte Zentralsekunde, Datumsanzeige, automatischer Aufzug mit beidseitig wirkendem Zentralrotor. Reglagehinweis (5 Positionen und Temperaturen). Monometallische Ringunruh mit 19 800 Halbschwingungen/Stunde, selbstkompensierende Flachspirale, Incabloc-Stoßsicherung, Schwanenhals-Feinregulierung. Das Modell »Constellation« wurde 1952 serienmäßig eingeführt und in dieser Form, mit beidseitig wirksamem Zentralrotor, seit 1959 gebaut.

209 a, b   Damenarmbanduhr OMEGA »Constellation« mit Chronometerqualität, 1966.
Ovales, vergoldetes Gehäuse mit verschraubtem Stahlboden, wasserdicht, Durchmesser 24 mm. Zifferblatt im Farbton des Gehäuses vergoldet.

Rundes, rotvergoldetes Automatikwerk 8³/₄''', Kaliber 682, Werknummer 27.902.671, 24 Steine. Reglagehinweis (adj. 5 positions and temperature). Monometallische Ringunruh mit Breguetspirale, Inca-bloc-Stoßsicherung, einfacher Rückerzeiger, indirekte Zentralsekunde. Automatik mit beidseitig aufziehendem Zentralrotor.
Sehr selten sind Damenarmbanduhren mit

Chronometerqualität. Omega hat von diesem verkleinerten Modell der »Constellation« nur insgesamt 524 Stück zur Chronometerprüfung eingereicht: im Jahre 1963 waren es 37, 1966 dann 487 Stück. Diese Damen-Armbandchronometer gehörten in die Prüfungskategorie A (siehe Abb. 36), deren Grenzwerte zwischen 2 und 4 sec höher lagen als bei denen der Kategorie B.

210 a, b   Armbandchronometer von ▷
OMEGA, Modell »Constellation« mit Kaliber
564, 1969.
Wasserdicht verschraubtes tonneauförmiges
Gelbgoldgehäuse 18 kt., 33 × 34,5 mm.
Gehäusenummer 168.008, vergoldetes
Zifferblatt mit goldenen Balkenziffern.
Rundes, rotvergoldetes Automatikwerk
12¼‴, Kaliber 564, Werknummer 25325821,
Reglagehinweis (5 positions and tempera-
ture), 24 Steine, monometallische Glucydur-
Ringunruh mit Nivarox-Flachspirale, Inca-
bloc-Stoßsicherung, Feinregulierung mit
Schwanenhalsfeder.

211 a, b   Armbandchronometer von ▷ ▷
OMEGA, Modell »Constellation« mit Kaliber
1/561 und Datum, 1965.
Rundes, wasserdicht verschraubtes Stahlgehäuse, Glasreif und Bandanstöße gelbvergoldet, Durchmesser 34 mm, Gehäusenummer 168.005.
Rotvergoldetes Automatikwerk 12½‴,
Werknummer 24.425.741, Reglagehinweis
(5 positions, temperature), 24 Steine. Automatik mit in beiden Drehrichtungen aufziehendem Zentralrotor, indirekte Zentralsekunde. Schraubenlose Glucydur-Ringunruh mit Nivarox-Flachspirale und Incabloc-
Stoßsicherung, Schwanenhals-Feinregulierung.

212 a, b   Armbandchronometer von OMEGA, Modell »Constellation« mit Kaliber 1001 und Datum, 1969.
Tonneauförmiges wasserdichtes Stahlgehäuse mit rundem, verschraubtem Rückdeckel, Ref. 166.056–168.042, 35 × 42 mm. Rundes, rotvergoldetes Automatikwerk 12¼''' mit in beiden Drehrichtungen aufziehendem Zentralrotor, 20 Steine, Reglagehinweis (5 positions, temperature), indirekte Zentralsekunde, Werknummer 29.049.633. Schnellschwingende (28800 A/h) Glucydur-Ringunruh ohne Schrauben mit Nivarox-Flachspirale, Incabloc-Stoßsicherung, Exzenter-Feinregulierung.
Die beiden im Jahre 1969 eingeführten Kaliber 1000 und 1001 waren die ersten Schnellschwingerkaliber von Omega.

213 a, b   Armbandchronometer von OMEGA, Modell »Constellation« mit Kaliber 712 ohne Sekundenanzeige, 1969.
Nicht wasserdichtes Stahlgehäuse mit aufgesprengtem Rückdeckel in gestreckter Carré-cambré-Form, Größe 31 × 34 mm, Gehäusenummer 153.014, Ref. 478. Rundes rotvergoldetes, flaches Automatikwerk 11¼''' mit in beiden Drehrichtungen aufziehendem Zentralrotor, Kaliber 712, Werknummer 23.659.013. 24 Steine, Reglagehinweis (5 positions, temperature). Schraubenlose Glucydur-Ringunruh mit Nivarox-Flachspirale und Incabloc-Stoßsicherung, Exzenter-Feinregulierung.
Dieses Constellation-Chronometer ohne Sekundenzeiger gehört zu einer kleinen Serie dieses Typs (der normalerweise mit Sekundenzeiger geliefert wurde) mit dem Ziel, eine besonders flache Uhr zu erreichen. Zur Chronometerprüfung wurde die Uhr mit einem provisorischen Sekundenzeiger ausgestattet.

214 a, b   Armbandchronometer von OMEGA, Modell »Constellation« mit Kaliber 1/751, Datum und Wochentag, um 1970. Ovales, wasserdichtes Stahlgehäuse, Glasreif und Bandanstöße rotvergoldet, mit rundem, verschraubtem Rückdeckel, 30 × 40 mm, Ref. CE 168.029.

Rundes, rotvergoldetes Automatikwerk 12¼‴, Kaliber 1/751, Werknummer 27.638.134. In beiden Drehrichtungen aufziehender Zentralrotor, indirekte Zentralsekunde, 24 Steine, Reglagehinweis (5 positions, temperature). Monometallische Glucydur-Ringunruh ohne Schrauben mit Nivarox-Flachspirale und Incabloc-Stoßsicherung, Schwanenhals-Feinregulierung. Das 1967 eingeführte und für Chronometer der Constellation-Serie verwendete Kaliber 751 ist eine Modifikation der Kaliberfamilie 550, die erstmals eine schraubenlose Glucydur-Ringunruh hatte.

215 a, b   Armbandchronometer von OMEGA »Electronic f 300 Hz«, nach 1972. Wasserdicht verschraubtes Stahlgehäuse. Rundes Stimmgabelwerk »Mosaba« (Ébauches SA, Lizenz Bulova), Kaliber 1260, 13‴, Werknummer 36890569, 12 Steine, anhaltbare Zentralsekunde.

◁ 216 a, b Armbandchronometer mit Chronograph von OMEGA, Modell »Speedmaster 125«, 1973.

Längsovales, verschraubtes und wasserdichtes Stahlgehäuse mit integriertem Stahl-Gliederarmband. Rundes schwarzes Zifferblatt mit weißen Indikationen: äußere Tachymeterskala, zentrale Stunden- und Minutenzeiger sowie zentraler Chronographen- und Minutenzählzeiger, Hilfszifferblätter für kleine Sekunde und 24-Stunden-Anzeige bei der Neun und 12-Stunden-Zähler bei der Sechs.

Rundes, rotvergoldetes Automatikwerk 13¾‴, Kaliber 1041, 22 Steine, Automatik mit in beiden Richtungen aufziehendem, kugelgelagertem Zentralrotor, kleine Sekunde und Datumsanzeige mit Schnellschaltung. Geschlossene Beryllium-Ringunruh mit Flachspirale und Incabloc-Stoßsicherung, 28800 Halbschwingungen/Stunde, Reglagehinweis (5 Positionen), Feinregulierung mit Mikrometerschraube. Die »Speedmaster 125« mit dem Werkskaliber 1041 war ein Sondermodell der normalen Speedmaster mit dem Kaliber 1040, das in einer einmaligen Auflage von 1000 Stück zum 125jährigen Firmenjubiläum im Jahre 1973 hergestellt wurde.

217 a, b Armbandchronometer von ▷ OMEGA, Modell »Seamaster Electronic« mit Stimmgabelwerk nach Patent und Lizenz von Bulova, Datumsanzeige, 1973.

Rundes, wasserdicht verschraubtes Stahlgehäuse, Gehäusenummer 198.001, Durchmesser 36,5 mm. Blaues Kontrastzifferblatt mit weißen Zeigern.

Rotvergoldetes Werk 13‴ mit Stimmgabelschwinger und Batterie, Rohwerk der (1969 gegründeten) Ébauches Electroniques SA, Marin (ESA), Kaliber 916/2, Omega-Kaliber 1250, Werknummer 34.889.020, 12 Steine, Schwingfrequenz 300 Hertz.

218 a, b Armbandchronometer von ▷▷ OMEGA »Megasonic 720 Hz«, nach 1973.
Vergoldetes, tonneauförmiges Gehäuse. Rundes Stimmgabelwerk 13‴, Kaliber 1220, Werknummer 34928875, 15 Steine, anhaltbare Zentralsekunde.

219 a, b Armbandchronometer von
OMEGA »Marine Chronometer Megaquartz
f 2, 4 MHz«, nach 1974.
Verschraubtes rechteckiges Stahlgehäuse mit
Stahlarmband, schwarzes Zifferblatt mit rundem, weißem Ziffernkreis, Datum bei der
Sechs. Rechteckiges Quarzwerk
25,6 × 31 mm, Kaliber 1516, Werknummer
37057891.

220 a, b Armbandchronometer von ▷
OMEGA, Modell »Constellation« mit Kaliber
1011 und Datum, 1974.
Rundes, wasserdicht verschraubtes Stahl-
gehäuse, Gehäusenummer 1.680.065,
Durchmesser 35 mm, originales Stahlglie-
derarmband.
Rundes, rotvergoldetes Automatikwerk

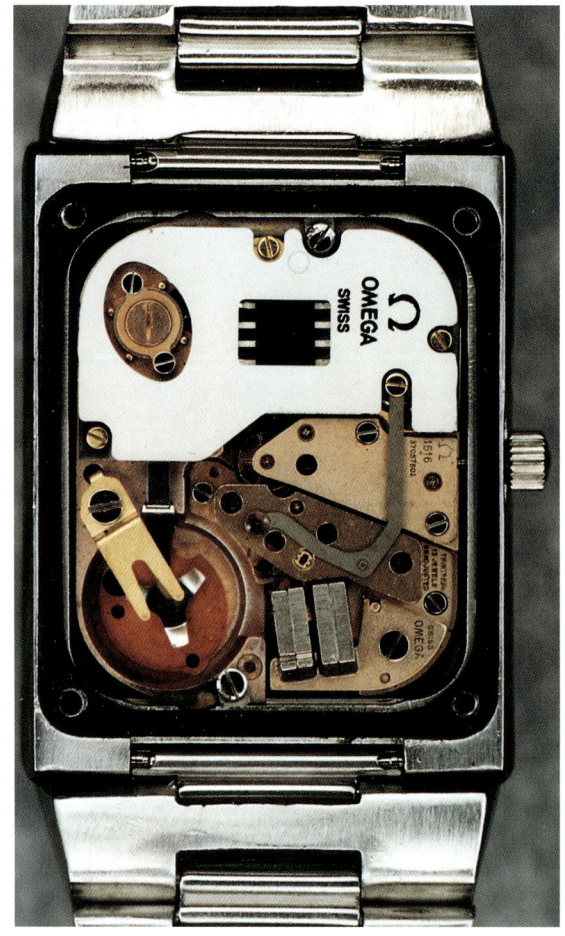

12¼‴ mit in beiden Drehrichtungen aufziehendem Zentralrotor, 23 Steine, Reglagehinweis (5 positions, temperature), Werknummer 35.426.821, indirekte Zentralsekunde, schnellschwingende (28800 A/h)
Glucydur-Ringunruh ohne Schrauben mit
Nivarox-Flachspirale, Incabloc-Stoßsicherung, spezielle Rücker-Feinregulierung.
Die neuen Schnellschwingerkaliber 1010
und 1011 wurden 1972 eingeführt. Das Kaliber 1010 hatte 17 Steine, das sonst identi-
sche, aber für Chronometer reservierte Kaliber 1011 hatte 23 Steine. Diese Uhr wurde
am 11. September 1974 ausgeliefert.

221 a, b Armbandchronometer von ▷▷
OMEGA, Modell »Speedsonic f 300 Hz« mit
Stimmgabelwerk nach Patent und Lizenz
von Bulova, mit Datum und Wochentag
sowie Chronograph mit 30-Minuten- und
12-Stunden-Zähler, kleine Sekunde bei der
Zwölf, 1975.
Rundes, wasserdichtes Stahlgehäuse mit
verschraubtem Rückdeckel, Durchmesser
44 mm, mit integriertem Stahlarmband der
Form »Langouste«, verspiegeltes Zifferblatt,
drei schwarze Hilfszifferblätter und schwarze
äußere Tachymeterskala. Betätigung des
Chronographen mit zwei Drückern seitlich
der Krone, die hier nur der Zeigerstellung
und dem Anhalten des Werkes dient.
Rundes, rotvergoldetes Stimmgabelwerk
13‴, Rohwerk Kaliber 9210 der ESA
(Ébauches Electroniques SA), Omega-
Kaliber 1255, 12 Steine, Werknummer
38.418.262, Gehäusenummer
188.0001/388.0800. Auf dem Werk Hinweis
auf Lizenz und Patent von Bulova.
Das 1974 gleichzeitig mit der Quarzarm-
banduhr »Marine Chronometer« auf den
Markt gekommene Modell Speedsonic
Kal. 1255, die einzige Uhr ihrer Art, ist als
Pendant zu dem ein Jahr zuvor herausge-
brachten mechanischen Modell Speedmaster
125 Chronometer zu sehen.

223 a   222 a

222 a, b   Damenarmbanduhr von Oris mit Stiftankerhemmung, 40er Jahre. Rundes Stahlgehäuse mit aufgesprengtem Rückdeckel, nicht wasserdicht. Durchmesser 23 mm.
Handaufzugswerk, Kaliber 491, $8^3/_4'''$, Werknummer 363, 15 Steine, kleine Sekunde. Stiftankerhemmung, monometallische Ringunruh mit Flachspirale, verschraubtes Decksteinplättchen mit Deckstein für Ankerradwellenzapfen, spezielle Oris-Stoßsicherung. Einfacher Rücker; als Zeiger dient der Spiralschlüssel. Diese Damenuhr ist zwar kein Chronometer; aber Oris hat mit Uhren dieses Typs und Kalibers ebenfalls Chronometerzertifikate der Schweizer B. O. erlangt (vgl. Abb. 223).

223 a, b   Armbandchronometer von Oris mit Stiftankerhemmung, 50er Jahre. Rundes Stahlgehäuse, aufgesprengter Rückdeckel, nicht wasserdicht, Durchmesser 30 mm. Handaufzugswerk $11^1/_2'''$, Kaliber 451 KIF, Werknummer 583, 15 Steine, kleine Sekunde. Stiftankerhemmung, monometallische Ringunruh mit Flachspirale und KIF-Stoßsicherung, verschraubtes Decksteinplättchen mit Deckstein für Ankerradwelle. Einfache Rückerregulierung, als Zeiger dient der Spiralschlüssel.

Die hier abgebildete Armbanduhr ist nach Angabe der Firma Oris ein Chronometer. Demnach wäre Oris eine der wenigen Firmen, die geprüfte Chronometer nicht durch eine Aufschrift als solche gekennzeichnet haben. Das Werkskaliber 451 KIF gehört zu einem der vier Kaliber mit Stiftankerhemmung, mit denen Oris aus Hölstein/Schweiz ab 1945 an den Chronometerprüfungen der offiziellen Schweizer Prüfbüros teilnahm. Bis 1958 waren es 1516 Armbanduhren, die ein Chronometerzertifikat erhielten, davon 1362 mit Auszeichnung.

Die 1904 gegründete, auf preiswerte Uhren in Stahl- und Doublégehäusen spezialisierte Firma Oris hat bis 1960 ausschließlich Uhren mit Stiftankerhemmung hergestellt. Sie hat diese allgemein als weniger genau geltende und von den Roskopfuhren bekannte Hemmung derart verbessert und verfeinert, z. B. durch polierte Stahlankerstifte, daß ihre Gangleistungen denen der Steinpalettenankerhemmung ebenbürtig wurden. Oris war die einzige Firma, die mit einer Armbanduhr des $11^1/_2$-linigen Kalibers 650 mit Stiftankerhemmung einen Gangschein des Observatoriums Neuchâtel erreichte, und zwar erst 1968, also nach Beendigung der allgemeinen Chronometerprüfungen und -wettbewerbe.

223 b

222 b

224 Zifferblattansicht eines Armbandchronometers »Chronomètre d'Observatoire« von PATEK PHILIPPE, 1948.

Rundes Platingehäuse Modell 2458. Der Hinweis auf ein Bulletin d'Observatoire ist auf dem Zifferblatt in Form eines runden kleinen Hilfszifferblattes bei der Drei angebracht. Symmetrisch dazu bei der Neun befindet sich das kleine Sekundenblatt.

Das zugehörige Werk (nicht abgebildet) hat die Nummer 861.121, eine Größe von 13‴, 20 Steine und eine Guillaume-Unruh mit Breguetspirale und Schwanenhals-Feinregulierung.

225 △

Reguliert von André Zibach, erreichte diese Uhr bei den Chronometerwettbewerben in Genf 1948 den 3. Platz mit 829 Punkten, 1949 den 4. Platz mit 775 Punkten, 1950 den 33. Platz mit 623 Punkten und zuletzt 1952 den 23. Platz mit 762 Punkten.

Armbandchronometer mit Observatoriums-Gangschein sind in nur geringer Zahl in den Handel gekommen bzw. erhalten. Zum Beispiel wurden von den rund 480 Patek Philippe-Armbanduhren mit Gangschein des Observatoriums Genf, die es insgesamt gab, nur etwa 10 bis 15 Stück verkauft (siehe S. 14).

226 ▽

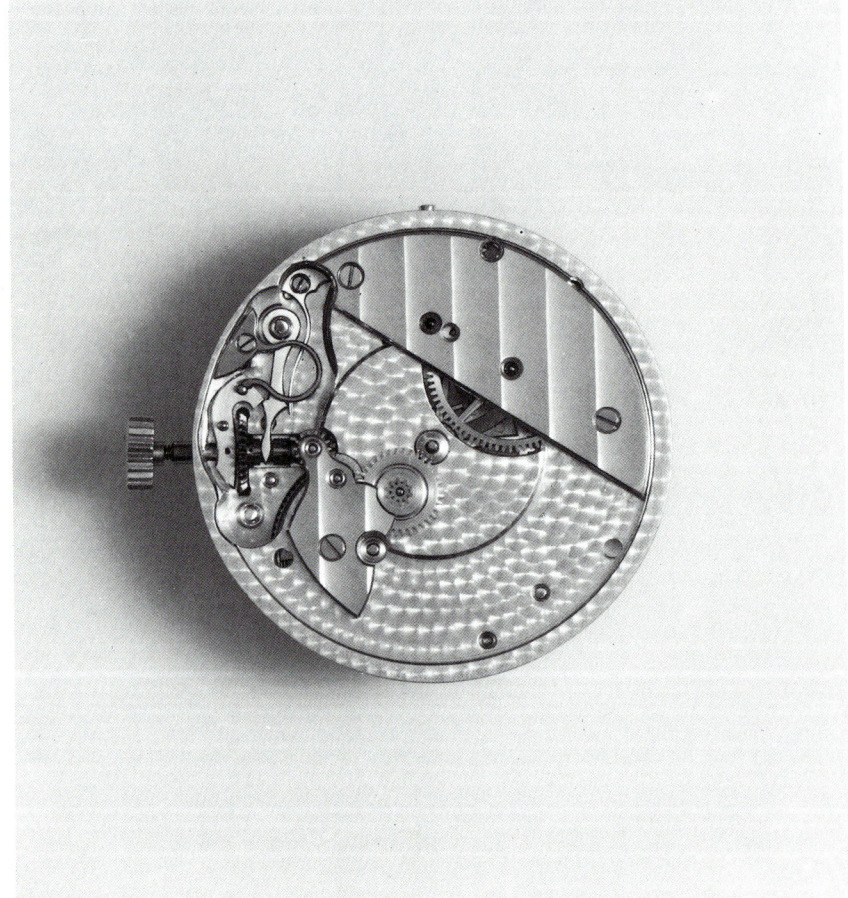

225 Ansicht des Werkes eines Armbandchronometers »Chronomètre d'Observatoire« mit 1-Minuten-Tourbillon von PATEK PHILIPPE, um 1949.
Symmetrisch aufgebautes, rhodiniertes Handaufzugswerk mit Genfer Streifen, Größe 13‴, Werknummer 861.115, 18 Steine, mit Genfer Siegel gestempelt, Reglagehinweis (5 Lagen, Temperaturen und Isochronismus). Geteilte bimetallische Guillaume-Unruh, die 21600 Halbschwingungen pro Stunde macht, mit Breguetspirale und Rückerregulierung.
André Bornand (1892–1967), Lehrer an der Genfer Uhrmacherschule und Tourbillon-Spezialist, hatte um 1949 dieses runde Armbanduhr-Tourbillon-Werk entwickelt und wahrscheinlich in nur einem einzigen Exemplar gebaut. Es ist den Omega-Tourbillons mit der Dreiviertelplatine und der durchbrochenen Drehgestellbrücke im äußeren Aufbau recht ähnlich, besticht aber durch seine vollkommen symmetrische Gestaltung. Dieses Tourbillon-Werk nahm, von André Zibach reguliert, in den Jahren 1949, 1951 und 1953 an den Chronometerwettbewerben des Observatoriums Genf teil, erreichte aber nur mittlere Plazierungen.

226 Unterzifferblattansicht des Armbanduhrtourbillons der Abb. 225 von PATEK PHILIPPE.

227 a, b Werk- und Unterzifferblatt- ▷ eines Armbandchronometers »Chronomètre d'Observatoire« von PATEK PHILIPPE, um 1950.
Werknummer 861.126 und Größe 13‴, 18 Steine, geteilte bimetallische Guillaume-Unruh mit Breguetspirale und einfachem Rücker. Auch diese Uhr wird, wie die Anordnung des Sekundenrades zeigt, auf dem Zifferblatt die kleine Sekunde bei der Neun und symmetrisch dazu bei der Drei ein Signaturschild gehabt haben.
Reguliert von René Matthez, nahm dieses Armbandchronometer zwischen 1950 und 1952 an den Chronometerwettbewerben des Observatoriums Genf teil und erreichte mittlere Plazierungen.

228 a–c Armbandchronometer »Chronomètre d'Observatoire« von PATEK PHILIPPE, um 1954.
Rundes Goldgehäuse 18 kt., verschraubt und wasserdicht, Gehäusenummer 681.113. Hinweis auf ein Bulletin d'Observatoire auf dem Zifferblatt in Form eines kleinen Hilfszifferblattes bei der Drei. Kleines Sekundenblatt bei der Neun.

Rhodiniertes Handaufzugswerk mit Genfer Streifen 13''', Kaliber 30 m/m, Werknummer 861.137, 21 Steine, Reglagehinweis (Temperaturen, Isochronismus und 5 Lagen), Genfer Siegel auf der Halbplatine. Geschlitzte Guillaume-Unruh mit Masseschrauben, Breguetspirale, Schwanenhals-Feinregulierung.

Nur vier dieser Chronometer (außer den Tourbillons) sind bisher bekannt geworden, dies ist eines der vier. Es erreichte bei dem Genfer Chronometerwettbewerb des Jahres 1954 43,77 Punkte (von 60 möglichen) und damit den 45. Rang von 58 Teilnehmern. Laut Gangschein hatte die Uhr bei der Prüfung folgende Gangfehler, die der Ermittlung der Punktzahl zugrunde lagen: 1) mitt-

lere tägliche Gangabweichung 0,39 sec, 2) mittlere Gangabweichung entsprechend dem Lagenwechsel 0,53 sec, 3) primärer Kompensationsfehler pro °C 0,04 sec, 4) sekundärer Kompensationsfehler 0,78 sec, 5) Wiederaufnahme des Ganges 0,22 sec.

229 a, b   Armbandchronometer »Chronomètre d'Observatoire« mit 50-Sekunden-Tourbillon von PATEK PHILIPPE, 1956/57. Rechteckiges Goldgehäuse 18 kt. Im Zifferblatt seitlich zwischen die Acht und Neun versetzte kleine Sekunde, da das Sekundenrad nicht auf der Tourbillon-Welle sitzt, sondern seitlich des Drehgestells in dessen Kloben.

Tonneauförmiges, rhodiniertes Handaufzugswerk mit Genfer Streifen, Kaliber 34 T, Werknummer 866.503, Abmessungen 34,4 × 22,2 mm (702 qmm). 23 Steine, Duofix-Stoßsicherung für Unruh und Drehgestell, Drehgestell mit 50 Sekunden Umlaufzeit, geteilte bimetallische Unruh nach Guillaume mit 21600 Halbschwingungen/Stunde. Frei schwingende Stahlspirale (ohne

Rückerregulierung) mit aufgebogener Endkurve nach Philipps.

Dieses von Max Studer regulierte Tourbillon-Werk nahm in den Jahren 1961 bis 1964 an den Chronometerwettbewerben des Observatoriums Genf teil. Die beste Wertung erhielt es 1962 mit dem 5. Platz und 56,22 (von 60 möglichen) Punkten.

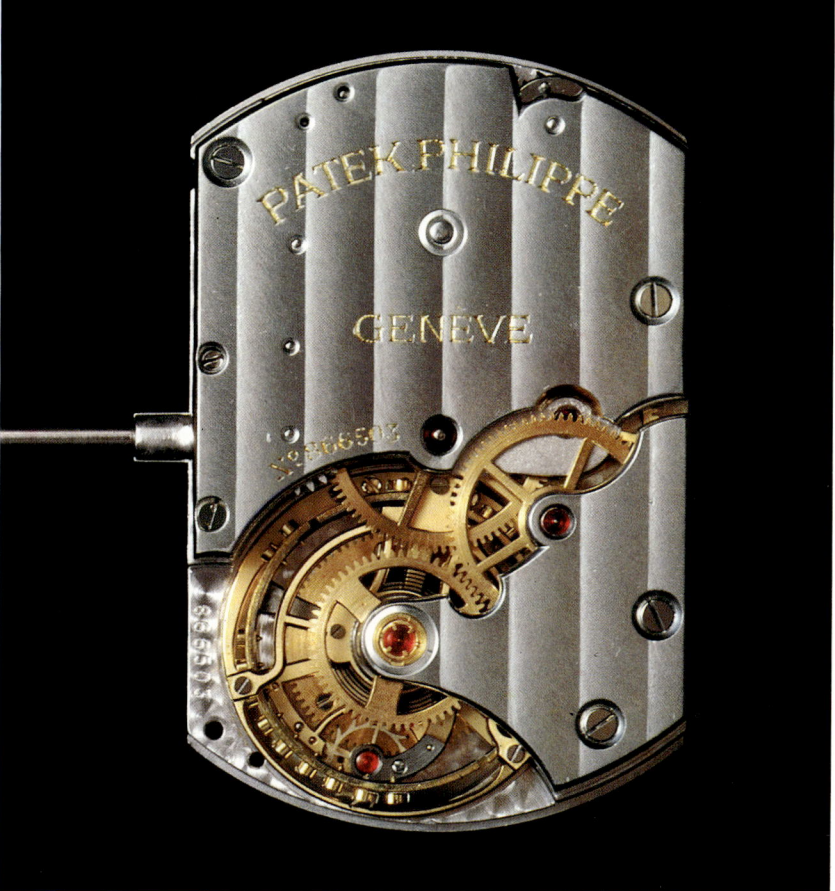

230   Unterzifferblattansicht des Armbanduhrtourbillons der Abb. 229 von PATEK
PHILIPPE.

231   Das Drehgestell des Armbanduhrtourbillons der Abb. 229 von PATEK PHILIPPE.
Dieses Drehgestell, konstruiert und angefertigt von André Bornand, bestand zu Ver-
suchszwecken aus Beryllium-Bronze, einer
Kupfer-Beryllium-Legierung, die leichter ist
als der sonst verwendete Stahl.

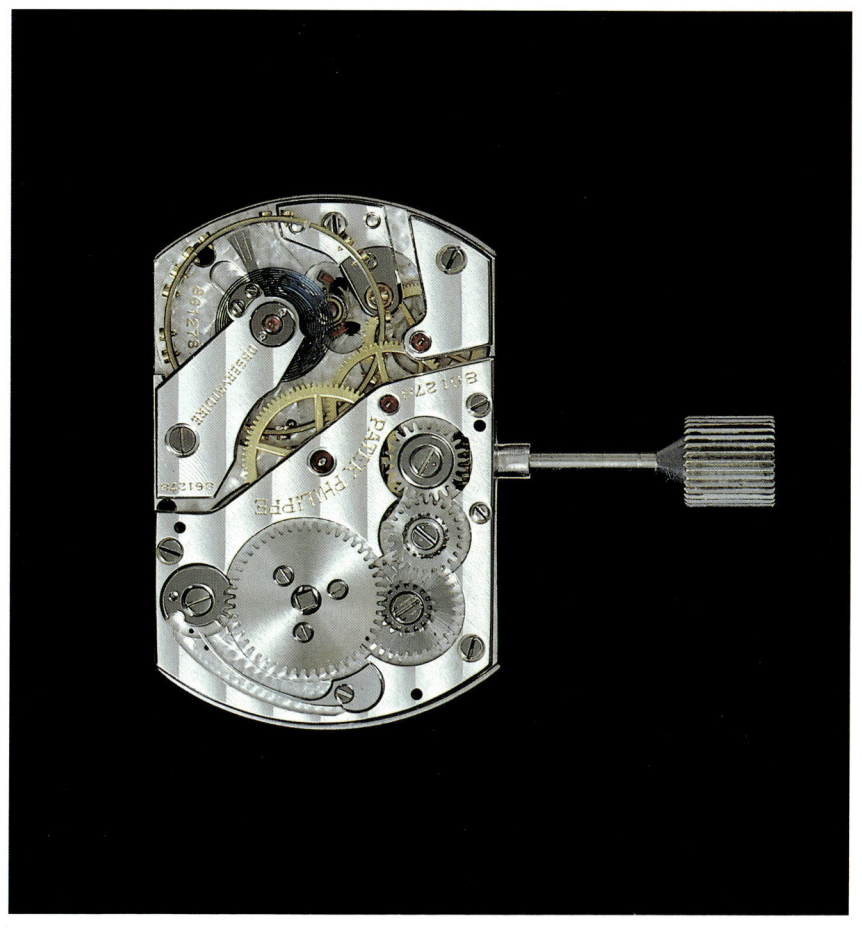

232 a, b   Werk- und Unterzifferblattansicht eines Armbandchronometers »Chronomètre d'Observatoire« von PATEK PHILIPPE, um 1958.

Rhodiniertes, tonneauförmiges Handaufzugs-Formwerk mit Genfer Streifen, Fläche 702 qmm, Werknummer 861.278. Geteilte bimetallische Guillaume-Unruh mit Breguetspirale, keine Rückerregulierung. Zum

Einbau in ein rundes Gehäuse wurde das Werk in eine runde Platine eingepaßt. Diese Uhr nahm in den Jahren 1958 und 1960 an den Chronometerwettbewerben des Observatoriums Genf teil, erreichte aber keinen Preis.

Dieses tonneauförmige Werkskaliber 34 hatten die Regleure André Zibach und Eric Jaccard um 1950−52 gemeinsam konstruiert

– speziell für die Genfer Observatoriumswettbewerbe. Es wurde die Basis für das um 1956 entwickelte 50-Sekunden-Tourbillon-Werk 34 T (siehe Abb. 229 a, b).

233 a, b   Armbandchronometer von Porta
(Wehner KG, Pforzheim), um 1960.
Rundes, wasserdicht verschraubtes Doublégehäuse, Gehäusenummer 5539, Durchmesser 34 mm.
Handaufzugswerk 10½′′′, Werknummer
2250, 17 Steine, verschraubtes Decksteinplättchen für die Ankerradwelle. Glucydur-
Schraubenunruh mit Flachspirale und
H & P-Stoßsicherung, direkte Zentralsekunde, einfacher Rücker.

234 a, b   Armbandchronometer
von PRÉCIMAX, um 1960.
Ovales, wasserdichtes Gelbgoldgehäuse 18 kt.
mit verschraubtem Rückdeckel.
Ref. 11519/8852, 25/34 × 42 mm, Datumsanzeige im Fenster bei der Drei.
Rundes, vergoldetes Automatikwerk 11½'''.
Kaliber ETA 2522, 25 Steine, Werknummer
11.519. Glucydur-Schraubenunruh mit Nivarox-Flachspirale, Incabloc-Stoßsicherung,
einfacher Rückerzeiger.

235 a, b   Armbandchronometer von RADO, um 1965.

Rundes, verschraubtes und wasserdichtes Goldgehäuse 18 kt., Durchmesser 35 mm. Automatikwerk 11½''' von AS (A. Schild, Grenchen), Kaliber 1700/01, 30 Steine, Werknummer 501.074. Automatik mit in beiden Richtungen aufziehendem Zentralrotor, Zentralsekunde, Datumsanzeige.

Monometallische Schraubenunruh mit Incabloc-Stoßsicherung und Flachspirale. Rückerregulierung ohne Zeiger.

Die Firma Rado aus Lengnau hat zwischen 1957 und 1972 insgesamt 911 geprüfte Armbandchronometer hergestellt. Es wurden dafür ausschließlich Automatikwerke der Ébauche-Firma Schild verwendet, und zwar

die Kaliber 1361 ab 1957, 1701 ab 1962 und 1858 ab 1968.

236 a, b Armbandchronometer (?) von
RECTA, um 1940.
Stahlgehäuse mit aufgesprengtem Rückdeckel, nicht wasserdicht, Durchmesser
35 mm. Schwarzes Zifferblatt mit kleiner Sekunde, Gehäusenummer 0497. Handaufzugswerk 12¼''', keine Werknummer. Monometallische Schraubenunruh, Breguetspirale mit
Philippsscher Endkurve, einfacher Rücker,
keine Stoßsicherung.
Das Recta-Kaliber 1220 wurde 1940/41
eingeführt (siehe Abb. 97). Angesichts der
bei fabrikneuem Zustand sehr schlechten
Gangleistungen, besonders des hohen Lagenfehlers, ist diese Uhr vermutlich kein
Chronometer (siehe S. 71).

◁ 237 Armbandchronometer von ROLEX, Modell »Prince«, 1933. Im Original-Verkaufskasten mit dem Gangschein für eine andere, vergleichbare Rolex Prince. Rechteckiges, tailliertes Gelbgold-Weißgold-Gehäuse mit eingezogener Aufzugskrone. Zifferblatt mit getrenntem Stunden-/Minutenkreis (achteckig) und unterem Sekundenkreis (rund), dem sog. Duo-Dial-Zifferblatt.

Baguetteförmiges Handaufzugswerk in patentierter Kapsel (siehe Abb. oben rechts), Werknummer 73.673, 15 Steine. Qualitätsbezeichnungen »Extra Prima« und »Observatory Quality«, Reglagehinweis (timed 6 positions). Monometallische Schraubenunruh mit zwei Regulierschrauben, Elinvar-Breguetspirale, einfache Rückerregulierung, seitlich (lateral) angeordneter Anker. Der erhaltene Gangschein für diese Uhr wurde im August 1933 ausgestellt. Der Hinweis auf dem Werk »Rolex Hairspring« bezieht sich wohl auf die laut Gangschein verwendete selbstkompensierende Spirale aus der Nickel-Stahl-Legierung Elinvar. Der aus Platzgründen verwendete, seitlich (lateral) angeordnete Anker – etwas altmodisch und nur bis um 1900 bei Taschenuhren häufiger verwendet – ist typisch für die Rolex Prince. Bei dieser Anordnung bilden die Drehpunkte von Hemmungsrad, Anker und Unruh einen rechten Winkel. Bei der modernen Schweizer Ankerhemmung ist der Anker so angeordnet, daß die genannten drei Drehpunkte eine gerade Linie bilden (échappement ligne droite).

238 a–c Zifferblattansichten von drei Armbandchronometern von ROLEX aus den 40er Jahren des (wasserdicht verschraubten) Modells »Oyster« in der zeittypischen Tonnenform. Dieses Modell ist zur Zeit unter dem Namen »Bubble Back« (wegen des stark gewölbten Rückdeckels aufgrund der auf das Werk aufgesetzten Automatik) sehr beliebt.

238 a Rolex Oyster Perpetual im verschraubten Stahlgehäuse Ref. 6050. Automatikwerk mit Zentralrotor, Werknummer 97.941, 18 Steine, indirekte Zentralsekunde, Reglagehinweis (6 adjustments). Unruh des für Rolex patentierten Typs »Superbalance« mit versenkten Gewichtsschrauben, Breguetspirale, Feinregulierung.

238a △

238 c Oyster im verschraubten Stahlgehäuse, Gehäusenummer 90.473, Außendurchmesser 32 mm, Ref. 2765. 10½liniges Handaufzugswerk (bei diesem Modell selten) mit 18 Steinen und 6 adjustments, Superbalance mit Breguetspirale und einfacher Rückerregulierung, keine Stoßsicherung.

Die Oyster Perpetual der Abb. 238b hat ein dekoratives Stahl-Goldgehäuse. Das Werk vom Kaliber 600 hat 25 Steine.

238b △

238c △

239 a, b Kleines Armbandchronometer von ROLEX, Modell »Oyster«, um 1943. Rundes, wasserdicht verschraubtes Stahlgehäuse mit verschraubter Krone, Durchmesser 30 mm, Gehäusenummer 228.421, Ref. 4220. Zifferblatt aufgearbeitet. Handaufzugswerk 10¹/₂''' für den Export, 17 Steine, Reglagehinweis (2 positions), indirekte Zentralsekunde, monometallische Schraubenunruh »Superbalance« mit versenkten Schrauben, Breguetspirale, keine Stoßsicherung, einfacher Rückerzeiger. Wahrscheinlich handelt es sich hier um das 1935 entwickelte Kaliber 510 in der Qualität »Precision«, so daß der Zifferblattaufdruck »Chronomètre« eine nachträgliche Fälschung wäre.

240 a, b Armbandchronometer von ROLEX, Modell »Oyster Perpetual«, sog. Bubble Back, 1945/46.
Rundes, wasserdichtes Stahlgehäuse mit verschraubtem, stark gewölbtem Rückdeckel und verschraubter Krone, Werknummer (außen am Gehäuse) 378.389, Durchmesser 32 mm, Ref. 2940, Zifferblatt aufgearbeitet.
Rundes Automatikwerk 11¹/₂''', Kaliber 630 NA, 17 Steine, Reglagehinweis (7 positions), aufgesetztes Automatikmodul mit einseitig aufziehendem Zentralrotor, indirekte Zentralsekunde, verschraubtes Decksteinchaton für die Ankerradwelle, monometallische Unruh »Superbalance« mit versenkten Schrauben, Breguetspirale, keine Stoßsicherung, Schwanenhals-Feinregulierung.

241 Armbandchronometer von ROLEX mit Kalender und Mondphase, 1949. Rundes, wasserdichtes Stahlgehäuse mit verschraubtem Rückdeckel, Ref. 8171, verschraubte Oyster-Krone. Kleine Sekunde mit Ausschnitt für Mondphase bei der Sechs, äußere Datumskala mit zentralem Pfeilzeiger, Sichtfenster für Tag und Monat im Zifferblatt.
Das 10¹/₂linige Automatikwerk des Kalibers A 295 in der Abart CLP (Calendrier, phase de lune) dieser Uhr baut auf dem gleichen Grundwerk auf, das in den Oyster Perpetuals der 40er Jahre (sog. Bubble Back, siehe Abb. 238a, b und 240) verwendet wurde.

242 a, b Armbandchronometer von ROLEX
(Oyster Perpetual), zwischen 1955 und 1959.
Rundes, verschraubtes Goldgehäuse 14 kt.
mit verschraubter Krone, wasserdicht,
Durchmesser 33,2 mm. Ref. 6593.
Rolex-Automatikwerk mit patentiertem, in
beiden Richtungen aufziehendem Zentralrotor, indirekte Zentralsekunde. Kaliber
1030, 12³/₄''', 25 Steine, Werknummer
632.644. Reglagehinweis (5 Positionen und
Temperaturen). Monometallische Schraubenunruh mit gebläuter Stahlspirale, einfacher Rücker, KIF Flector-Stoßsicherung.

243 a, b Armbandchronometer von ROLEX
(Perpetual), 50er Jahre.
Rundes, schweres Goldgehäuse 18 kt. mit
aufgesprengtem Rückdeckel, nicht wasserdicht. Aufschrift »Clerc Paris« und Gehäusenummer 8.928. Automatikwerk 11³/₄''' Ref.
N 62939, 18 Steine, Reglagehinweis (6 adjustments), Automatik mit in beiden Richtungen aufziehendem Zentralrotor.
Der Pariser Juwelier Clerc hat für Rolex-
Armbanduhrwerke eine begrenzte Anzahl
von Gehäusen gefertigt.

244 a–c   Drei moderne, mechanische Armbandchronometer von ROLEX, um 1989/90, alle mit dem 12½ linigen Rolex-Automatikwerk ausgestattet.

244 a links das Modell 16613 »Oyster Perpetual Submariner Date«. Gehäuse und Band in Stahl und Gold kombiniert. An dem bis 300 m Tiefe wasserdichten Oyster-Spezialgehäuse außen ein drehbarer Einstellring mit Markierungen zur Kontrolle von Dekompressionszeiten.

244 b rechts das Modell 15200 »Oyster Perpetual Date«. Stahlgehäuse und -armband, Datumsangabe, bis 100 m Tiefe wasserdicht.

244 c das Modell 16528 »Oyster Perpetual Cosmograph Daytona«. Chronograph mit Hilfszifferblättern für kleine Sekunde bei der Neun, 30-Minuten-Zähler bei der Drei und 12-Stunden-Zähler bei der Sechs. Lünette graviert zum sofortigen Ablesen von Einheiten (Stundengeschwindigkeiten usw.). Goldgehäuse und -armband 18 kt., Chronographendrücker wie die Aufzugskrone verschraubt. Wasserdicht bis 100 m Tiefe.

244 c △

244 a, b △

245 a, b   Armbandchronometer Nr. 34 mit 1-Minuten-Tourbillon von DANIEL ROTH von 1989/90.

Eigenwilliges, tonnenförmiges Goldgehäuse mit doppelseitiger Anordnung. Die Zifferblätter bestehen aus Weißgold und sind guillochiert. Auf der Vorderseite ein aus der Mitte nach oben gerücktes rundes Stunden-/Minutenzifferblatt, darunter ein sektorförmiges Sekundenblatt mit drei Sektoren à 20 Sekunden, auf dem drei unterschiedlich lange Zeiger jeweils einen 20-Sekunden-Bereich anzeigen. Unten im runden Zifferblattausschnitt, von der Sekundenskala teils überwölbt, ist das Drehgestell mit Unruh, Spirale und Hemmung sichtbar. Auf dem rückwärtigen Zifferblatt Datum und Gangreserveanzeige (40 Stunden). Das Werk hat einen Durchmesser von 30 mm, eine selbstkompensierende Spirale und eine monometallische Schraubenunruh.

In der kleinen, 1987 in Le Sentier gegründeten Manufaktur von Daniel Roth werden zur Zeit etwa 50 dieser Armbandchronometer jährlich in Einzelanfertigung hergestellt und mit einem Gangschein der COSC ausgeliefert.

246 a, b   Armbandchronometer
von SANDOZ, 60er Jahre.
Wasserdicht verschraubtes, rundes Stahlgehäuse, Gehäusenummer 1767 Y – 95 – 2.
Automatisches Ébauche-Werk von AS
(A. Schild, Grenchen) 11½‴, Kaliber
1716-17, Zentralsekunde und Datumsanzeige, Automatik mit in beiden Richtungen
aufziehendem, kugelgelagertem Zentral-

rotor. Monometallische Ringunruh, Flachspirale, einfache Rückerregulierung ohne
Zeiger, Incabloc-Stoßsicherung.

247 a, b Japanisches Armbandchronometer von SEIKO, Modell »Grand Seiko«, nach 1960.
Rundes, nicht wasserdichtes Metallgehäuse mit Goldauflage (14 kt. goldfilled), aufgesprengter Rückdeckel, Durchmesser 35 mm. Gehäusenummer 2.310.167, Ref. J14070E/GS.

Rundes Handaufzugswerk 13''', Werknummer 116.287, 25 Steine, gefederte Decksteine für Minuten-, Zwischen- und Hemmungsradwelle, direkte Zentralsekunde, Kaliber 3180, monometallische Ringunruh mit Flachspirale, Stoßsicherung Diashock (vergleichbar KIF-Flector), spezielle Exzenter-Feinregulierung.

Das Modell Grand Seiko war das Spitzenmodell von Seiko; in dieser Ausführung wurde es zwischen 1960 und 1965 hergestellt.

248 a, b   Japanisches Armbandchronometer von SEIKO, Modell »Seikomatic Diashock« mit Datum und Wochentag, um 1965. Rundes, wasserdichtes Stahlgehäuse mit verschraubtem Rückdeckel, Gehäusenummer 5.000.333, Ref. 6246-9000, Krone außen bei der Vier nur für Zeiger- und Kalenderstellung sowie für Anhalten des Werkes. Rundes Automatikwerk $12^{1}/_{4}$''' mit in beiden Drehrichtungen aufziehendem, kugelgelagertem Zentralrotor. Werknummer 005499, Kaliber 6246 A. Direkte Zentralsekunde, 39 Steine, monometallische Ringunruh mit Flachspirale, Stoßsicherung KIF-Flector, Feinregulierung mit Zahnstange.

249 a, b   Japanisches Armbandchronometer von SEIKO, Modell »KS Automatic Hi-Beat« mit Datum und Stahlband, 60er Jahre. Rundes, wasserdicht verschraubtes Gehäuse, Gehäusenummer 5625-7170, Ref. 2 NO 164, Durchmesser 36 mm. Schwarzes Zifferblatt. Rundes, lose eingelegtes Automatikwerk mit in beiden Drehrichtungen aufziehendem Zentralrotor, 13''', direkte Zentralsekunde, Werknummer 677.132. 25 Steine, gefederte Decksteine für Zwischen- und Hemmungsradwelle, Kaliber 5625 B, monometallische Ringunruh mit Flachspirale und Diashock-Stoßsicherung, Exzenter-Feinregulierung. Schnellschwingende Unruh.

250 a, b   Armbandchronometer von SOLVIL (Paul Ditisheim), um 1935. Rechteckiges Chromgehäuse mit Scharnier-Druckverschluß, nicht wasserdicht. Rundes Handaufzugswerk $8^{3}/_{4}$''', 17 Steine, Werknummer 765.309, vier goldene Einpreßchatons, kleine Sekunde. Geteilte bimetallische Schraubenunruh mit Breguetspirale, keine Stoßsicherung, einfache Rückerregulierung. »Solvil« war die Fabrikmarke der Firma, die der bekannte Chronometer- und Präzisionsuhrenbauer Paul Ditisheim (1868–1945) aus La Chaux-de-Fonds gegründet hatte, der auch als Wissenschaftler hohes Ansehen genoß. Dieses kleine Armbanduhrenwerk ist mit seiner zentralen, gebogenen Brücke für Minuten-, Sekunden- und Kleinbodenrad sehr ähnlich einem in den 20er Jahren hergestellten Taschenuhrenkaliber von Ditisheim. Die Fabrik »Solvil« begann schon 1927 mit der Einreichung von Armbanduhren zu den Chronometerprüfungen der offiziellen Schweizer Prüfbüros.

251 a, b Armbandchronometer von SOLVIL, 50er Jahre.
Rundes, wasserdicht verschraubtes Weißgoldgehäuse 18 kt., versilbertes Zifferblatt mit Weißgoldzeigern und -indizes. Rundes, rhodiniertes Automatikwerk 12½''' mit in beiden Richtungen aufziehendem Zentralrotor, Werknummer 11097, 18 Steine. Monometallische Schraubenunruh mit

252 a, b Armbandchronometer von SOLVIL, 50er Jahre.
Rundes, nicht wasserdichtes Stahlgehäuse mit aufgesprengtem Rückdeckel, Durchmesser 34 mm. Gehäusenummer 172.844. Rundes, rhodiniertes Handaufzugswerk 10¾''' im Distanzring, ETA-Kaliber 900, Werknummer 12.112, 18 Steine, kleine Sekunde. Decksteinplättchen mit Deckstein

253 Armbandchronometer von SOLVIL, 50er Jahre.
Eine Zifferblattvariante des Solvil-Chronometers mit dem gleichen ETA-Kaliber 1256 der Abb. 251. Werknummer 11081, Rotgoldgehäuse 18 kt.

Flachspirale, Stoßsicherung, einfacher Rücker. Rohwerk von ETA, Kaliber 1256.

für die Hemmungsradwelle. Monometallische Unruh mit Masse- und Regulierschrauben, gebläute Breguetspirale, Monobloc-Stoßsicherung, einfacher Rückerzeiger.

254 a, b   Armbandchronometer
von SOLVIL, 50er Jahre.
Rundes, wasserdicht verschraubtes Stahlgehäuse, Glasreif und Bandanstöße gelbvergoldet. Gehäusenummer 183.731, Durchmesser 34 mm.
Handaufzugswerk von ETA, Kaliber 1080,
12³/₄''', Werknummer 10.255, 18 Steine.
Werktyp für den Aufsatz eines Automatik-

Moduls konzipiert. Direkte Zentralsekunde,
verschraubtes Decksteinplättchen für die
Ankerradwelle. Monometallische Glucydur-
Schraubenunruh mit Breguetspirale und
Incabloc-Stoßsicherung, einfacher Rückerzeiger. Das im Jahre 1944 entwickelte Kaliber 1080 war das erste ETA-Kaliber mit
direkter Zentralsekunde.

255   Quarz-Armbandchronometer
der SWATCH AG, 1985.
Rundes, durchsichtiges Plastikgehäuse,
Durchmesser 34 mm. Durchsichtiges Zifferblatt mit äußerem, silberfarbenem Ziffernkreis. Quarzwerk Nr. 2732. Dazu Chronometerzertifikat Nr. 4.002.732 der Schweizer
COSC.

257 a, b Armbandchronometer des ▷
TECHNIKUMS in La Chaux-de-Fonds mit
Kalendarium, Schuluhr des FRANCIS
NICOLET (Meisterstück), 1959.
Rundes, wasserdicht verschraubtes Stahl-
gehäuse, Ref. 1144/3, Durchmesser 35 mm.
Zifferblatt mit Fenstern für Wochentag, Mo-
nat und Mondphase, Ziffernring mit zentra-
lem Zeiger für Datum, seitlich im Gehäuse
Korrekturdrücker für diese Indikationen.
Automatikwerk 11½''', Kaliber Felsa 693.
Patentierter, in beiden Drehrichtungen auf-
ziehender Zentralrotor »Bidynator« mit Ru-
binlager. Glucydur-Schraubenunruh mit
Breguetspirale (Umbau des Rohwerkes von
Flach- auf Breguetspirale), Incabloc-Stoßsicherung, spezielle Schrauben-Feinregulie-
rung, direkte Zentralsekunde, verschraubtes
Decksteinplättchen für die Ankerradwelle.
Die Meisterprüfungsarbeit von Nicolet
bestand in folgendem: Feinbearbeitung des
Felsa-Serienwerkes mit Rhodinierung, Zierschliff und Anglierung aller Werkteile, Oli-
vieren aller Lochsteine, Politur von Teilen
der Ankerhemmung, Drehen und Rollieren
der Unruhwelle, Einbau der Breguetspirale.
Die Kalenderindikationen sind serienmäßig.
Das Chronometerzertifikat des offiziellen
Prüfbüros in La Chaux-de-Fonds vom
28.3.1959 liegt vor.

258 a, b Armbandchronometer von ▷▷
ULYSSE NARDIN, um 1948.
Rechteckiges, glattes Goldgehäuse 14 kt.,
aufgesprengter Rückdeckel, nicht wasser-
dicht, Außenmaße 25,5 × 28 mm. Gehäuse-
nummer 50.754, Inschrift »Ulysse Nardin
New York«.
Rundes Handaufzugswerk auf quadratischer
Platine, 10¼''', Aufschrift »Ulysse Nardin
Watch & Chronom. Corp. of America« (Ex-
portwerk), 17 Steine, Werknummer 526.903,
Reglagehinweis (nur Temperaturen), kleine
Sekunde. Monometallische Schraubenunruh
mit Breguetspirale, Incabloc-Stoßsicherung,
einfache Rückerregulierung.

256 a, b Armbandchronometer mit
Chronograph von TAVANNES, um 1940.
Rundes Doublégehäuse 20 mikron mit auf-
gesprengtem Rückdeckel, nicht wasserdicht,
und großen, beweglichen Bandanstößen.
Auffällig schwarzweiß gestaltetes Zifferblatt
mit äußerer Tachymeterskala, kleinem
Sekundenblatt bei der Neun und gleich-
großem Hilfszifferblatt bei der Drei als
45-Minuten-Zählerskala.
Rhodiniertes Handaufzugswerk mit Strei-
fenschliff, 15 Steine. Keine Signatur und
Numerierung des Werkes. Monometallische
Schraubenunruh mit Breguetspirale, keine
Stoßsicherung, einfache Rückerregulierung.

259 a–c   Armbandchronometerwerk »Chronomètre d'Observatoire«
von ULYSSE NARDIN im hölzernen Observatoriums-Prüfgehäuse,
um 1955.

Rundes, einfaches Chromgehäuse mit aufgesprengtem, verglastem
Rückdeckel zur Beobachtung des Werkes, Gehäusedurchmesser 35 mm.
Rhodiniertes Handaufzugswerk mit Genfer Streifen 13‴, Rohwerk von
Peseux, Kaliber 260, 17 Steine, Werknummer 127.151, kleine Sekunde.
Geschlitzte bimetallische Kompensationsunruh mit 18 Masse- und
2 Regulierschrauben, gebläute Breguetspirale, deren Rückerstifte mit
einer Schraube in der Weite verstellbar sind, keine Stoßsicherung, einfache Rückerregulierung. In einem Zifferblattausschnitt bei der Acht ist
das Decksteinplättchen der Unruhwelle sichtbar.

260 a, b   Armbandchronometer von
ULYSSE NARDIN, nach 1955.
Glattes, quadratisches Goldgehäuse 14 kt.,
aufgesprengter Rückdeckel, nicht wasserdicht. Außenmaße 27 × 27 mm, Gehäuse-
inschrift »Ulysse Nardin New York«.
Rundes, rotvergoldetes Automatikwerk auf
quadratischer Platine, 9''', 17 Steine, Reglagehinweis (nur Temperaturen), Werknummer

3.501.945, Zentralsekunde, Automatik mit in
beiden Richtungen aufziehendem Zentralrotor, Aufschrift »Ulysse Nardin Chronometer Co.«. Monometallische geschlossene
Schraubenunruh mit Breguetspirale,
Incabloc-Stoßsicherung, einfache Rückerregulierung.

◁   261 a, b   Armbandchronometer von
ULYSSE NARDIN, um 1955.
Rundes Rotgoldgehäuse 18 kt. mit aufgesprengtem Rückdeckel, nicht wasserdicht,
und lose eingelegter Werkkapsel. Außendurchmesser 34,8 mm, Gehäusenummer
642.944.
Rhodiniertes Handaufzugswerk mit Genfer
Streifen von Peseux, Kaliber 202, besonders
flach (Höhe 3,5 mm) mit kleiner Sekunde,
11¼''', Werknummer 544.613, verschraubtes
Decksteinplättchen mit Deckstein für
Ankerradwelle. Monometallische Schraubenunruh mit Breguetspirale, Incabloc-
Stoßsicherung, einfache Rückerregulierung.
Das flache Ébauche-Kaliber 202 von Peseux
wurde im Jahre 1941 eingeführt.

262 a, b Armbandchronometer »Chronomètre d'Observatoire« von ULYSSE NARDIN, 1959.
Rundes Goldgehäuse. Automatikwerk 11½''', Kaliber N 1633, Werknummer 8.000.552, Zentralsekunde. Automatik mit in beiden Richtungen aufziehendem Zentralrotor. Monometallische Glucydur-Schraubenunruh mit Flachspirale, Incabloc-Stoßsicherung, einfache Rückerregulierung. Diese Armbanduhr hat die Chronometerprüfung am Observatorium Neuchâtel im Jahre 1961 bestanden. Als vorletzte im Wettbewerb mit 20,8 Punkten erreichte sie jedoch keinen Preis.

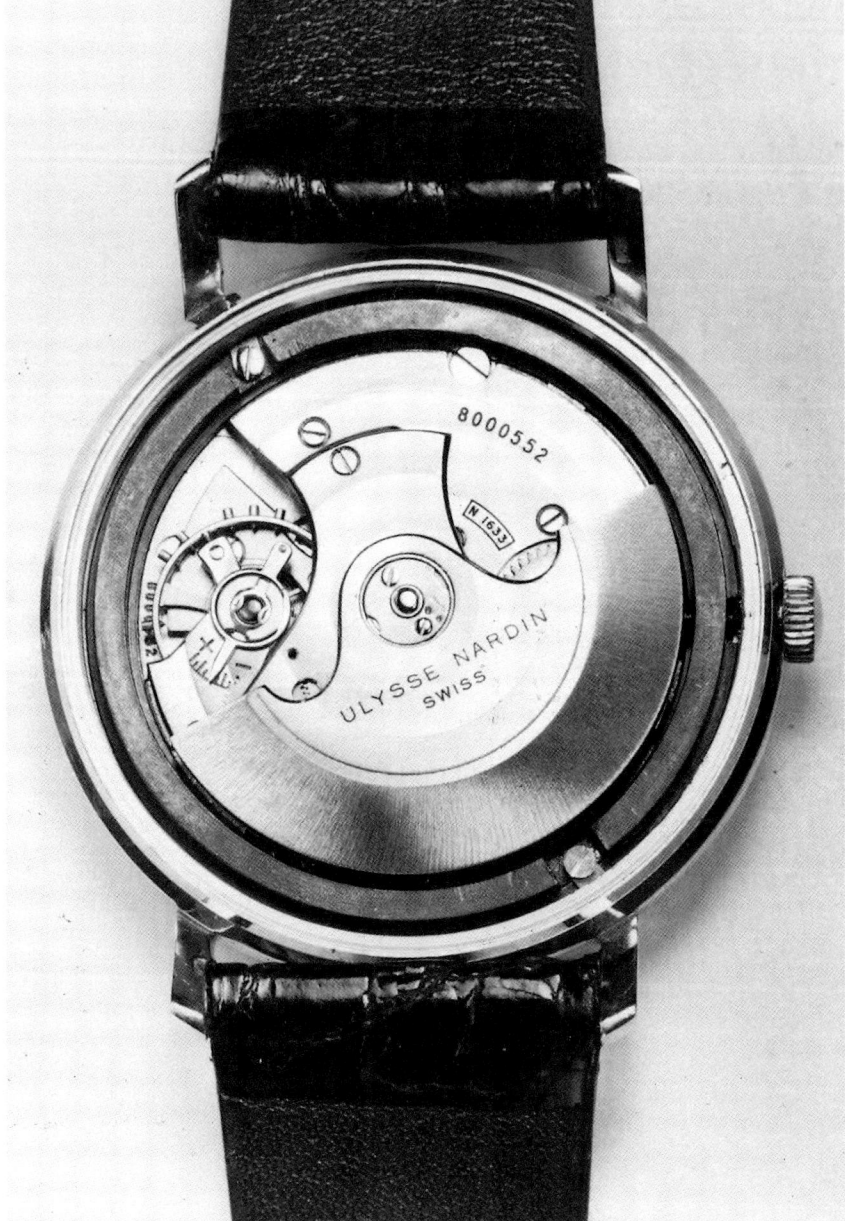

263 a, b   Armbandchronometer von
ULYSSE NARDIN, um 1960.
Rundes Goldgehäuse 14 kt., wasserdicht mit
verschraubtem Rückdeckel, Gehäusenummer 53.195.811 und Aufschrift »Ulysse
Nardin New York«.
Rotvergoldetes Automatikwerk 12‴,
vermutlich ein Felsa-Kaliber mit in beiden
Richtungen aufziehendem Zentralrotor
(Bidynator), 17 Steine, Reglagehinweis (nur
Temperaturen), Zentralsekunde. Monometallische geschlossene Schraubenunruh mit
Breguetspirale, Incabloc-Stoßsicherung, einfache Rückerregulierung. Aufschrift »Ulysse
Nardin Chronometer Co«.
Bei den drei Nardin-Chronometern der
Abb. 258, 261, 263 handelt es sich um in die
USA exportierte Schweizer Uhrwerke, die
dort in amerikanische Gehäuse eingesetzt
wurden.

264 a, b   Armbandchronometer von
ULYSSE NARDIN, 1984.
Doublégehäuse mit verschraubtem, wasserdichtem Stahlboden, Durchmesser 36 mm.
Automatikwerk mit Zentralsekunde und
Datumsangabe, 11¼‴, Kaliber NB 11 QU
(ETA-Rohwerk), sog. Schnellschwinger mit
36 000 Halbschwingungen/Stunde, in beiden Richtungen aufziehender Zentralrotor
mit Kugellager, 25 Steine, Werknummer
040.020. Monometallische Ringunruh mit
selbstkompensierender Flachspirale, Incabloc-Stoßsicherung, Feinregulierung mit
Exzenterschraube. Original-Gangschein
vom 14.11.1984.
Um gegen die zunehmende Anzahl elektronischer Uhrwerke mit Quarzschwinger konkurrenzfähig bleiben zu können, entwickelte
die Schweizer Uhrenindustrie seit den 50er
Jahren mechanische Armbanduhrkaliber mit
ständig zunehmenden Schwingungszahlen
zur Verbesserung der Gangleistungen: von
den traditionellen 18 000 A/h (Halbschwingungen/Stunde) über 19 800 und 21 600 A/h
(Zenith und Movado um 1955) auf
28 800 A/h (Longines um 1977) und schließlich maximal 36 000 A/h (u. a. Girard-Perregaux um 1965, Ulysse Nardin um 1973).
Siehe auch Abb. 143.

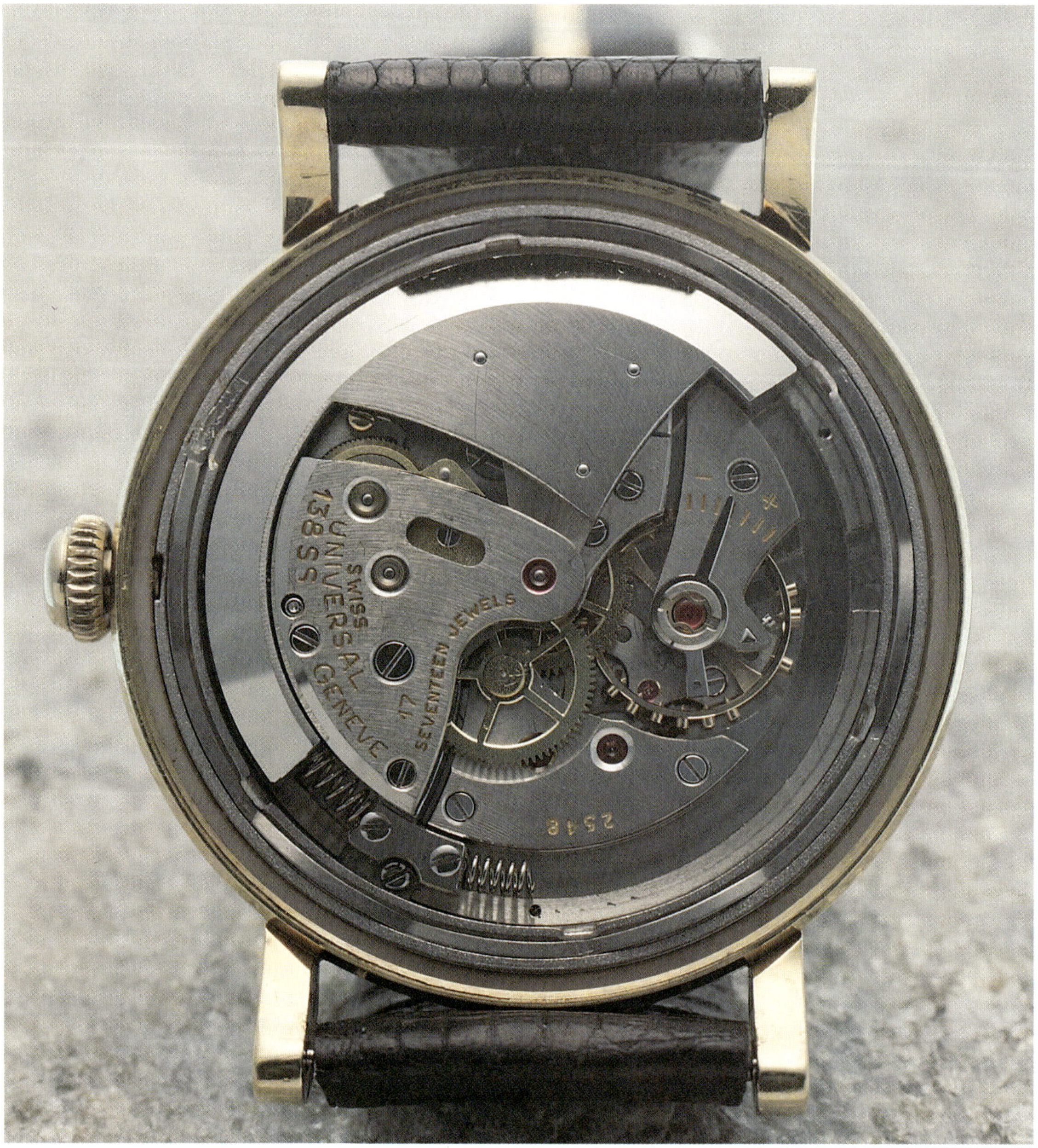
SWISS
UNIVERSAL
GENEVE
138 SS
SEVENTEEN JEWELS

265 b △

UNIVERSAL
GENEVE
POLEROUTER
DE LUXE
CHRONOMÈTRE
AUTOMATIC

265 a △

UNIVERSAL
GENEVE
POLEROUTER
AUTOMATIC
CHRONOMÈTRE

UNIVERSAL
GENEVE
MICROTOR

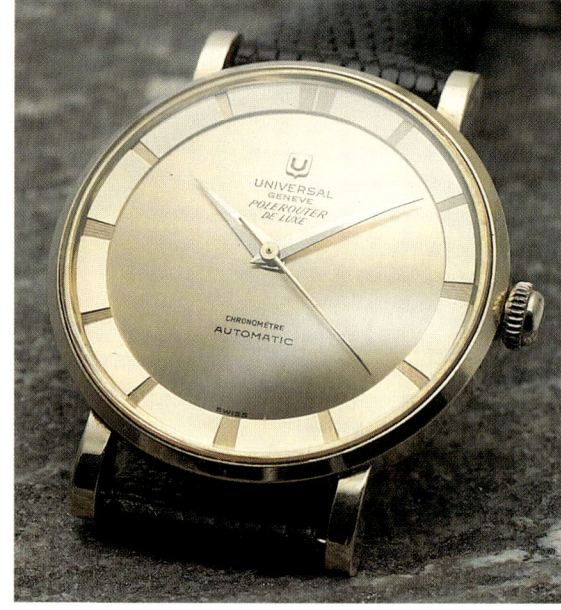

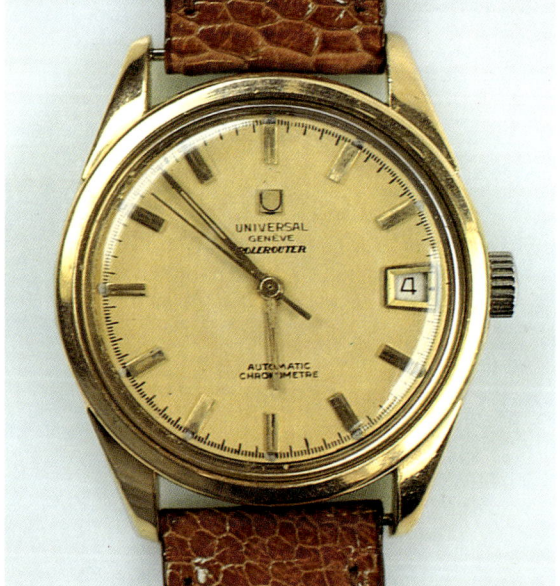

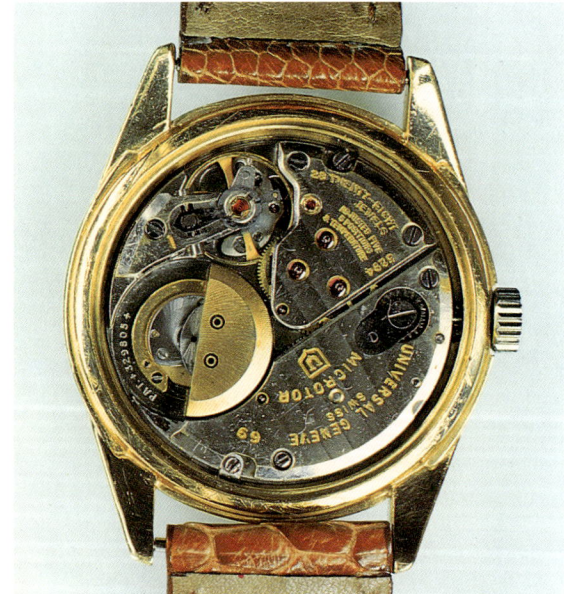

265 a, b Armbandchronometer von UNIVERSAL, Modell »Polerouter«, um 1956. Rundes, schweres Gelbgoldgehäuse 18 kt., wasserdicht mit verschraubtem Rückdeckel, Gehäusenummer B/10234/1/1809163. Automatikwerk 12½‴, Kaliber 138 SS, Werknummer 2548, 17 Steine, einseitig aufziehende Automatik mit Anschlag an zwei Federpuffern, Zentralsekunde. Geschlossene monometallische Schraubenunruh mit Flachspirale und Incabloc-Stoßsicherung, einfache Rückerregulierung.

Am 15. November 1954 eröffnete die SAS die erste regelmäßige, direkte Flugverbindung über den Nordpol zwischen Europa und den USA. Das bedeutete eine um 2600 km kürzere Flugstrecke zwischen Kopenhagen und Los Angeles als bisher. Zu diesem Anlaß hatte die Genfer Manufaktur Universal eine für die speziellen Bedingungen des Polfluges zugeschnittene Armbanduhr entwickelt und ihr den Namen Polarrouter gegeben, die zur offiziellen Armbanduhr der SAS-Piloten wurde. Der Name wurde später in Polerouter umgeändert. Ab 1958 wurden die Polerouter mit dem gemeinsam von Universal und Buren entwickelten Mikrorotor ausgestattet (siehe Abb. 266).

◁ 266 a, b Armbandchronometer von UNIVERSAL, Modell »Polerouter« mit Mikrorotor und Datum, 1971.
Massives, wasserdicht verschraubtes Goldgehäuse 18 kt., Rückdeckel mit Widmungsinschrift May 1971, Gehäusenummer 29.071, Durchmesser 36 mm.
Rhodiniertes Automatikwerk 12½‴ mit Genfer Streifen für den Export, Automatik mit vergoldetem Schwermetall-Mikrorotor, Kaliber 69, Werknummer 5294, 28 Steine, Reglagehinweis (5 positions, temperature), schraubenlose Glucydur-Ringunruh mit Nivarox-Flachspirale, Incabloc-Stoßsicherung, Stoßsicherung für den Ankerradwellendeckstein, Feinreglage mit Schraube.

268 Zifferblattansicht eines »Chronomètre Royal« von VACHERON & CONSTANTIN aus der Zeit um 1955 mit kleiner Sekunde. Wuchtige, gerade Bandanstöße, 18 kt. Goldgehäuse.

◁ 267 a, b Armbandchronometer »Chronomètre Royal« von VACHERON & CONSTANTIN, 1956, im gleichen Goldgehäusetyp mit geraden Bandanstößen wie die Uhr der Abb. 267, jedoch mit Zentralsekunde. Das Werk des Kalibers P 1008/BS gleicht dem Werk der Uhr in Abb. 269 a–c.

269 a–c Armbandchronometer von VACHERON & CONSTANTIN, Modell »Chronomètre Royal«, 1956.
Rundes, wasserdicht verschraubtes Goldgehäuse 18 kt., Durchmesser 35 mm, Gehäusenummer 347.644. Aufschrift »Chronomètre Royal« auf dem Gehäuseboden. Rhodiniertes Handaufzugswerk mit Genfer Streifen 13½''', Rohwerk von Le Coultre, Kaliber P 1008/BS, 19 Steine, Reglagehinweis (nur Temperaturen), Werknummer 508.950, indirekte Zentralsekunde, Genfer Siegel. Monometallische Schraubenunruh mit Breguetspirale, Parechoc-Stoßsicherung, Schwanenhals-Feinregulierung, Vorrichtung zum Anhalten der Unruh bei gezogener Krone über dem Werk montiert.
Diese Armbanduhr hat, wie das Genfer Siegel und die Aufschrift »Chronomètre Royal« zeigen, die Qualitäts- und Ganggenauigkeitsprüfung des speziellen Genfer Prüfbüros bestanden. Erstaunlich ist der Reglagehinweis nur auf Temperaturen und nicht auch auf die Lagen. Laut Stammbuchauszug ist diese Uhr im Jahre 1956 hergestellt und für 1060,– Schweizer Franken an einen Genfer Juwelier verkauft worden.

271 Neuzeitliches Armbandchronometer »Chronomètre Royal« von VACHERON & CONSTANTIN, 1986.
Rundes Weißgoldgehäuse 18 kt., wasserdicht verschraubt, mit angesetztem Weißgoldarmband, Band und Gehäuse mit textiler, schuppenartiger Oberflächenbearbeitung. Das Automatikwerk mit Goldrotor, Zentralsekunde und Datumsangabe hat die Werknummer K 107.211.

270 Ein anderes »Chronomètre Royal« △ von VACHERON & CONSTANTIN. 1962 gefertigt, mit aufwendig gestaltetem Zifferblatt mit verschiedenartig guillochierten Bereichen. Goldgehäuse 18 kt., Gehäusenummer 379.074, mit teilversenkter Krone.
Das 12linige Werk hat ebenfalls das Kaliber P 1008 und die Werknummer 537.087. Laut Stammbuchauszug wurde diese Uhr 1962 gefertigt und nach England verkauft.

272 Armbandchronometer »Chronomètre Royal« von VACHERON & CONSTANTIN, um 1960, in einer weiteren Gehäusevariante mit schwerem, tonneauförmigem Goldgehäuse 18 kt., wasserdicht verschraubt, mit rundem champagnerfarbenen Zifferblatt.
Automatikwerk mit Zentralsekunde und Datumsangabe.
Diese Uhr wurde verkauft von Turler, Zürich.

273   Armbandchronometer der VACUUM CHRONOMETER CORP., Typ »Vacuum Chronometer« mit luftleerem Gehäuse, um 1970. Wasserdichtes, einschaliges Carré-cambré-Gehäuse aus sehr hartem Borkarbid, Größe 35 × 35 mm.
Schnellschwingendes (36000 A/h) Automatikwerk Kal. 2836 ETA mit in beiden Drehrichtungen aufziehendem Zentralrotor, 23 Steine. Zentralsekunde, Datum und Wochentag mit Schnellschaltung, Sekundenstop durch Ziehen der Krone.

274 a, b   Kleines und flaches Armband-
chronometer von VULCAIN, 30er Jahre.
Rundes Weißgoldgehäuse 18 kt. mit aufge-
sprengtem Rückdeckel, Gehäusenummer
803.209, Durchmesser 29,5 mm. Feines
Zifferblatt mit Weißgold-Ziffernappliken.
Rundes, rhodiniertes Handaufzugswerk 10'''
mit Distanzring, Werknummer fehlt, 16
Steine, Reglagehinweis (5 adjustments),
kleine Sekunde. Geteilte, bimetallische
Schraubenunruh mit Breguetspirale, keine
Stoßsicherung, einfacher Rückerzeiger.

275 a, b   Armbandchronometer
von ZENITH, um 1955.
Rundes Goldgehäuse 18 kt., verschraubt und
wasserdicht, Durchmesser 37 mm. Im Rückdeckel »Brevet« mit Balkenkreuz.
Rhodiniertes Automatikwerk mit Genfer
Streifen 13′′′, Kaliber 133.8, Werknummer
4.591.837, 20 Steine. Monometallische
Schraubenunruh (21 600 Halbschwingun-
gen/Stunde) mit Flachspirale, Incabloc-
Stoßsicherung, doppelter Rückerzeiger.
Automatik mit Hammer und 2 Federpuffern, einseitig (nach links) aufziehend,
direkte Zentralsekunde. Federnde Lagerung
des gesamten Werkes durch eine gegen den
Rückdeckel drückende Feder.
Der Patenthinweis im Rückdeckel bezieht
sich auf die geschickte Plazierung des dadurch besonders großen Federhauses in dem
toten Winkel zwischen den beiden Federpuffern. Das Kaliber 133.8 mit erhöhter
Schwingungszahl löste um 1955 das im Jahre
1951 eingeführte Basiskaliber 133 (18 000
Halbschwingungen/Stunde) ab (siehe auch
Abb. 98).

276 a, b   Armbandchronometer von
ZENITH, Modell »Captain« mit Datum,
um 1956.
Massives rundes, wasserdicht verschraubtes
Gelbgoldgehäuse 18 kt., Durchmesser
36,5 mm, Zifferblatt mit zweifarbiger Goldauflage. Rundes, rhodiniertes Automatikwerk mit Genfer Streifen, 13³/₄''', Kaliber
71, 20 Steine, einseitig aufziehende Automatik mit Pendelgewicht und zwei Federpuffern, direkte Zentralsekunde, Werknummer
4.891.153. Monometallische Schraubenunruh mit erhöhter Schwingungszahl
(21600 A/h) und Flachspirale, Incabloc-
Stoßsicherung, doppelter Rückerzeiger.
Das Kaliber 71 ist – bis auf die Größe und
die fehlende Andruckfeder für den Rückdeckel – identisch mit dem etwa gleichzeitig
um 1955 auf den Markt gekommenen
Kaliber 133.8 (siehe Abb. 275).

277 a, b   Armbandchronometer von
ZENITH, um 1960.
Rundes, wasserdicht verschraubtes Gelbgoldgehäuse 18 kt. Rundes Automatikwerk
11¹/₂''', Kaliber 2532 PC, Werknummer
5998096. In beiden Richtungen aufziehender Zentralrotor, 30 Steine, monometallische
Ringunruh mit Flachspirale, Incabloc-Stoßsicherung, direkte Zentralsekunde.

278 a, b   Armbandchronometer von ZENITH, um 1960.
Rundes, nicht wasserdichtes Goldgehäuse 18 kt. mit aufgesprengtem Rückdeckel, Durchmesser 35 mm. Rhodiniertes Handaufzugswerk mit Genfer Streifen 13‴, Kaliber 135, 19 Steine, Werknummer 4.250.915. Besonders große monometallische Schraubenunruh (18 000 Halbschwingungen/Stunde) mit Breguetspirale, Incabloc-Stoßsicherung, Feinregulierung mit Feder und Schneckenscheibe, kleine Sekunde.
Die Besonderheit des um 1948 entwickelten Kalibers 135 ist das aus der Mittelachse heraus versetzte Minutenrad. Nicht mehr vom Minutentrieb behindert, konnten Unruh und Federhaus nun viel größer gemacht werden.

279   Zifferblattansicht eines weiteren Armbandchronometers von ZENITH mit dem legendären Kaliber 135, bis auf das hier vergoldete Werk und eine etwas andere Zifferblattgestaltung identisch mit der Uhr von Abb. 278.

278a △   279 ▽

278b △

280 a, b   Armbandchronometer von ZENITH, Modell »Captain«, 1968/69. Breites, tonnenförmiges Stahlgehäuse, wasserdicht verschraubt. Rundes Automatikwerk 11½''', Kaliber 2542 PC, Werknummer 6.128.499, 25 Steine, Automatik mit in beiden Richtungen aufziehendem Zentralrotor, Ref. A 10615. Monometallische Ringunruh mit Flachspirale und Incabloc-Stoßsicherung, Feinregulierung mit Exzenterschraube, Zentralsekunde und Datumsanzeige.

281   Armbandchronometer von ZENITH, Modell »Captain de Luxe«. Technisch identisch mit dem Modell »Captain« der Abb. 280 a und b, aber mit Goldgehäuse und Gold-Gliederarmband. Ref. G 20641.

Inzwischen stellte auch die Firma ZENITH zum 125jährigen Firmenjubiläum im Jahre 1990 wieder mechanische Armbandchronometer her.

282 a–c Armbandchronometer mit Handaufzug, Emailzifferblatt mit kleiner Sekunde und bis 30 m Tiefe wasserdichtem Goldgehäuse 18 kt. Diese Uhr gibt es in drei Zifferblattvarianten. Jede Variante ist auf 300 Stück limitiert. Die jeweilige Ausgabenummer steht auf der Rückdeckelaußenseite und auf dem Zifferblatt.

282 d, e: Armbandchronometer mit Datum und Chronograph, Modell »El Primero«. Goldgehäuse 18 kt., Emailzifferblatt mit Hilfszifferblättern für kleine Sekunde, 30-Minuten- und 12-Stunden-Zähler. Automatikwerk 13‴, Kaliber 400, 31 Steine, beidseitig aufziehender, kugelgelagerter Zentralrotor. Monometallische Ringunruh mit Flachspirale, Feinregulierung mit Mikrometerschraube. Diese Uhr ist auf 500 Exemplare begrenzt.

283 a, b Armbandchronometer von
ZODIAC, 50er Jahre.
Rundes, wasserdicht verschraubtes Gelbgoldgehäuse 18 kt., Ref. 7097, Durchmesser
34 mm.
Rundes Automatikwerk 11½''', teilweise
mit Zierschliff, Kaliber AS (A. Schild Grenchen) 1361 N, Werknummer 1056. Automatik mit in beiden Drehrichtungen aufziehendem Zentralrotor. Glucydur-Schraubenunruh mit Nivarox-Flachspirale, Incabloc-
Stoßsicherung, einfacher Rückerzeiger.

199

284 a, b Armbandchronometer von
ZODIAC, Modell »Kingline 36000« mit
Datum, um 1973.
Kissenförmiges, wasserdichtes Stahlgehäuse
mit goldplated-Oberteil und verschraubtem
Stahldeckel. Größe 32 × 37 mm, Gehäuse-
nummer 883.954.
Rundes Automatikwerk 11¹/₂''', Rohwerk
Kaliber CHP von AS, Zodiac-Kaliber 88 mit
schnellschwingender Unruh, Automatik mit
in beiden Drehrichtungen aufziehendem
Zentralrotor, Werknummer 273.099,
21 Steine, Reglagehinweis (7 Adjustments).
Glucydur-Ringunruh mit Nivarox-Flach-
spirale, Incabloc-Stoßsicherung, zeigerlose
Triovis-Feinregulierung, Anhalten des Werks
durch Ziehen der Krone.

285 a, b Armbandchronometer von ▷
ZODIAC, um 1975.
Rundes Gelbgoldgehäuse 18 kt. mit aufgesprengtem Rückdeckel, Durchmesser
32 mm, Gehäusenummer 705.305.
Rundes Automatikwerk 11¹/₂''', Rohwerk
Kaliber CHP von AS, Zodiac-Kaliber 88 D
mit schnellschwingender Unruh
(36000 A/h), Werknummer 3283, 21 Steine,
Reglagehinweis (7 Adjustments), Glucydur-
Ringunruh mit Nivarox-Flachspirale, Incabloc-Stoßsicherung, spezielle Feinregulierung.

286 a, b Armbandchronometer ▷▷
bezeichnet ZOTY, 50er Jahre.
Rundes, vernickeltes Gehäuse mit aufge-
sprengtem Rückdeckel, versilbertes Ziffer-
blatt mit rotgoldfarbenen Indizes, kleine
Sekunde.
Rhodiniertes, rundes Handaufzugswerk
13''', signiert Stima-Nivada, Gehäuse- und
Werknummer 1375205, 15 Steine. Große
monometallische Schraubenunruh mit
Flachspirale, keine Stoßsicherung, einfacher
Rückerzeiger.

287 Zifferblattansicht eines Armband-chronometers von EBEL, 20er Jahre, im rechteckigen Stahlgehäuse.
Bei dieser wie bei den beiden folgenden Armbanduhren ist die Chronometer-eigenschaft trotz der Zifferblattaufschriften zweifelhaft.

288 a, b Armbandchronometer »Chronomètre P.G.M.«, 30er Jahre. Rechteckiges Chromgehäuse mit Stahl-boden, nicht wasserdicht.
Rundes Handaufzugswerk 10½‴, 15 Steine, bezeichnet »Starina«, nicht numeriert. Mo-nometallische Schraubenunruh mit Flach-spirale und einfacher Rückerregulierung. Keine Stoßsicherung.

289 a, b Armbandchronometer von WYLER, 30er Jahre.
Rechteckiges Gehäuse. Kleines, rundes Handaufzugswerk, nicht signiert und nume-riert, mit Schraubenunruh und einfacher Rückerregulierung.

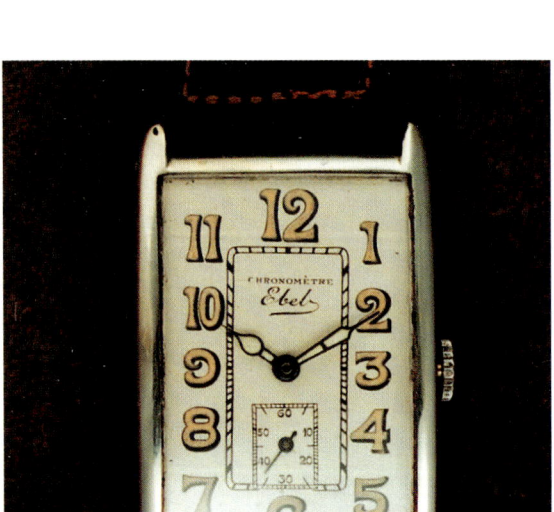

Verzeichnis derjenigen Schweizer Firmen (bzw. Marken), die mechanische Armbanduhren hergestellt haben

Montres Admes, Genève
Aegler (Fabrique de montres Rolex & Gruen Guild), Bienne
Aerni, Charles, Le Locle [ON]
Aéro Watch, Neuchâtel
Aeschlimann, B., Welschenrohr
Allemann Fils, Ad., Rosières/Welschenrohr
Alpina Gruen Guild (Union Horlogère), Bienne
Alpina Watch Co. (Straub & Co), Bienne
Amida, Granges
Angelus (Stolz frères), Le Locle
Arba Watch, Bienne
Arbu Watch, Bienne
Arola, Les Bioux
Arsa (A. Reymond), Tramelan
Atelier d'Apprentissage, Porrentruy
Atlantic Watch, Bettlach
Atlas Watch, La Chaux-de-Fonds
Audemars Piguet & Co, Le Brassus
Aurèle, Jacot-Paul, La Chaux-de-Fonds
Auréole, La Chaux-de-Fonds
Axor, Granges

Barbezat-Bôle, Le Locle
Baume et Co, La Caux-de-Fonds
Baylor o. O.
Beauman & Co, Les Bois
Béguelin & Co, Tramelan
Belinda, Bienne
Belvil Watch Co, Solothurn
Benrus Watch Co, La Chaux-de-Fonds [ON]
Borel et Cie, Ernest, Neuchâtel [ON]
Breitling, La Chaux-de-Fonds/Genève
Bringolf, J., Neuchâtel
Britix Watch, Langnau
Bucherer, Luzern
Bucherer-Crédos, Luzern
Buchser, Georges, St. Imier
Büren Watch Co., Büren
Buhré, Paul, Le Locle [ON]
Buler, Langnau
Bulova Watch Co., Bienne
Burger, Albert, Luzern
Buser, Niederdorf

Montres Camy, Genève/Lausanne
Candino Watch Co., Herbetswil
Capt, Ed., Le Brassus
Cart, Robert, Le Locle
Cattin, A., Le Noirmont
Certina Co. (Kurth Frères), Grenchen
La Champagne, Bienne
Chatons, Le Locle
Choffat, Willy, Tramelan
Ciana, J.-Ch., La Chaux-de-Fonds
Montres Ciny (Aubry Frères), Le Noirmont
Montres Consul (Charles Virchaux), La Chaux-de-Fonds [ON]
Corona, Tramelan
Cortébert Watch Co., La Chaux-de-Fonds [OG,ON]
Corum Watch, La Chaux-de-Fonds
Crédos Watch Ltd., Bienne/Nidau
Cristal Watch, La Chaux-de-Fonds
Curty, Marcel, Nidau
Cyma Watch Co., La Chaux-de-Fonds [ON]

Montres Damas (Béguelin & Co.), Tramelan
Darmendrail, A.
Dasa, Tramelan
Daulte, M., Sonceboz
Dépraz, P., Le Sentier
Donzé, M., Tramelan
Montres Dorly, Tramelan
Dorsaz, A., La Chaux-de-Fonds
Doxa, Le Locle
Montres Dreffa, Genève
Driva Watch Co., Genève
Dubey + Schaltenbrand, La Chaux-de-Fonds
Dubois, Charles, Bienne
Dubois, G., Genève
Dubois, Jean, Bienne
Dubois, W.-A., La Chaux-de-Fonds
Montres Dulux (René Gindrat), Tramelan

Ébauches, Neuchâtel
Ebel, La Chaux-de-Fonds
Eberhard & Co., La Chaux-de-Fonds
Eigeldinger Cie., La Chaux-de-Fonds
Élection, Nouvelle Fabrique, La Chaux-de-Fonds

Elida, Fleurier
Engelberg, D., Bienne
Enicar, Langnau
Era Watch (C. Ruefli-Flury & Co.), Bienne
Erard, Louis+Fils, La Chaux-de-Fonds
Ermano, Bienne
Eterna (Schild Frères), Grenchen [ON]
Exactus, Neuchâtel

Favre, Marc Cie., Bienne [ON]
Favre-Leuba, Genève [OG, ON]
Felca, Granges
Felca & Titoni, Granges
Felicitas Watch Ltd., Neuchâtel
Fortis, Granges
Frêne, Marcel, Bienne
Frey+Co., Bienne
Frölicher, W., Solothurn
Froidevaux, Neuchâtel

Générale Watch Co. (Helvetia), Bienne/Reconvilier [ON]
Germinal, La Chaux-de-Fonds
Gilomen, Hansjörg, Le Locle
Ginsbo Watch (Müller & Cie), Günsberg
Girard-Perregaux Co., La Chaux-de-Fonds [ON]
Glycine, Bienne-Genève
Montres Golana, Bienne
Gonthier, René, Le Locle
Gruen Watch Co. Ltd., Bienne
Gübelin, Luzern
Gunzinger Frères, Welschenrohr
Guyot, Léon, Le Locle

Hamilton Watch Co., Bienne
Heloisa, Langnau
Helvetia siehe Générale Watch
Hema Watch Co., Neuchâtel
Hertli, P., Lausanne
Heuer, Ed. +Co., Bienne
Hipco, La Chaux-de-Fonds
Hofer, Granges
Hoffmann, F., Neuchâtel
Hoga Watch, Tramelan
Homberger, Montres IWC, Schaffhausen
Hottinger, Neuchâtel

[OG, ON] Firmen, die an den Wettbewerben der Observatorien Genf [OG] bzw. Neuchâtel [ON] teilgenommen haben.

203

Straub & Cie., Bienne
Sully Watch, Bienne
Suter (Hafis Watch), Bienne
Synchron (Cyma, Borel, Doxa), Le Locle

Tavannes Watch Co., Le Locle
Montres Telda, Tramelan
Telix Watch, Bienne
Montres Téluric (J.-P. Matthey), Évilard
Tenor, Tenor & Dorly, Tramelan
Thiébaud, Georges, Bienne/Neuchâtel
Fabr. Timor Watch Co., La Chaux-de-Fonds
Tissot, Charles + fils, Le Locle
Montres Trématic, Genève
Triebold, W., Rheinfelden
Troesch, M. H., Bienne
Tudor, Genève

Unitas, Tramelan
Universal, Genève
Urech, Adolf, Neuchâtel

Vacheron & Constantin, Genève OG
Vacuum Chronometer Corp., Bienne
Vendôme Watch, Corcelles-Neuchâtel
Vermont, Paul (Cristal Watch), La Chaux-de-Fonds
Vinca Watch Co., Bienne
Vixia Watch, Bienne
Vogt-Heizmann (Montres Bienzys), Bienne
Montres Voumard, Haute-Rive
Vuilleumier, Eugène, Tramelan
Vulcain (Ditisheim & Co.), La Chaux-de-Fonds

Weber, G. + Co., Genève
White Star (Weiss & Co.), La Chaux-de-Fonds
Wilhelm, Charles + Co., La Chaux-de-Fonds
Williamson, H. Ltd., Büren
Wittnauer + Co., Genève
Wubra Watch, La Chaux-de-Fonds
Wyler, Bienne
Montres Wyln, Bienne

Zenith, Le Locle OG, ON
Zila Watch, La Heutte
Zodiac, Le Locle
Zoty (Nivada), Grenchen

Verzeichnis der verwendeten Literatur

Abkürzung: JSH = Journal suisse d'Horlogerie et de Bijouterie

Apel, Hans: Einige Hinweise zur Feinstellung von Armbanduhren, in: Neue Uhrmacherzeitung Nr. 15/1954, S. 35–38

Béguin, Pierre: Bulletins de marche, ungedr. Ms., Le Locle 1952

Berner, G. Albert: Consécration de la montre bracelet, in: JSH No. 3–4/1944, S. 153–154

Berner, G. Albert: Montres et chronomètres, in: JSH No. 7–8/1946, S. 353–356

Berner, G. Albert: Description de la montre suisse: le réglage de la montre; qu'est-ce qu'un bulletin de marche?, in: JSH No. 7–8/1949, S. 253–263

Bourgeaux, Charles: L'Observatoire de Besançon et les contrôles de montres, in: Horlogerie Ancienne No. 29, S. 68–77

Brunner, Gisbert L.: Mechanische Armbandchronometer aus der Manufaktur von Junghans in Schramberg/Schwarzwald, in: Alte Uhren Nr. 4/1982, S. 312–320

Brunner, Gisbert L., Christian Pfeiffer-Belli und *Martin K. Wehrli:* Schweizer Armbanduhren, München 1990

Brunner, Gisbert L., Christian Pfeiffer-Belli und *Martin K. Wehrli:* Audemars Piguet, München 1992

Cologni, Franco, Giampiero Negretti und *Franco Nencini:* Piaget – Mythos einer Uhrenmarke, München 1995

Defossez, Léopold: Faut-il reviser les règlements d'observation des montres-bracelet?, in: JSH No. 9–10/1946, S. 457–459

Defossez, Léopold: Faut-il reviser les règlements d'observation des montres-bracelet?, in: JSH No. 1–2/1947, S. 38–43

Defossez, Léopold: Qu'est-ce qu'une bonne montre-bracelet?, in: JSH No. 9–10/1949, S. 287–289

Defossez, Léopold: Le contrôle des chronomètres dans les observatoires, in: JSH No. 11–12/1949, S. 359–360

Defossez, Léopold: Définition du chronomètre, in: JSH No. 7–8/1950, S. 191–192

Defossez, Léopold: La précision des montres-bracelet, in: JSH No. 11–12/1950, S. 345–349

Defossez, Léopold: Le Regleur, in: JSH No. 3–4/1951, S. 83–89

Defossez, Léopold: Quelques réflexions à propos des bulletins d'Observatoire, in: JSH No. 3–4/1952, S. 90–99

Ditisheim, Paul: Bulletins de marche des Observatoires chronométriques et des bureaux officiels de contrôle de la marche des montres, in: JSH No. 5–6/1944, S. 199–215

Chambre suisse d'Horlogerie, L'année horlogère suisse 1950, in: Die Schweizer Uhr (die verwandten Zweige), Solothurn 1951, S. 35–47

Faber, Edward und *Stewart Unger:* Amerikanische Armbanduhren, München 1989

Les fabricants suisses d'Horlogerie (Hrsg.): Offizieller Katalog der Originalersatzteile der Schweizer Uhr, Band 2, La Chaux-de-Fonds 1949

Frei, Rudolf: Uhren-Fachkunde, Solothurn 1968

Giebel, Karl und *Alfred Helwig:* Die Feinstellung der Uhren, Reprint München 1982 der Originalausgabe Berlin 1952

Guyot, M. E.: L'influence des concours d'Observatoires sur le développement de la chronomètrie, in: JSH No. 3–4/1938, S. 61–64 und JSH No. 5–6/1938, S. 97–100

Guyot, M. E.: Le classement des chronomètres, in: JSH No. 9–10/1945, S. 387–389

Guyot, M. E.: Quelques résultats de chronomètres-bracelet au porté, in: JSH No. 7–8/1950, S. 193–194

Hampel, Heinz: Automatic Armbanduhren aus der Schweiz, München 1992

Herkner, Kurt: Glashütte und seine Uhren, Dormagen 1978

Huber, Martin und *Alan Banbery:* Patek Philippe Genève, München-Zürich 1994, 2. Auflage

Huber, Martin und *Alan Banbery:* Patek Philippe Genève, Armbanduhren, München-Genève 1988

Jacquerod, M. E.: L'observation des chronomètres dans les observatoires, in: JSH No. 11–12/1949, S. 361–363

Jendritzki, Hans: Comment un horloger peut améliorer la marche d'un chronomètre, in: JSH No. 4/1959, S. 485–492

Jendritzki, Hans: Le réglage d'une montre à balancier-spiral, Lausanne 1967

Kahlert, Helmut, Richard Mühe und *Gisbert L. Brunner:* Armbanduhren, München 1996, 6. Aufl.

Lang, Gerd R. und *Reinhard Meis:* Chronographen – Armbanduhren, München 1992

Levenberg, Juri: Russische Armbanduhren 1, München 1995, 2. Aufl.

Levenberg, Juri: Russische Armbanduhren 2, München 1995

Maistre, Marcel: Faut-il réviser les règlements d'observation des montres-bracelet? in: JSH No. 11–12/1947, S. 501–502

Osterhausen, Fritz von: Wie kaufe ich eine alte Armbanduhr? München 1993

Osterhausen, Fritz von: Die Movado-History, München 1996

Osterhausen, Fritz von: Ein Programm für Präzision, in Klassik Uhren 2/1996, S. 20 ff.

Pfister, Fred E.: Chronométrie moderne, in: JSH No. 1–2/1949, S. 30–31

Ponnet, Horst: Ergebnisse einer langfristigen Gangbeobachtung an einer IWC Yacht Club Armbanduhr, in: Alte Uhren 1/1979, S. 28–35

Pröstler, Viktor: Callwey's Handbuch der Uhrentypen, München 1994

Richter, Benno: Breitling, München 1994, 2. Aufl.

Thacker, Jeremy: The longitudes examined, Beverley 1714

Thomann, Charles: Les dignitaires de l'horlogerie. La merveilleuse et tragique épopée des derniers régleurs de précision qui participaient aux concours de l'Observatoire chronométrique de Neuchâtel, 1923–1967, Neuchâtel 1981

Bildnachweis

Auktionshaus Henry's, Mutterstadt 281
Bechtoldt, Frankfurt 237
Beyer, Zürich 262
Bucherer, Luzern 116
Chapuis-Gertsch, Genf 195
Christie's, Genf/South Kensington 244a, b
Corum, La Chaux-de-Fonds 19
Daners, Richard, Luzern 149, 151
Daniel Roth S. A., Le Sentier 245
Ebel, La Chaux-de-Fonds 130
Eisenegger, La Chaux-de-Fonds 287, 289
Forget, Genf 140
Foto Novotny, Irenental 267, 268
Habsburg, Feldman S. A., Genf 228
Iraki GmbH, Neu-Ulm 186
Mido, Biel 179
Miko, Pforzheim 119
Milde, Ulm 117, 118, 120, 123, 128, 135, 138, 147, 164, 172, 175, 176, 178, 189, 233, 234, 247, 249, 252, 255, 257, 273, 283
Müller & Joseph, Mönchengladbach 190, 238
P. A. Nicole Photo S. A., Lausanne 244 c
v. Osterhausen, Fritz, Lüneburg 109, 112, 114, 121, 125, 127, 133, 137, 139, 142, 153, 161, 168, 173, 177, 180, 181, 184, 185, 187, 191, 192, 194, 197, 201, 203, 204, 205, 206, 210, 211, 212, 213, 214, 217, 220, 221, 239, 240, 248, 254, 266, 274, 276, 284

Patek Philippe S. A., Genf 224–227, 229–232
Privatbesitz, Braunschweig 111, 124, 129, 131, 141, 145, 146, 150, 155, 156, 157, 163, 170, 171, 182, 193, 198, 202, 215, 218, 219, 251, 253, 277, 285
Sotheby's, Genf 200, 271, 272
Tietz, Thomas, München 196, 256
v. Voithenberg, Voith, München 197, 199, 207, 208, 216, 238
Zeko-Foto 152
Zenith, Le Locle 282
Foto Zweitausend, La Chaux-de-Fonds 188
Alle anderen Uhren von Alexander Bauer, München, fotografiert.

Dank

Unser Dank gilt besonders folgenden Personen und Firmen, ohne die eine solch umfassende Arbeit nicht möglich gewesen wäre (in alphabetischer Ordnung):
Audemars Piguet, Le Brassus; Gerhard Bechtoldt, Frankfurt; Museum der Zeitmessung Beyer, Zürich; Christian Bilger, Ulm; Henrich Beissenhirtz, Lage; Bucherer, Luzern; Dr. med. Reiner Buckesfeld, Braunschweig; Gisbert L. Brunner, München; Christie's South Kensington/Genf; Olaf Dagge, München; Richard Daners (Gübelin), Luzern; Erwin Eisenegger, La Chaux-de-Fonds; Norbert Enders, Eichenau; Forget S. A., Genf; Wolfgang Fulde, München; Habsburg, Feldman S. A., Genf; Rudolf Haider, Wien; Frank Horn, Henstedt-Ulzburg; Uhren Huber, München; Jaeger LeCoultre, Le Sentier; Hans Jendritzki, Hamburg; Hans-J. Kummer, Ludwigshafen; Gert-Rüdiger Lang, München; Mido, Biel; Movado, Le Locle; Auktionshaus Müller & Joseph, Mönchengladbach; Omega, Biel; Oris, Hölstein; Patek Philippe S. A., Genf; Edmund Pusl, München; Dr. Günther Ramm, Braunschweig; Rolex, Köln; Daniel Roth S. A., Le Sentier; Sotheby's, Genf; Dieter Teckentrup, Lüneburg; Hartmut Trippler, Bad Pyrmont; Zenith, Le Locle.

Register

Impressum

Herausgegeben von
Christian Pfeiffer-Belli

Die Deutsche Bibliothek –
CIP-Einheitsaufnahme
Armbanduhren, Chronometer: mechanische
Präzisionsuhren und ihre Prüfung /
Fritz von Osterhausen. [Hrsg. von Christian
Pfeiffer-Belli]. – 2., erw. und überarb. Aufl. –
München: Callwey 1996
ISBN 3-7667-1229-2
NE: Osterhausen, Fritz von; Pfeiffer-Belli,
Christian [Hrsg.]

2. erweiterte und überarbeitete Auflage 1996
© 1996 Verlag Georg D.W. Callwey
GmbH & Co.,
Streitfeldstraße 35, 81673 München

Schutzumschlag HBC-Design München, unter
Verwendung der Abbildungen Seite 107.
Lithos eurochrom 4, Treviso
Druck und Bindung   Kösel, Kempten

Die Bücher.

*A*lle 120 vorgestellten Uhren werden jeweils mit drei Abbildungen dokumentiert. Eine Kaliberliste, Informationen zur Technik, zu den Herstellern und zur Uhrenindustrie Englands, Deutschlands, Frankreichs, Japans, Rußlands und den USA machen dieses Buch zu einem fundierten Nachschlagewerk.

Heinz Hampel
Automatic Armbanduhren aus Deutschland, England, Frankreich...
216 Seiten, 404 Abbildungen.
Gebunden mit Schutzumschlag.

ZEICHEN DER ZEIT

Heinz Hampel
Automatic Armbanduhren aus der Schweiz
348 Seiten, 734 Abbildungen.
Gebunden mit Schutzumschlag.

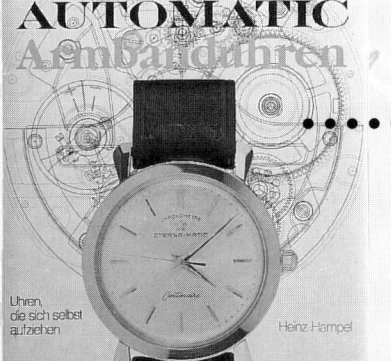

*D*ie katalogartige Zusammenstellung der automatischen Armbanduhren aller Schweizer Hersteller ermöglicht es dem Sammler, die Uhren zeitlich einzuordnen und sich über Funktion und Aufbau der einzelnen Konstruktionen zu informieren. So bietet das Buch die Grundlage für das Erschließen eines aktuellen Sammlergebietes.

Jetzt auch mit Preisführer

*Ü*ber 1.900 Abbildungen präsentieren das vollständige Spektrum der Armbanduhren-Produktion seit über 100 Jahren bis heute. Jeder Uhrentyp wird mit Abbildung, Werkansicht und technischen Details beschrieben. Durch die Aktualisierung der Systematik wurde das Standardwerk noch benutzerfreundlicher.

Helmut Kahlert/Richard Mühe/
Gisbert L. Brunner
Armbanduhren
5. völlig neu überarbeitete Auflage.
504 Seiten, 1908 Abbildungen.
Gebunden mit Schutzumschlag.

CALLWEY VERLAG
MÜNCHEN

Rückseite eines Gangscheins der offiziellen Schweizer Prüfbüros aus der Zeit zwischen 1955 und 1961 mit Auszug aus dem Reglement und den gültigen Grenzwerten.

BUREAUX SUISSES DE CONTRÔLE OFFICIEL DE LA MARCHE DES MONTRES

BIENNE, LA CHAUX-DE-FONDS, GENÈVE, LE LOCLE, ST-IMIER, LE SENTIER, SOLEURE

Extrait du règlement

Art. 4 Les Bureaux Suisses de contrôle officiel de la marche des montres désignés par l'abréviation B. O., reçoivent en dépôt les montres et les appareils horaires qui leur sont adressés, pour les soumettre à diverses épreuves et en contrôler la marche.

Art. 5 La marche de chaque montre est comparée toutes les 24 heures aux indications d'une horloge de précision, vérifiée chaque jour d'après le signal de l'un des Observatoires astronomiques et chronométriques de Neuchâtel ou de Genève. Les montres sont observées aux températures de $+4°$, $+20°$ et $+36°$ C. Ces températures sont maintenues dans une tolérance de $\pm 1°$C.

Art. 7 A la fin des épreuves réglementaires, et lorsque tous les résultats sont restés dans les limites prescrites, les B. O. délivrent sous le sceau officiel, un bulletin de marche. Ce document est d'un type unique pour tous les B. O.

Art. 8 Les montres ayant obtenu des résultats de marche satisfaisant aux limites avec mention prévues par le règlement, reçoivent un bulletin portant l'inscription «Résultats particulièrement bons».

Art. 20 Le signe + signifie de l'avance et le signe − du retard.

Une montre ayant obtenu un bulletin de marche a le droit de porter le titre de chronomètre.

Définition des genres de montres

Genre a: Montres-bracelet
Dans ce genre sont comprises les montres-bracelet simples, dont le diamètre est égal ou inférieur à 30 mm, ou dont la surface ne dépasse pas 707 mm² (mouvements de forme) et les montres-bracelet avec complications dont le diamètre est égal ou inférieur à 36 mm, ou dont la surface ne dépasse pas 1018 mm².

Genre b: Montres-bracelet de grandes dimensions
Dans ce genre sont comprises les montres-bracelet simples, dont le diamètre est supérieur à 30 mm, ou dont la surface dépasse 707 mm² (mouvements de forme), et les montres-bracelet avec complications dont le diamètre est supérieur à 36 mm, ou dont la surface dépasse 1018 mm².
Le mécanisme de remontage automatique n'est pas considéré comme complication.

Genre c: Montres de poche
Genre d: Montres de poche extra-plates ou avec complications
Dans ce genre sont comprises les montres de poche dont la hauteur entre le dessous de la platine et la pièce la plus haute ne dépasse pas 4,3 mm et les montres de poche compliquées: soit chronographes, montres à répétition, à quantièmes.

Limites pour l'obtention d'un bulletin

	Montres-bracelet (simples ou avec complications)		Montres-bracelet de grandes dimensions (simples ou avec complications)		Montres de poche		Montres de poche extra-plates (ou avec complications)	
	sans mention	avec mention	sans mention	avec mention	sans mention	avec mention	sans mention	avec mention
Marche diurne moyenne dans les 5 positions	−3 +12	−3 +12	−4 +10	−2 +5	−4 +10	−2 +5	−4 +12	−2 +6
Variation moyenne de la marche diurne dans les 5 positions	6	4	3	1,5	3	1,5	4	2
Plus grande variation entre deux marches diurnes consécutives dans la même position .	10	7	5	2,5	5	2,5	6	3
Différence du plat au pendu			± 10	± 5	± 10	± 5	± 12	± 6
Plus grande différence entre la marche diurne moyenne et l'une des marches dans les 5 pos.	22	16	12	7	12	7	15	9
Variation par degré centigrade	± 1	± 0,7	± 0,5	± 0,25	± 0,5	± 0,25	± 0,7	± 0,35
Erreur secondaire			± 9	± 4,5	± 9	± 4,5	± 11	± 5,5
Reprise de marche	± 10	± 7	± 5	± 2,5	± 5	± 2,5	± 8	± 4

Toute imitation du présent bulletin sera poursuivie